자연과학 이야기

권태우 지음

자유아카데미

머리말

필자는 고요하고 아름다운 광안리 바다 위에 변함없이 떠오르고 있는 아침 태양을 바라보면서 타오르는 눈부신 붉은 빛의 장엄함 속에 숙연해지곤 한다. 때로는 우주에서 일어나고 있는 모든 자연현상에 대한 궁금증을 품으며 하루를 시작하기도 한다. 자연과학은 매일 떠오르는 태양과도 같이 인류 역사의 흐름 속에서 살아가면서 눈으로 보고 경험하는 생활 속의 모든 현상에 대한 의문을 밝히는 과학자들의 열정을 통하여 발전해 왔다.

자연과학은 현대의 학술연구의 분류로 보면 공학, 의약학, 농수해양학, 예체능, 인문사회 분야와 더불어 대분류에 속한다. 자연과학은 다시 10여 개의 중분류로 나누는데 여기에는 화학, 물리학, 생물학, 수학, 통계학, 천문학, 지구과학, 지질학, 대기과학 등이 포함된다. 각각은 또 135여 개의 소분류로 나뉘며 아주 세부적인 분류까지 나누면 자연과학은 총 370여 개로 세분화될 수 있다. 다양한 분야에서 연구하고 있는 과학자들은 대부분 이렇게 세분화되어 있는 전공들 중에서 특정한 단 1개의 전공 이외에는 신경을 쓸 시간이 없을 정도로 각자 전문화되어 있다. 따라서 다른 분야들에 대한 지식에는 관심을 가지지 못할 정도로 인생의 시간은 매우 바쁘고 빠르게 지나가고 있다.

세기에 기록되는 천재적인 물리학의 거장인 아인슈타인조차도 "수학이 어렵다고 너무 낙심하지 말라, 물리학자인 내게 수학은 더 어렵다(Do not worry about your difficulties in Mathematics. I can assure you mine are still greater)."라고 이야기할 정도로 자신의 전공분야를 떠나서 다른 분야에 자유롭게 접근한다는 일은 불가능에 가깝다. 그렇기 때문에 과학자들은 인간의 지식이 너무도 미약할 수밖에 없음을 겸허하게 인정한다.

현대의 과학에서 자연현상을 설명하기 위한 자연과학 이론은 재현성이 요구되는 다양한 실험과 방정식으로 결과 내용을 함축시킴으로써 정립된다. 이 때문에 자연과학을 이해하기 위해서는 각 세부 분야들에 대한 구체적인 과학사적 배경이 매우 중요하다. 이 책에서는 자연과학에 포함되어 있는 10개의 중분류에 속하는 범위를 골고루 다루되 각 분야에서 가장 핵심이 되는 과학사를 중점적으로 포함하려고 노력하였다. 다양한 전문분야를 가지고 있는 독자들에게는 각 장의 자연의 원리와 응용 등을 깊숙이 이해하기보다는 다양한 전공분야 간의 지식융합을 위한 교양개발의 차원에서 참고가 될 수 있도록 내용에 집중하여 고찰하기를 바란다. 또한 과학사와 더불어 과학적 원리와 법칙 등을 통하여 여러 현상들을 과학적으로 관찰하고 해석하면서, 일상생활에서 겪게 되는 다양한 문제들 역시 과학적 방법으로 해결할 수 있는 논리적인 사고 능력을 개발할 수 있기를 기대한다. 과학적 지식으로부터 나오는 사고 방법은 역사 속의 인류가 현대의 테크놀로지의 발전에 이르는 데 있어서 핵심적인 역할의 배경이 되었으므로 중요한 수단이 된다. 자연과학은 인문학, 예체능, 그리고 우리의 일상생활 등 모든 곳에서도 공통적으로 필요한 방법론적인 지식이기 때문에, 자연과학을 이해함으로써 논리적으로 문제를 해결할 수 있는 능력이 생긴다.

어렵게만 보이는 자연법칙의 기본 원리는 의외로 매우 간단한 곳에 있으므로 우리 주위에서 일어나는 현상들을 이해하면 과학이 쉽게 느껴질 것이다. 모든 현상에 대하여 과학자들의 관찰력과 사고 능력, 그리고 적극적인 문제 해결 태도를 따라가다 보면, 독자들도 다양한 통찰력과 창의력을 기를 수 있을 것이다. 또한 자연과학은 현대사회에서 심각한 문제가 되고 있는 생태와 환경의 문제의 이해와도 밀접한 관계가 있다. 인류의 삶의 중심인 자연의 소중함을 모르고 저지르는 환경 파괴로 인하여 어떠한 재앙이 오게 되며, 왜 우리가 환경을 지켜야 하는지, 더 나아가 유전자 조작의 윤리적인 문제가 왜 심각하게 다루어져야 하는지 등에 대해서도 좀 더 넓게 사고하는 기회가 될 것이다.

이 책은 어느 특정한 자연과학 전공의 학생들뿐만 아니라 다양한 학문분야의 전공을 가지는 비전공자들, 그리고 다양한 직종의 일반인들도 과학에 쉽게 접근할 수 있도록 하였다. 고대에서 현재에 이르기까지의 과학의 역사와 원리 등을 둘러봄으로써 우리가 살고 있는 세계에 대한 멀티 융복합적인 사고를 넓히고, 이를 바탕으로 세상을 살아가는 안목과 지혜를 갖출 수 있게 되기를 기대한다.

오류 없는 책을 만들기 위해 노력하였으나 부족한 점이 있으리라 생각한다. 출간 후에라도 수정사항이 있을 경우에는 자유아카데미 홈페이지(www.freeaca.com) 자료실에 제공할 예정이다.

이 책이 나오기까지 도움을 주신 여러분들께 감사를 드리며, 특별히 이 책을 출간해 주신 자유아카데미 출판사 여러분께 깊은 감사를 드린다.

2017년 1월 17일
저자 권태우

차 례

1장 자연과학의 이해

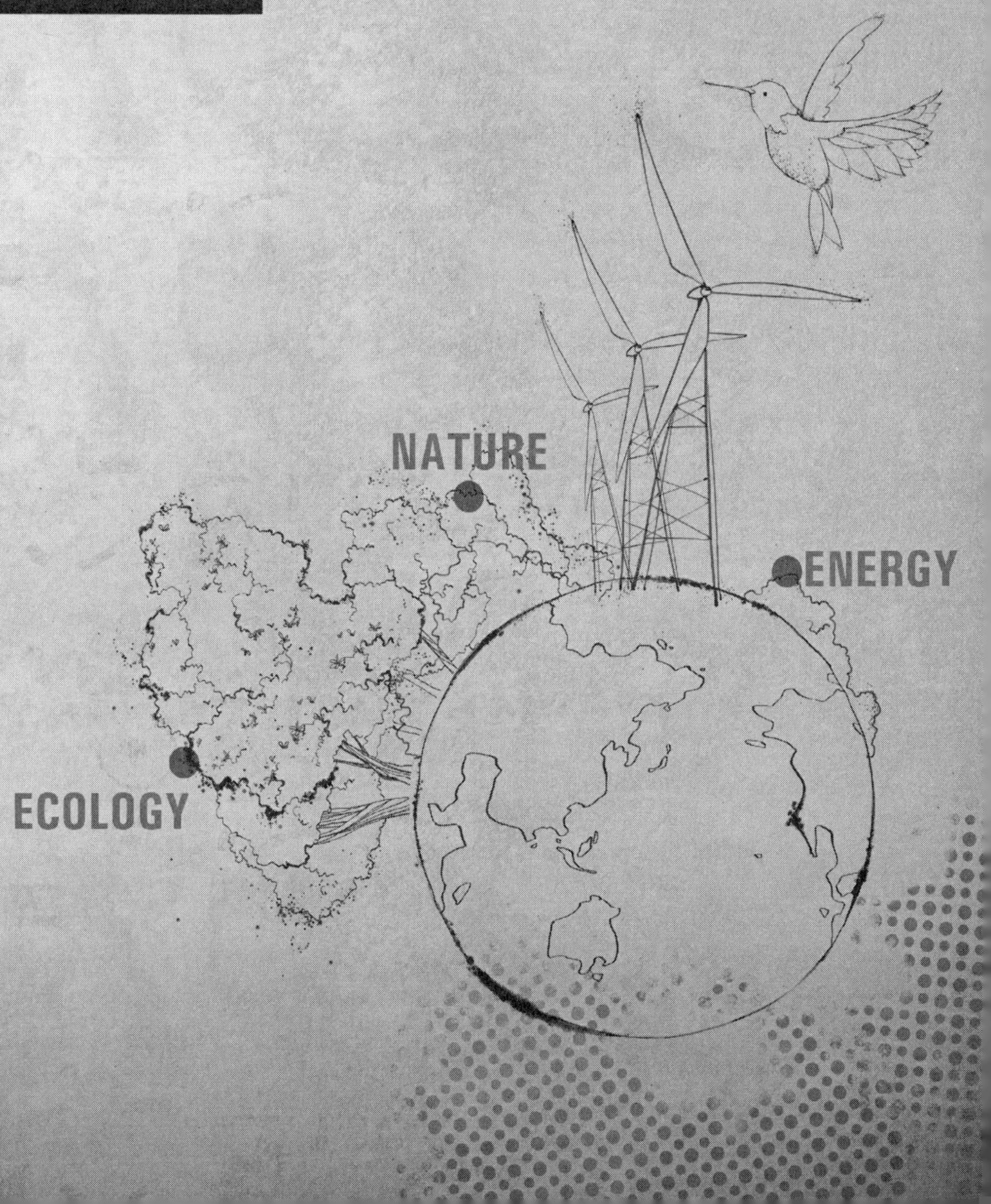

1.1 자연과학의 어원

과학은 영어로 'science'라고 표기한다. 라틴어 'scientia'에서 유래하였으며 '자연에 관하여 알자'라는 의미이다. 자연과학은 우리가 살고 있는 우주, 특히 지구에서 일어나는 모든 자연계의 변화와 관찰을 탐구하는 학문의 큰 범주에 들어간다. 자연과학은 눈으로 볼 수 없는 원자나 소립자, 분자 구조들과 같은 미시적인 세계에서부터 거대한 은하계의 행성과 항성과 같은 거시적인 세계에 이르기까지, 다양한 형상을 보이는 물질들의 운동법칙과 원리를 탐구한다. 생명을 가지는 생물과 생명이 없는 무생물들도 탐구 대상이 됨으로써 실로 광범위한 분야를 포함한다.

1.2 자연과학 실험과 관찰

자연과학을 이해하기 위해서는 우리가 관찰한 어떠한 사실과 현상에 대한 설명의 상관관계가 합당하게 다루어져야 한다. 새로운 자연과학 법칙을 정립하기 위해서는 우선 가설을 설정하게 된다. 이러한 가설을 검증하기 위하여 다양한 실험(experiment)이나 관찰(observation)을 통하여 현상에 대한 데이터를 얻고 다양한 측면에서 분석을 한다. 이러한 과정을 거치며 가설(hypothesis)에 접근하여 자연과학의 법칙을 만들어 내는 것이다. 마치 높은 산에 올라가서 소리를 높였을 때 반향되어 귀에 들어오는 메아리의 형태를 느끼고 관찰하는 것처럼 미지의 자연과학의 법칙을 알아내는 것이다. 메아리로 돌아오는 소리는 매번 동일하게 우리 귀에 들어오듯이 자연과학의 실험에는 재현 가능성(reproducibility)이 있어야 법칙으로서 인정을 받는다. 실험에서의 재현 가능성이 없다면 그것은 자연 과학의 법칙으로서 인정받을 수 없다. 과학 법칙은 일반적으로 방정식으로 표시될 수 있으며 가설의 실험적 검증이 보편적으로 일치되어야 한다.

1.3 물질을 유지하는 힘

다양한 형태로 넓은 영역에 퍼져 있는 자연과학의 많은 현상들을 이해하기 위해서는 물질들이 공통적으로 가지는 본질과 그들의 성질에 대하여 정확히 이해해야 한다. 물질은 크게 고체(solid), 액체(liquid), 기체(gas)로 그 상태를 나누는데 이는 구성 단위가 어느 정도의 운동 에너지(kinetic energy)를 가지느냐에 따라 나눌 수 있다. 즉 물질의 상태는 얼마나 분자들이 활발히 운동하느냐에 따라 달라진다. 장난감으로 각광받고 있는 레고(lego)는 블록 형태로 사람, 자동차, 배 등의 모형을 마음대로 만들 수 있다(그림 1-1). 자연계에서 물질들이 형성되는 다양한 분자 구조 형태를 유지할 수 있는 것은 레고의 블록 하나로 비유될 수 있는 원자들이 다른 원자들을 인력으로 끌어당기고 지탱하는 상호 간의 힘(mutual force)이 있기 때문이다.

자연계에서 온도(temperature)와 압력(pressure)은 물질들의 인력 형성에 매우 큰 영향을 미친다. 열에너지가 제공되면 온도가 올라가고 이때 물질을 구성하는 분자들의 움직임이 빨라진다. 열에너지(thermal energy)가 어느 정도 높아지면 원자 간에 끌어당기는 힘이 약해져서 더 이상 물질의 형태를 이전 상태로 유지할 수 없거나 부서진다. 이와 같이 물질은 온도의 변화에 따라 고체에서 액체로, 액체에서 다시 기체로 상태를 달리하게 된다.

아주 높은 온도에서 발생되는 열에너지는 분자 간의 인력을 무력화시킬 뿐만 아니라 결합까지도 끊어버리는 운동 에너지로 전환되어 분자 내의 결합을 파괴하여 형태를 바꾼다. 심지어는 물질을 이루는 기본 단위인 원자 안의 소립자(atomic particle)들의 인력마저도 쪼개버린다. 액체 상태인 물질은 아주 낮은 온도에서 고

그림 1-1 레고로 만든 유람선
© Norbert Schnitzler/Wikipedias(CC BY-SA)

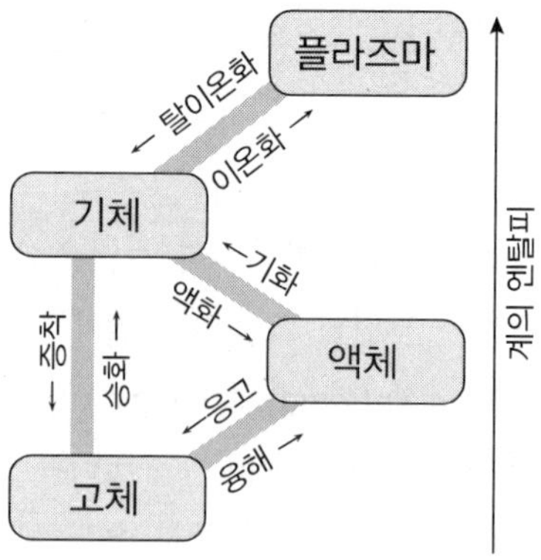

그림 1-2 서로 다른 상변화의 이름

체로 변하면서 규칙적인 배열로 물체 전체에 질서를 유지하여 정지된 형태로 우리에게 관찰된다. 액체는 고체보다 질서도(degree of order)가 떨어지기 때문에 유동성이 생기므로 높은 곳에서 낮은 곳으로 자연스럽게 흐르고 용기에 따라 용기 모양으로 변한다. 온도가 높아져서 기체 상태가 되면 질서도가 무너지고 자유로운 운동을 하는데, 이때에는 밀폐된 용기에 보관하여야 한다. 압력이란 단위 면적당 작용하는 힘이다. 예를 들어 기체는 밀폐된 용기에 머무르려 하지 않고 압력을 내면서 계속 용기를 벗어나서 외계로 퍼지려고 하는 힘을 가지게 된다. 이 힘이 너무 세서 용기를 파손시키게 되면 폭발이 일어나거나, 향수병 용기에 갇혀 있던 향기가 주위로 새어 퍼져나가는 기체 성분의 확산 작용(diffusion) 등이 일어난다. 이 또한 자연과학 법칙에서 나오는 현상이다.

1.4 물질의 변화

동식물의 체내에서 생명을 유지시키기 위하여 일어나는 생리 작용은 분자들의 화학적 변환 과정이며, 이때 일어나는 화학 반응이란 물질의 구성단위끼리 결합하는 현상이다. 에너지원으로 사용되는 연료의 연소 과정(combustion process)도 탄화수소와 산소 간의 새로운 물질로 변화하는 산화 작용에서 결합이 깨어지고 다시 새로운 결합으로 탄생하는 화학적 변환 과정이다. 자동차의 가솔린이 산소와 연소 반응하여 불이 붙는 것은 자연물질이 가지는 거시적(macroscopic)인 성질이므로 눈으로 관찰될 수 있다. 그러나 체내의 대사과정 메커니즘 등에서 나타나는 화학 반응들은 눈으로 직접 관찰되지 않는다. 이러한 미시적(microscopic)인 세계에서 일어나는 변화를 이해하기 위해서는 원자(atom)를 이루고 있는 전자(electron)와 같은 입자들의 상태가 변화되는 전반적인 과정을 이해하여야 한다. 근대과학에서는 이러한 소립자들의 존재를 통하여 자연계에서 나타나는 물질의 근본을 이해하고, 이를 이용한 화학 반응을 통하여 새로운 물질을 만들어 냄으로써 과학의 역사를 진보시키고 있다. 현대과학에서는 눈에 보이지 않는 원자의 미시 세계에서의 성질을 이해하는 데 금세기의 최고의 역학으로 평가되는 양자역학(quantum mechanics)의 개념을 도입함으로써 가능하게 되었다.

1.5 자연과학의 융합

자연과학을 분류한다면 크게 생명과학과 물리과학으로 나눌 수 있지만 첨단과학에 의하여 다양한 학문의 폭이 넓어지면서, 자연과학은 이들을 융합하는 형태로 탈바꿈하게 되었다. 1970 ~ 1980년대에만 하더라도 물리(physics), 화학(chemistry), 생물(biology), 지질(geology), 천문학(astronomy)으로 각 분야 간 독립된 과목으로 자연과학을 다루었으나 현대로 넘어오면서 과학의 분야들이 서서히 융합되기 시작하였다. 즉 21세기 전후로 서로 다른 것처럼 여겨지던 분야들이 통합되는 시대로 접어들면서, 과학과 인문학, 과학과 공학, 의학(medicine)과 화학 혹은 생물 등으로 융합되었다. 더 나아가 생화학(biochemistry), 분자생물학(molecular biology), 진화의학(evolutionary medicine), 유전학(genetic), 로보틱스(robotics), 정보과학(information science), 나노공학(nano technology)과 같은 융합 과정에서의 새로운 틀을 제시하면서 과학의 분야들은 더욱 더 다양해졌다. 2000년대에 들어서자 유전학은 생명공학(biotechnology)으로 범위가 확장되었고, 로보틱스는 정보과학으로 포괄되었다. 또한 인지과학(cognitive science)과 생명공학정보과학(information science) 같은 융합과학기술의 다양한 형태로 자리 잡게 되었다. 이러한 융합 형태의 새로운 분야들도 그 근본은 우주와 우리 주위의 자연현상을 설명하는 자연과학에 그 뿌리를 두고 있다.

2장
빅뱅과 원자의 탄생

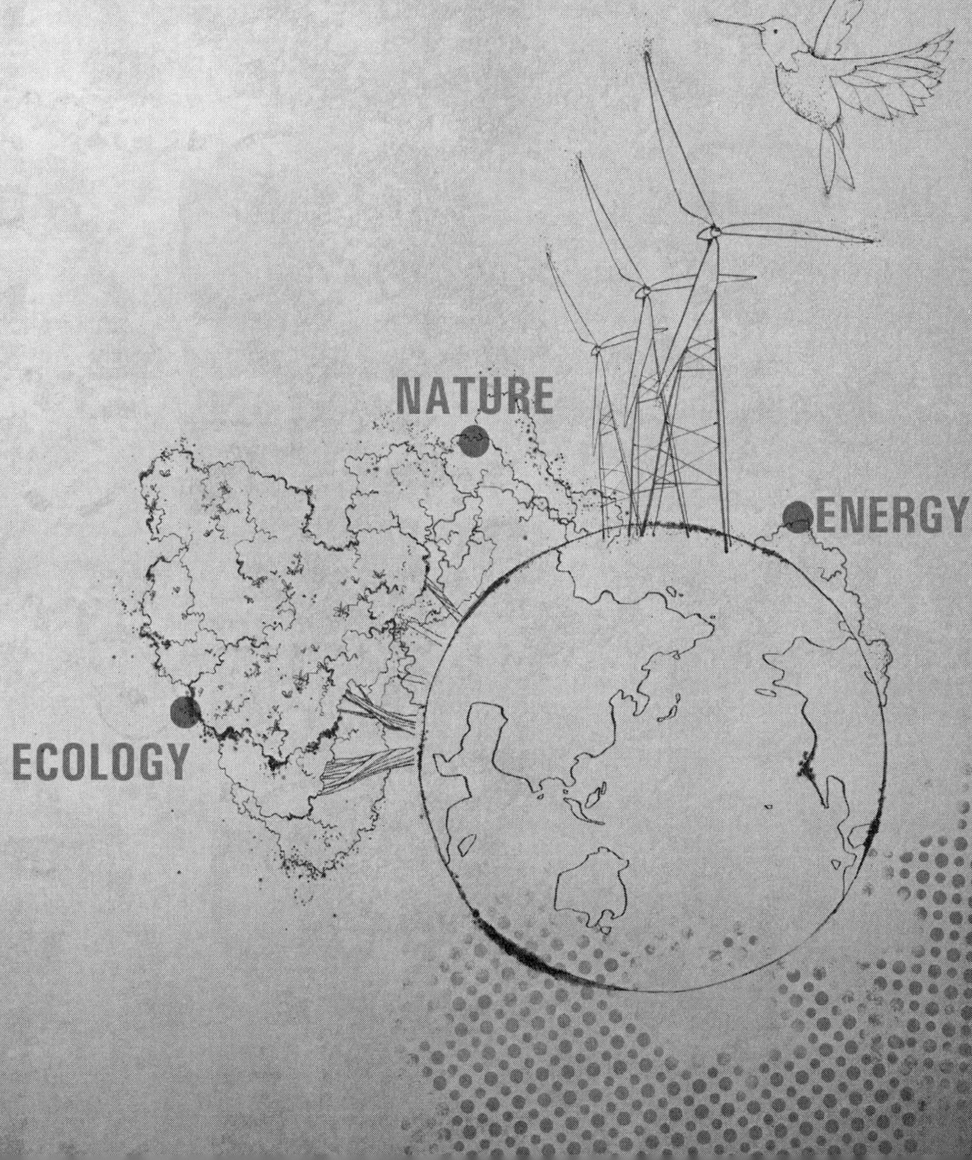

2.1 빅뱅과 팽창

자연의 물질을 알기 쉽게 설명하기 위하여 "세상 만물은 원자로 이루어져 있다"라고 설명한다. 원자가 처음에 어떻게 만들어졌는가에 대한 궁금증은 오래전부터 과학자들 사이에서 큰 관심의 대상이었다. 오늘날 현대과학에서는 원자의 탄생이 빅뱅(big bang)의 결과로 만들어졌다고 말한다. 1948년 조지 가모프(G. Gamow, 1904 ~ 1968, 미국 물리학자)는 138억 년 전 우주의 크기가 거의 0인 상태에서 높은 온도와 압력을 견디지 못하고 대폭발하여 급격한 팽창이 시작되었다고 주장하였다.

즉 우주가 초기에는 한 점의 작은 공간 안에 밀도가 매우 높고 불안정한 에너지 상태로 갇혀 있다가 어느 한순간에 큰 폭발이 일어나면서 빛보다 빠른 속도로 급속히 팽창하였고 그 팽창은 지금도 계속 진행되면서 현재의 우주를 형성하고 있다는 것이 우주의 빅뱅(big bang)설이며, 이것이 현대 우주론의 시작이다. 처음 우주의 빅뱅 이론이 나왔을 당시에는 어느 누구도 이를 받아들이지 않았으며 더욱이 우주가 계속 팽창한다는 주장은 당시 과학계에서 큰 조롱거리였다.

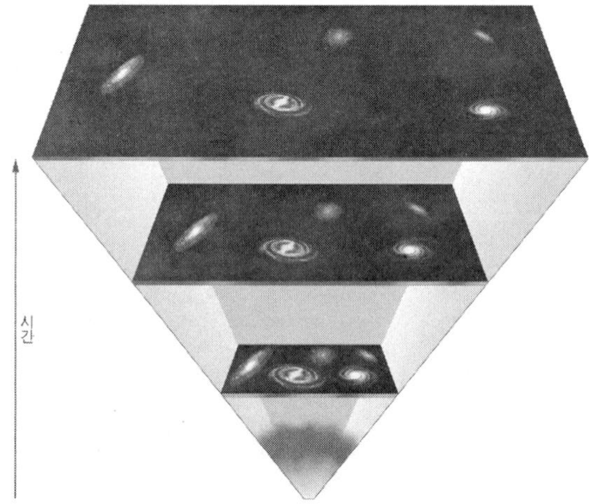

그림 2-1 우주의 대폭발(big bang) 모식도

2.2 슬라이퍼와 도플러 효과

슬라이퍼(V. M. Slipher, 1875 ~ 1969, 미국 천문학자)는 미국 아리조나주의 로웰 천문대에서 먼 거리로부터 오는 별빛의 파장(wavelength)을 세밀하게 분석하여 별빛의 선 스펙트럼이 긴 파장 쪽으로 계속 이동하는 적색편이(red shift) 현상을 관찰하였다. 적색 편이란 도플러 효과(doppler effect)에 의하여 일어나는 현상으로 쉽게 설명된다. 주변에서 느낄 수 있는 예를 들면, 자동차가 멀리서 다가오는 경우를 들 수 있다. 자동차와의 거리가 멀면 엔진 소리가 낮게 들리다가 바로 옆을 빠른 속도로 지나칠 때 음높이(tone pitch)가 갑자기 높게 들리고, 지나쳐서 자동차와의 거리가 멀어지면 음높이가 다시 낮게 들리는 것을 느낄 수 있다. 이렇듯 소리의 파장을 통하여 자동차가 가까이 있는지 멀리 있는지 알 수 있다. 이러한 도플러 효과를 응용하면 별빛의 파장을 분석기로 조사함으로써 별이 가까이 있는지 멀리 있는지 밝힐 수 있다. 관측하는 사람에게서 빛이 멀리 있는 경우 관찰자는 파장이 길어지는 것을 관측할 수 있는데, 이를 적색 편이라고 한다. 별에서 발산하고 있는 빛이 지금도 적색 편이된다는 사실은 별이 지금도 우리에게서 점점 멀어지는 우주의 팽창(universal expansion)의 증거가 된다.

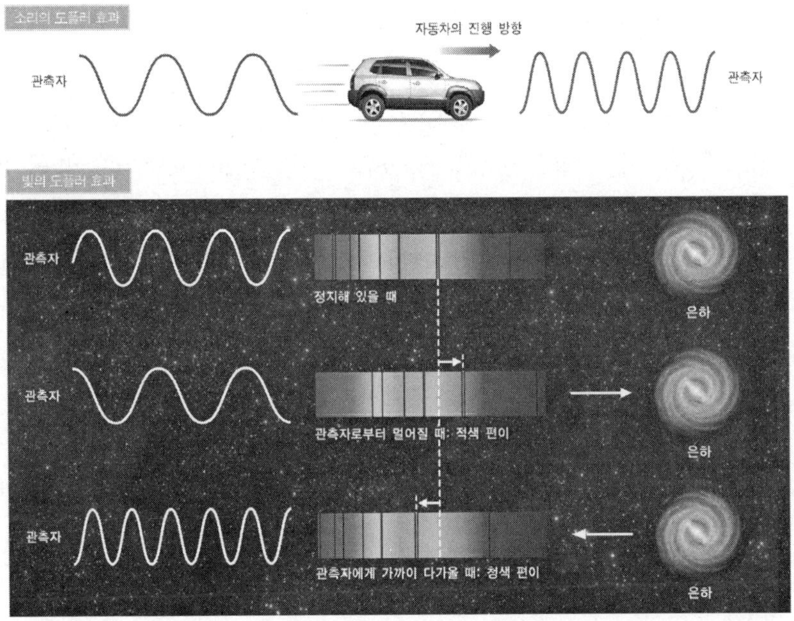

그림 2-2 도플러 효과: 멀어지면 긴 파장의 적색 편이, 짧아지면 청색 편이 관찰

2.3 허블과 적색 편이

허블(E. P. Hubble, 1889 ~ 1953, 미국 천문학자)은 미국의 윌슨산(Mt. Wilson)에 위치한 천문대에서 100인치 크기의 대형 망원경을 통하여 은하들 사이의 거리와 관측되는 파장을 체계적으로 조사하였다. 그 결과 어느 한 별뿐만이 아니라 은하계(galaxy)의 모든 별빛의 파장이 모두 적색 편이되고 있다는 놀라운 사실을 관찰함으로써 관측자로부터 우주 전체가 팽창하고 있는 현상을 다시 한 번 증명하였다. 이와 같은 천문학자들의 다양한 실험들과 우주의 정보들을 분석하고 계산해 보니 빅뱅이 일어난 지 약 138억 광년(light year) 정도가 흐른 것으로 추정되고 있다. 20세기의 현대과학에서는 이것을 우주의 나이로 인정하고 받아들이게 되었다.

2.4 수소와 헬륨의 생성

138억 광년 전에 빅뱅이 일어나고 0.00001초도 안되어서 우주의 온도가 매우 높아짐에 따라 높은 운동 에너지를 가지게 되었다. 이러한 높은 에너지로 인하여 강한 핵력(nuclear force)으로 유지되고 있는 핵(nuclear)과 전자들로 구성된 원자는 자신의 핵력을 유지하지 못하고 각자 흩어졌다. 빅뱅 후 3분 정도의 시간이 흘렀을 때 수소(hydrogen) 원자핵의 양성자(proton)와 중성자(neutron)가 융합되어 새로운 헬륨(helium) 원자핵이 먼저 형성되었다. 그리고 온도가 서서히 떨어지면서 양전하를 가지는 원자핵과 음전하를 가지는 전자의 입자들 사이의 인력이 다시 정상적으로 유지됨으로써 안정한 수소와 헬륨과 같은 원자가 탄생하게 되었다(그림 2-3). 수소와 헬륨 원소들의 질량비는 대략 3 : 1 정도로 유지된 상태로 우주로 방출되었는데, 이 두 개의 원소는 오랜 시간을 거치며 별을 만들고 은하계를 형성하면서 우주 공간을 채우게 되었다.

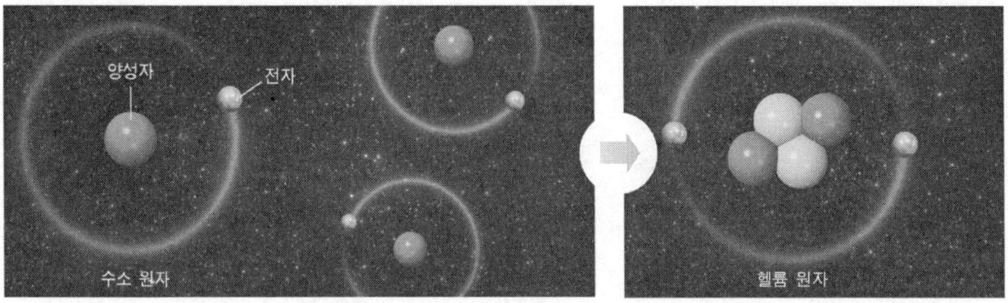

그림 2-3 수소와 헬륨의 원자 형성

2.5 새로운 원소들의 탄생

태양은 수소가 3/4 정도로 채워진 플라즈마(plasma)의 전리(ionization)된 기체 형태로 중력(gravity)에 의해 모여 있기 때문에 밝게 빛나는 구형의 모습을 가진다. 태양은 항성(fixed star)의 일종이며 스스로 빛을 내기 때문에 별(star)에 속한다. 우주의 빅뱅 후 약 38만 년 정도가 지나고 우주의 온도가 약 3000 °C로 떨어지게 되면서 +와 − 전하를 가지고 떠다니던 원자핵과 전자들이 서로 만나면서 중성 상태의 원자들을 만들어 내기 시작하였다. 수소와 헬륨은 뜨거운 별들의 내부에서 핵융합(nuclear fusion) 반응을 일으키고 그로 인해 발생한 큰 에너지를 통하여 다른 새로운 원소들을 만들어 내었다. 그리고 이렇게 형성된 수많은 원소들은 초신성 폭발(supernova explosion)이 일어날 때 우주 공간으로 다시 흩어져 있다가 태양계 지구에 도달하게 되면서 생명체와 그 밖에 다른 물질들을 만들어 내게 된 것이라고 과학자들은 주장하고 있다. 즉 우주를 구성하고 있는 모든 원소의 근원점은 수소이고 인간 역시 수소에서부터 만들어진 것이다. 이것이 빅뱅 후 급격히 팽창하였다는 인플레이션 이론(cosmetic inflation theory)에서 보는 원자 탄생의 비밀이다.

원자로 구성된 지구 상의 모든 생명체들은 살아가는 데 절대적으로 필요한 에너지를 태양으로부터 얻고 있다. 우주의 별에서 일어나는 수소의 핵융합 과정에서 발생되는 엄청난 양의 에너지는 빛과 열의 형태로 지구의 모든 생명체에게 에너지를 제공해 준다. 식물들은 엽록소(chlorophyll)라는 안테나 역할을 하는 세포를 이용하여 우주로부터의 빛에너지를 수신하는 광합성(photosynthesis) 작용으로 생명을 이어가고 있고, 동물들은 이러한 식물이나 다른 동물들을 먹어서 에너지를 얻고 생명을 이어가고 있다. 이와 같이 빅뱅 후 형성된 원자들은 생명체뿐만 아니라 우주와 지구를 이루는 모든 물질들의 근간이라고 할 수 있다.

3장

과학의 발전과 역사

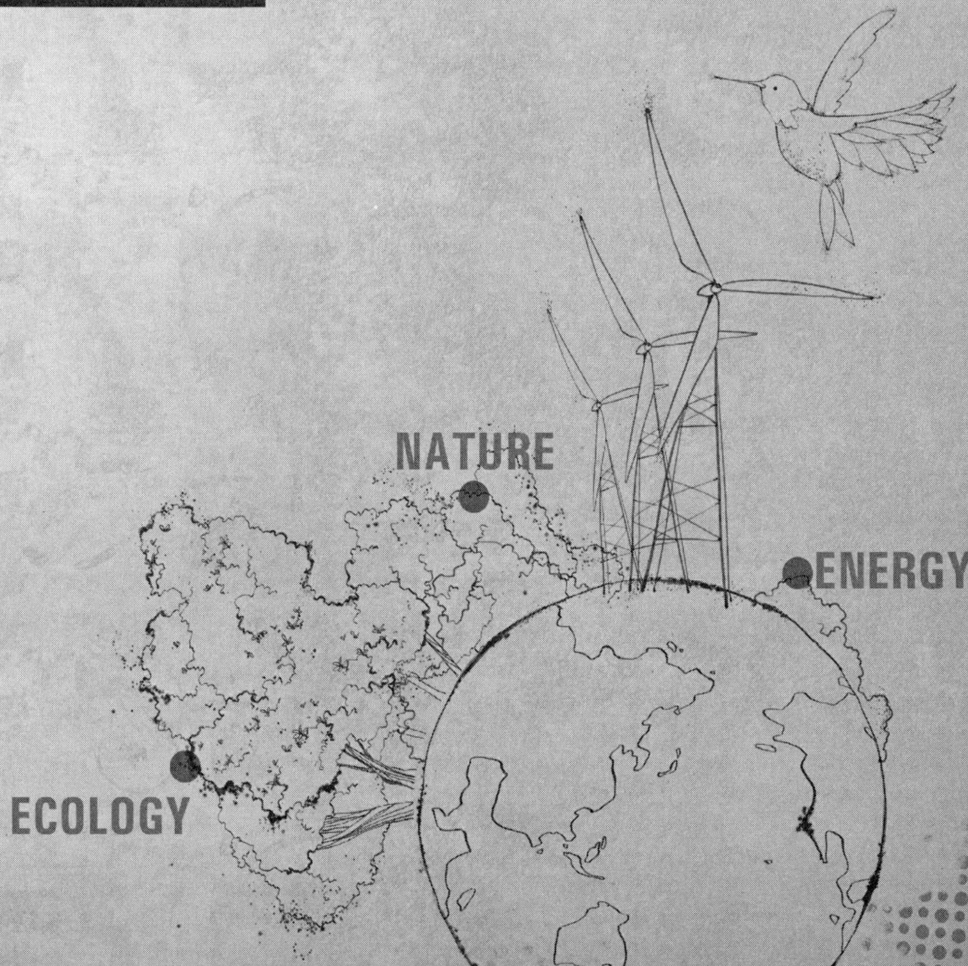

3.1 인류 역사의 구분

역사학자들은 인류 역사의 시작을, 과거로 직접 돌아가서 눈으로 확인할 수 없기 때문에, 선사시대(prehistory)부터라고 이야기한다. 선사시대란 인류가 문자를 발명하여 역사를 기록하기 이전의 시대이다. 따라서 고고학을 통하여 어떠한 문자기록도 남아 있지 않았던 선사시대에는 그 당시에 생활하던 도구들을 분석하여 기원전 28,000여 년 전을 구석기 시대(old stone age, paleolithic era)라고 하고 중석기를 지나서 기원전 5,000년 전을 신석기 시대(new stone age, neolithic era)로 구분한다. 그 후 청동기(bronze age, 기원전 2,500년 전후)와 철기 시대(iron age, 기원전 1,200 ~ 586년경)로 연결된다. 수메르 문명(Sumerian civilization)이 세워진 기원전 4,000년부터 서로마 제국이 멸망한 476년까지를 고대로 분류한다.

고대 문명으로는 메소포타미아(Mesopotamia), 고대 이집트, 고대 그리스, 페르시아 제국, 마야 문명이 있으며 한반도는 기원전 108년에 세워진 고조선과 562 ~ 660년의 삼국 시대를 한국의 고대로 구분한다. 그리고 서로마제국이 멸망한 476년 이후 1453년 동로마 제국의 멸망까지를 중세로 분류한다. 15세기 르네상스에서 제1차 세계대전이 일어난 1914년 이전을 근대라고 하고, 현대는 제1차 세계대전(1914 ~ 1918년)과 제2차 세계대전(1939 ~ 1945년)을 거쳐 현재에 이르는 시기로 구분한다.

3.2 고대 그리스의 과학 개념

과학적 지식이 없었던 선사시대의 원시인은 자연에 존재하는 물질을 그대로 사용하여 의식주를 해결하는 단순한 생활을 할 수밖에 없었다. 그로부터 수만 년이 지난 고대에서도 식량과 생활 도구, 전쟁의 무기들을 자연으로부터 직접 얻거나 변형하여 사용하기는 하였으나 물질의 본질에 대하여 정확히 알지 못하였다.

플라톤(Platon, B.C. 428~347, 그리스 철학자)은 세상 물질의 근본은 원소라고 처음 제시하였다. 고대 터키 지방 출신인 탈레스(Thales, B.C. 624 ~ 546)는 모든 물질의 근본은 물이라고 하였고, 아낙시메네스(Anaximenes; B.C. 550 ~ 475)는 공기가 물질의 근본이라고 하였다. 수학적인 개념을 연구하였던 피타고라스학파의 엠페도클레스(Empedocles, B.C. 490 ~ 430)는 아낙시만더(Anaximander, B.C. 611 ~ 547)가 주장한 우주의 네 가지 구성 원소인 공기, 물, 불, 흙이 사랑과 미움이라는 두 가지 힘의 작용으로 적당한 비율로 섞여서 여러 가지 물질들을 만들어 낸다고 생각하였다. 기원전 4세기경 그리스의 철학자 데모크리토스(Democritus; B.C. 460 ~ 370)는 물질을 쪼개어 나가면 더 이상 나눌 수 없는 'a-tom'이라는 입자에 도달할 것이고 그 입자들 사이는 빈 공간이라고 생각하였는데 현대에서는 이것을 추상적으로 제시한 첫 번째 원자 이론으로 평가하고 있다.

당대 최고의 철학가인 아리스토텔레스(Aristotles, B.C. 384 ~ 322)는 데모크리토스의 생각을 정면으로 반박하였고 현대과학으로 보면 지극히 어설픈 주장을 한 엠페도클레스의 4원소설을 지지하였다. 이러한 철학적 관점에서 시작된 물질의 본질에 대한 그릇된 개념은 출발부터 잘못되어 B.C. 350년부터 2,000여 년 동안 이어져 오면서 실험적 과학과는 많이 동떨어진 이론으로 방향이 빗나가게 되었다. 그로부터 17세기까지 수천 년 동안 과학계는 암흑기에서 헤어나지 못하였다고도 볼 수 있다. 엠페도클레스를 지지하였던 아리스토텔레스의 그릇된 철학적 물질관은 훗날 학자들에 의한 연금술(alchemy) 실험으로 이어졌다. 연금술은 당시의 과학으로 실현 가능성이 전혀 없었다. 그럼에도 불구하고 값이 싼 물질에 여러 혼합물을 넣고

그림 3-1 스코틀랜드 화가인 더글라스(W. F. Douglas, 1822 ~ 1891)가 1855년에 그린 'The Alchemist(연금술사)' © Wikimedia

열을 가하여 주면 금과 같은 귀금속으로 변형시킬 수 있다는 유혹은 부와 권력을 향한 인간들의 물질적 욕망과 더불어 많은 권력자들과 학자에게 직접적인 영향을 미쳤다. 이와 같은 연금술의 유행은 16세기까지 꽤 오랜 시간 동안 이어지면서 물질 과학발전에 오랜 침체기로 기록되고 있다.

만일 아리스토텔레스가 데모크리토스의 원자(atom) 이론설에 힘을 실어주었다면 인류의 역사는 크게 바뀌었을지도 모른다. 현대의 과학에서는 원자의 성질을 알고 있기 때문에 구리, 납 등과 같이 값싼 물질로 금과 같은 귀금속으로 전환시키는 연금술을 실현할 수 있게 되었지만 핵을 융합하는 최첨단 설비와 장치를 반드시 사용하여야만 하는 제약이 따른다. 따라서 자연에서 채굴되는 금값보다 훨씬 더 많은 비용이 들기 때문에 지금도 현실성이 없다. 결과적으로 오랜 세월 동안 중세의 연금술에 대한 욕망을 꿈꾸었던 연금술사들은 값싼 금속을 값비싼 귀금속 형태로 바꾸는 데 성공하지는 못하였다. 그럼에도 불구하고 다양한 실험의 실패를 겪었던 과정에서 여러 물질들의 성질과 반응들을 이해하게 되었다는 점에서는 미미한 발전이 있었다고 평가하는 학자들도 있다.

4장

천문학과 과학의 발전

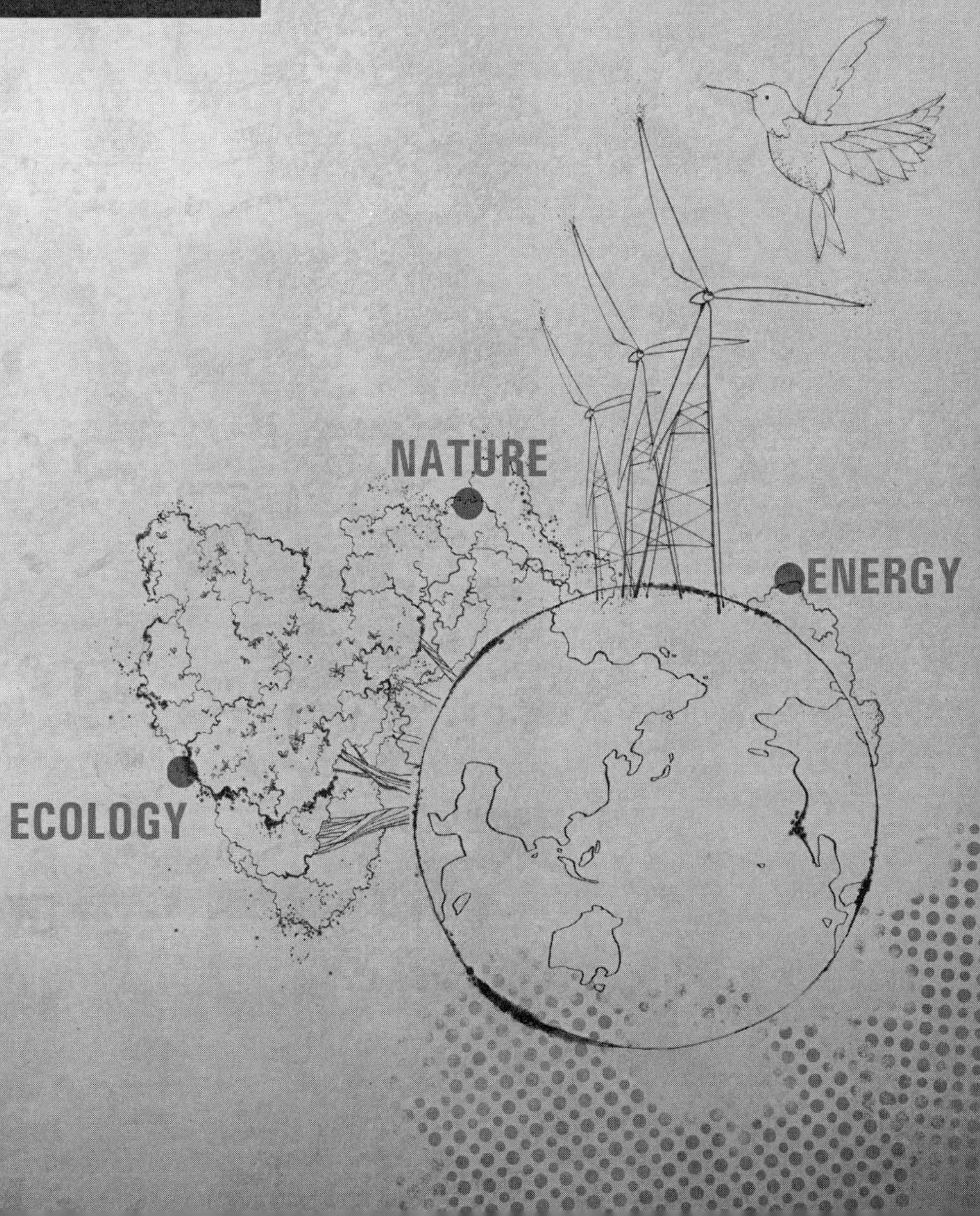

4.1 고대 우주관과 천동설

고대부터 학자들은 자신들이 살고 있는 지구가 천체의 중심이며, 따라서 인간이 그 중심이라는 관점으로 우주의 별들을 바라보았다. 그들은 지구는 온 천체의 중심이므로 하늘의 모든 별들은 지구를 중심으로 움직이며 돌고 있다는 천동설(earth-centered, geocentric theory)을 주장하면서 인간중심적인 관점으로 천문학을 연구하였다. 현대에는 위성에서 직접 촬영한 천체의 사진들을 통하여 지구가 둥글며 태양을 중심으로 지구가 돌고 있다는 사실을 눈으로 직접 확인할 수 있을 정도로 과학이 발달하였지만, 불과 1,500년경만 하더라도 신이 지구를 중심으로 천체들이 원운동하도록 설계하였다고 하는 우주관이 유럽의 종교계과 천문학계를 주도하고 있었다. 만약 지구 중심인 천동설을 반대하는 학자들이 있다면 즉시 이단(heresy)으로 몰려 화형에 처해질 정도로 당시의 신학관은 역사적으로 볼 때 천문학 발전에 커다란 장벽이 되었다.

천동설은 그리스의 철학자인 아리스토텔레스(Aristotle, B.C. 384 ~ 322)가 처음 주장하였으며 그 이후 세상으로 전파되어 모두가 받아들일 정도로 그리스 대학자의 영향력은 막강하였다. 당시 사람들은 해(Sun)를 포함한 수성(Mercury), 금성(Venus), 화성(Mars), 목성(Jupiter), 토성(Saturn) 그리고 달(Moon)과 같은 모든

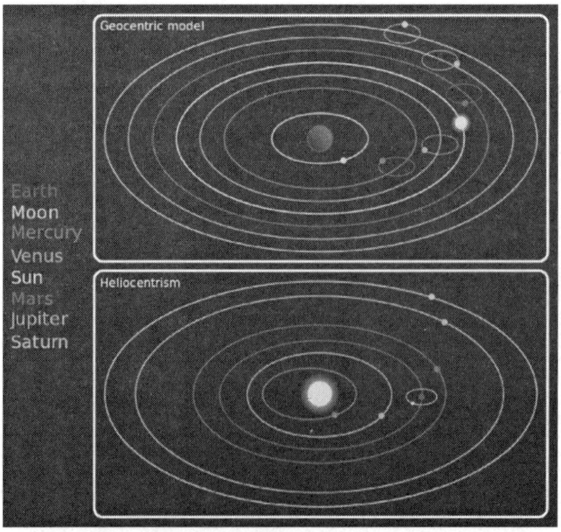

그림 4-1 태양 중심설(아래)과 지구 중심설(위)

하늘의 항성(star)들이 원을 그리며 지구 주위를 돌고 있다고 한 아리스토텔레스의 학설을 무조건적으로 받아들이게 되었다. 또한 아리스토텔레스의 영향을 받은 프톨레마이오스(K. Ptolemaeos, 85 ~ 165, 이집트 천문학자)도 우리가 살고 있는 지구는 천체의 중심이며 지구를 중심으로 하늘의 항성들이 원운동하도록 신이 설계하였다라는 그릇된 종교적 우주관을 주장하여 14세기경까지 지속되었다. 그러나 당시의 천동설에 기반하여 약 1,500년의 세월 동안 제작되어 사용되고 있는 달력이 상당히 큰 오차를 보이고, 천체의 위치가 계속 달라져서 항해하는 선박들의 항로 진행에 있어서 예기치 않은 큰 사고가 발생하는 등 치명적인 문제가 많이 발생하자, 코페르니쿠스(N. Copernicus, 1473 ~ 1543)는 프톨레마이오스가 주장한 천동설에 근본적으로 심각한 오류가 있음을 깨달았다.

4.2 줄리어스와 그레고리 달력

시저(J. Caesar, B.C. 100 ~ 44)는 로마가 중세에 이르러 기술 위주의 과학시대로 갈 수 있는 기반을 마련하는 데 크게 기여하였다. 오차가 많았던 당시의 달력을 수정하여 개편해야 할 정도로 천동설 기반의 달력은 문제점이 많았다. 그래서 2월을 제외하고는 한 달을 30일 혹은 31일로 나누고 4년마다 2월에는 29일을 두는 윤년을 두는 보정을 하였지만 실제의 천문학적인 날을 계산하는 데 있어서 달력에서 편차는 여전히 나타나고 있었다. 줄리어스력(Julian calendar)의 한 해의 길이는 365.25일인데 실제 천문학적인 1년보다 11분 14초가 여전히 더 길게 나타나서 급기야는 16세기 후반기에 춘분일이 10일 정도 빨라지는 큰 오차가 생기게 되었다.

이와 같은 큰 오차는 당시 아리스토텔레스에 의하여 확립된 천동설 기반의 우주관이 애당초 맞지 않았기 때문이었다. 따라서 실제 계절과 교회력과는 계속하여 큰 차이가 생기게 되었고 더욱이 천체의 위치가 계속 달라져서 항해하는 선박들의 항로 진행에 있어서 예기치 않은 큰 사고가 발생하는 등 치명적인 문제가 많이 발생하였다.

이러한 문제점을 보완하기 위하여 1582년 10월 4일 그레고리오 교황 13세는 줄리어스력에서 400년 동안 3번의 윤년을 없애도록 개정하였다. 이 달력은 지금 세계 공용으로 사용되며, 그레고리력(Gregorian calendar)이라고 한다. 역사적으로 볼 때 달력을 정확히 만드는 작업은 단순히 천문학이라는 학문적인 관찰에서 그치는 것이 아니라 이를 통하여 실질적인 기술 응용 시대로 가는 데 있어서 로마가 중세 과학 발전의 견인차 역할을 하였다고 평가되고 있다.

4.3 천문학의 혁명과 태양 중심설

그림 4-2 코페르니쿠스의 초상화

코페르니쿠스는 폴란드에서 태어났으며 종교적 집안 출신으로 로마에서 공부하였다. 코페르니쿠스는 높은 돛대 위에 올라가면 보이는 먼 곳의 물체가 배의 아래 부분인 갑판에서는 볼 수 없는 것을 확인하고 지구가 혹시 둥글지 않을까 하는 의구심을 가지면서 천문학과 과학 현상에 흥미를 보였다.

그는 이탈리아에서 의학과 교회법을 공부하고 신부가 되어 1520년에 대교구장으로 취임하였다. 교구에서는 그레고리력이 나오기 훨씬 전 코페르니쿠스에게 율리우스력에서 발생하는 10여 일간의 오차에 대하여 보완할 것을 부탁하였다. 그는 프톨레마이오스의 우주관인 천동설을 사용하면 문제를 풀 수 없고, 이 문제는 태양을 중심으로 지구가 돌아야 해결된다는 사실을 알아냈다. 그러나 당시에 태양 중심설을 주장했다가는 이단으로 취급되어 화형에 처해졌으므로, 그는 더 이상 그와 같은 주장을 펼치려고 하지 않았다. 코페르니쿠스는 살아 있는 동안에는 교회에 반대하여 자신의 생각을 세상에 내어놓지 못하였다. 그러나 그는 '지구가 태양 주위를 돌고 있다'라는 지동설에 대한 자신의 주장을 한 권의 책으로 정리하였고, 이 책은 1543년 코페르니쿠스가 세상을 떠나자마자 세상에 알려지게 되었다. 새로운 태양 중심설의 천체관의 개막을 열게 되는 역사적인 순간을 계기로 천여 년이 넘도록 아리스토텔레스의 철학의 지배 속에 있었던 우주관은 실제 실험적인 기술이 뒷받침되는 천문학의 발전으로 새롭게 거듭나기 시작하였다. 그 후 케플러, 갈릴레이, 뉴턴과 같은 역사적인 천문학자들이 대거 등장하게 되어 과학혁명에 의한 근대물리학의 발전이 16, 17세기부터 본격적으로 시작되었다.

4.4 케플러의 세 가지 법칙

그림 4-3 요하네스 케플러의 초상화

과학사에 중요한 업적을 남긴 케플러는 그의 스승인 덴마크의 천문학자 티코 브라헤(T. Brahe, 1546~1601)의 천문학적인 가르침을 많이 받았다. 브라헤는 1572년 북쪽 하늘에서 W 형태를 하고 있는 카시오페아 자리(Cassiopeia)에 나타난 새로운 별인 초신성(supernova)을 발견할 정도로 우주의 천체 관찰에 집중하였다. 1576년 브라헤는 우라니보르그 천문대(Uraniborg observatory)에서 방대한 양의 항성(star) 및 행성(planet)에 관한 데이터들을 모았는데, 그의 제자인 케플러는 행성의 움직임들에 대한 방대한 자료들을 분석하고 연구하여 과학사에서 큰 의미가 있는 케플러 법칙을 남겼다.

케플러는 행성 운동에 관한 세 가지 법칙을 통하여 지구가 태양 주위를 돌고 있다는 것을 증명하여 지동설(heliocentric solar system theory 혹은 copernican theory)의 시대를 확고히 열었다. 케플러는 독일의 천문학자로 군인 출신 집안에서 태어났고 신학을 공부하다가 코페르니쿠스의 지동설 우주관에 흥미를 느껴 천문학을 연구하기 시작하면서 스승인 브라헤, 갈릴레이와 같은 천문학의 대가들과 인연을 맺었다. 1601년 스승인 브라헤의 뒤를 이어 천문학을 연구하다가 1609년 화성(Mars)의 행성 운동을 관찰하고 케플러 제1법칙인 모든 행성의 궤도는 태양을 한 초점으로 타원(ellipse)을 그리고 있음을 알아내었고, 이어서 같은 해에 제2법칙인 면적 속도 일정의 법칙(law of area), 즉 태양에 멀리 있는 위치에서 행성은 느리게 운동하며 반대로 근접해 있는 위치에 있는 행성일수록 빠른 속도로 운동하고 있음을 밝혀내었다.

이러한 관계를 이용하여 행성과 태양의 중심을 잇는 직선이 그리는 부채꼴(fan shape)의 면적 속도는 일정하고 그 면적은 같은 시간에 같은 값을 가지고 있음을 발표하였다. 이어서 10년이 지난 1618년에 케플러는 조화의 법칙(harmonic law)을 제3법칙으로 발표함으로써 태양의 주위를 돌고 있는 행성의 공전 주기의 제곱의 값은 행성과 태양까지 이루는 궤도 반지름의 세제곱에 비례함을 수학적으로 증

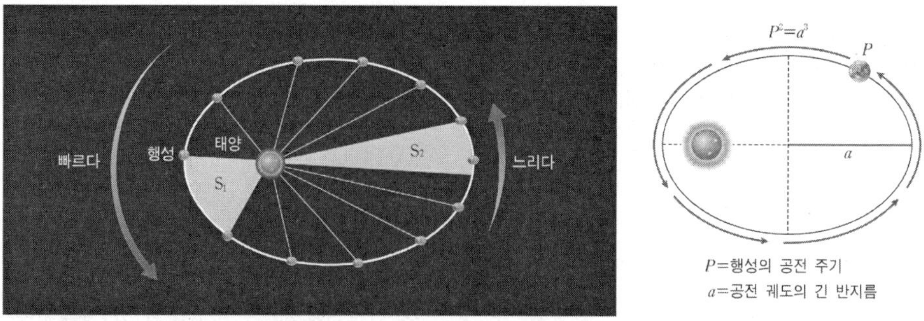

그림 4-4 케플러 제2법칙(왼쪽), 케플러 제3법칙(오른쪽)

명하였다. 이러한 수식적인 결론들은 밤하늘의 천체를 눈으로만 직접 관측하고 모은 자료들을 분석한 결과였지만 현대 천문학에도 적용되는 법칙들이었기 때문에 세상 사람들을 매우 놀라게 하였다.

갈릴레이(G. Galilei, 1564~1642, 이탈리아 천문학자)의 등장

비슷한 시기에 갈릴레이는 역사상 처음으로 망원경(telescope)을 제작하였고, 이를 천체 관측연구에 사용하였다. 케플러는 눈으로 직접 천체를 관측하였지만 갈릴레이는 직접 설계한 망원경으로 태양계의 별들을 관측하였고, 특히 육안으로 보이지 않았던 목성(Jupiter) 주위의 네 개의 위성을 관측하고 이러한 천체의 구조는 프톨레마이오스의 지구 중심설과는 매우 다르다는 확실하고 분명한 증거를 확보하게 되었다.

그림 4-5 Justus Sustermans의 갈릴레이 초상화

코페르니쿠스도 천동설에 의구심을 품었지만 종교적인 문제 등을 이유로 지동설의 주장을 확고하게 주장하지 않았던 반면에 갈릴레이는 지동설의 증거들을 망원경 관찰을 통하여 밝혀내고 이를 과감하게 세상에 알리게 된다. 그때부터 갈릴레이의 파란만장한 삶의 고통은 시작되었다. 당시의 아리스토텔레스의 우주관을 신봉하는 대부분의 많은 학자들은 갈릴레이의 지동설 주장에 대하여 거침없이 반박하였다. 더욱이 갈릴레이를 이단이라고 주장하면서 종교재판소에 고발까지 하였다. 갈릴레이 역시 당대의 유명하고 권위 있는 학자였으므로 이단의 혐의는 없다고 판결하였지만 그럼에도 불구하고 교황청(the Vatican)에서는 갈릴레이가 주장하는 지동설의 실체가 철저하게 교단과 대립되었으므로 더 이상 세상에 지동설을 전파하지 못하도록 혹독한 종교재판의 판결을 통하여 갈릴레이를 파문(excommunication)시

켜 버렸다. 그리하여 갈릴레이는 더 이상 과학과 천문학 연구를 하지 못하게 되었고 결국은 쓸쓸하고 고독한 죽음을 맞이하게 되었다. 그 후 수백 년이 지나고 우주선이 우주를 향해 발사되고 있는 최첨단 우주 과학시대를 맞이하고 있는 1992년 10월에 교황 요한바오로 2세는 과학기술이 부족하였던 시절에 무지하여 천문학적인 현상을 이해하지 못하였던 교회의 과오를 시인하고 이미 죽기는 하였지만 갈릴레이의 파문을 해제하였다.

5장
뉴턴의 자연과학 법칙인 고전운동역학 법칙

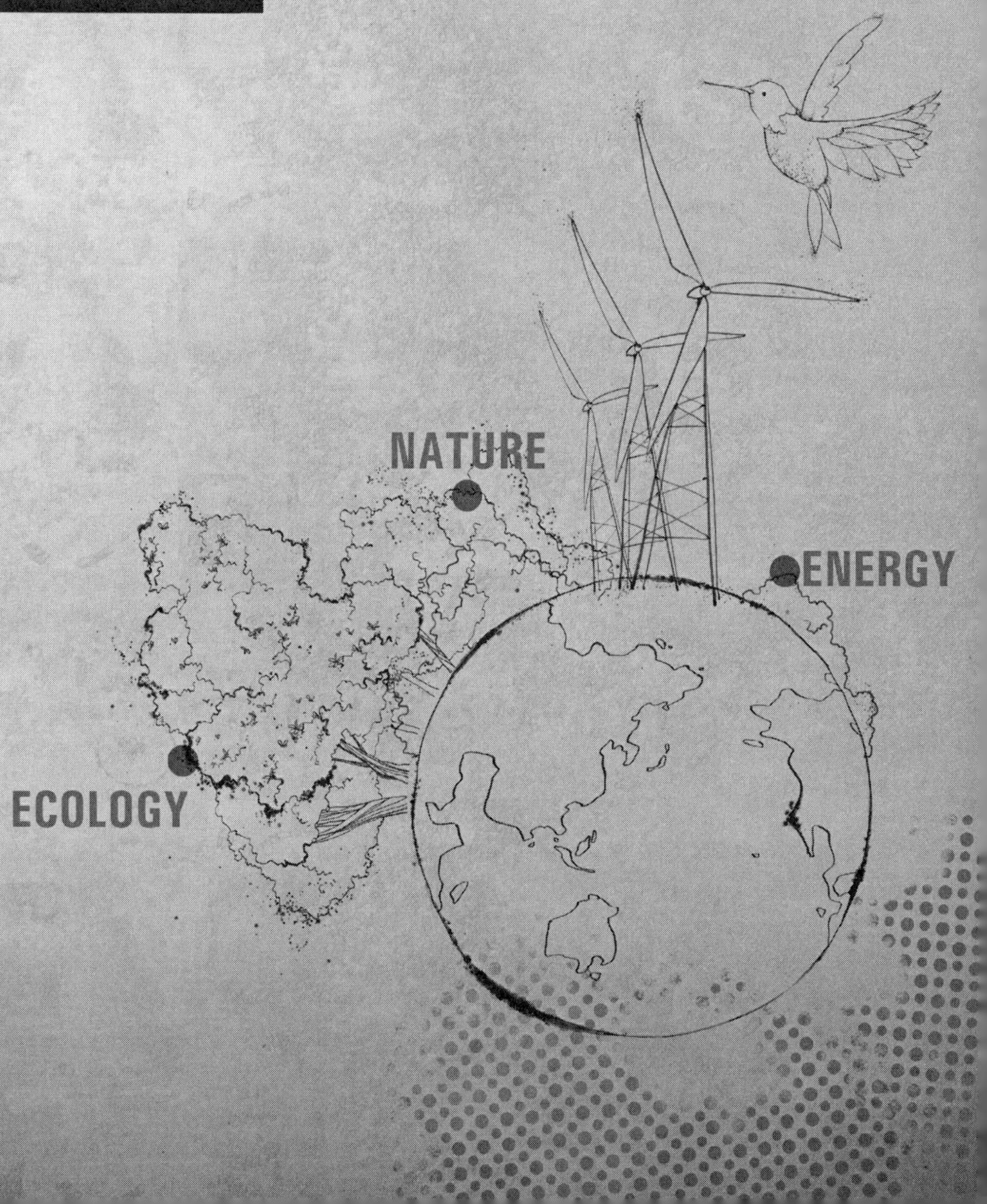

5.1 뉴턴 운동법칙의 배경

그림 5-1 뉴턴의 초상화, Sir Godfrey Kneller(1689) 작품.

뉴턴(Sir Isaac Newton, 1642 ~ 1727년, 영국 과학자)은 고전역학(classical mechanics)과 우주의 만유인력 법칙(law of gravity)을 완성한 역사상 중요한 인물이다. 뉴턴이 태어나기 전에는 실험적 증명이 되지 않은 이론적 형태의 주장, 즉 사변적(speculative)인 형태의 과학이 자리를 잡고 있었다.

뉴턴은 코페르니쿠스의 새로운 천체 우주관인 지동설에서 시발점이 된 과학혁명에 탄력을 받아 케플러와 갈릴레이의 천체에 대한 연구결과들을 바탕으로 하여 1687년에 세 개의 뉴턴 운동역학을 완성하게 된다. 뉴턴은 사과가 땅으로 떨어지는 현상에 대하여 깊게 생각하였다. 지구가 중심이라는 우주관이었던 천동설의 관점에서 보면 사과나무의 사과가 땅으로 떨어지는 것은, 당연히 지구가 중심이므로 지구 쪽으로 떨어질 수밖에 없다는 철학적 논리에 들어맞았으므로 논쟁의 이유가 없었다. 그러나 코페르니쿠스, 케플러와 갈릴레이의 연구와 관찰로 인하여 천동설은 사실이 아닌 것으로 밝혀졌기 때문에 지구가 태양을 돈다고 하는 지동설의 관점에서는 사과가 땅으로 떨어지는 이유에 대한 새로운 논리와 과학적 설명이 절실하였다. 바로 이때 뉴턴은 사과가 땅으로 떨어지는 것은 지구와 사과 사이에 서로 끌어당기는 어떤 힘이 존재하기 때문이라고 생각하게 되었다. 또한 '사과가 땅으로 떨어진다면 밤하늘의 달도 지구의 중력(gravity)이라는 힘으로 당겨져 떨어져야 하는데 왜 떨어지지 않는 것일까'라고 생각하다가 달 역시 지구처럼 잡아당기고 있는 어떤 힘이 존재할 것이라고 생각하게 되었다. 이러한 생각을 기반으로 하여 뉴턴은 물체들의 가지는 힘과 운동이 연관된 현상을 수학적으로 정리하여 운동역학의 법칙(the law of motion)과 만유인력의 법칙(the law of gravity)을 만들어 냈다.

5.2 관성의 법칙

뉴턴이 생각한 첫 번째 자연과학의 법칙은 물질들의 운동에 관한 법칙으로 일명 관성의 법칙(the law of inertia)이라고 한다. 관성의 법칙이란 질량을 가지는 모든 물체는 외부로부터 방해하는 힘이 없으면 일정한 속도로 계속 움직이려는 성질을 갖는다는 것이다. 예를 들어 흙을 삽으로 퍼서 원하는 방향으로 힘을 가하여 던지다가 삽을 계속 잡고 있으면 흙만 계속 날아간다. 혹은 달리던 버스운전자가 급브레이크를 밟으면, 서 있던 사람들이 모두 가고 있던 방향으로 계속 나가려 하면서 몸이 앞으로 쏠리게 되는 것도 관성의 법칙이다. 뉴턴이 관성의 법칙을 발표하기 전까지도 물체의 운동 상태를 유지하기 위해서는 어떠한 힘이 반드시 필요하다는 아리스토텔레스의 주장을 믿고 있었다. 그러나 현대과학에서 우주로 쏘아올린 인공위성에 힘을 가하지 않아도 인공위성이 계속 궤도를 따라 돌 수 있듯이, 뉴턴은 물체의 운동이 일단 시작되면 외부의 힘이 없어도 그 운동 상태를 계속 진행하려는 성질이 있다고 주장하여 기존의 운동론을 반박하였다.

5.3 가속도의 법칙

뉴턴의 두 번째 자연과학의 법칙은 가속도의 법칙(the law of acceleration)으로, 물체에 더 큰 알짜힘이 가해질수록 물체의 운동량의 변화는 더 커지게 된다. 즉 물체가 운동할 때 외부 힘이 물체에 세게 전달될수록 가속도는 더 커지는 비례관계에 있다. 같은 힘이 가해지는 경우에는 물체의 질량이 가벼우면 가속도는 커지고 질량이 무거울수록 가속도는 줄어드는 반비례의 관계식인 f=ma(f=힘, m=질량, a=가속도)로 요약된다. 어떤 물체가 가속되고 있다는 것은 그 물체에 힘이 작용되고 있음을 나타낸다. 이러한 힘이란 운동량의 상태의 변화를 위하여 필요한 것이며 운동 상태를 계속 유지하기 위하여서 힘이 필요한 것은 아니다.

5.4 작용 반작용의 법칙

뉴턴의 세 번째 자연과학의 법칙은 작용-반작용의 법칙(the law of action and reaction)으로, 물체가 앞으로 튀어나갈 때는 나가는 방향의 반대 방향으로 반작용이 생긴다는 것이다. 예를 들면 탱크에서 포탄이 날아갈 때 날아가는 포탄의 힘과 크기는 같으나 방향은 정반대인 힘, 즉 반작용이 동시에 작용하게 되어 탱크는 뒤로 밀려나게 된다. 예를 들어 자동차의 엔진을 켜면 바퀴는 돌게 되고 바퀴는 땅을 밀어낸다. 이때 바퀴에 의해 힘을 받은 땅도 마찬가지로 바퀴를 밀어내게 되면서 차는 앞으로 나가게 된다. 암벽을 등반할 때 밧줄을 잡아당기면 밧줄도 나를 당김으로써 올라갈 수 있다. 작용-반작용의 법칙은 우주에까지 확장하여 설명될 수도 있다. 뉴턴은 태양과 같이 빛을 내는 항성이 지구를 끌고 있는 힘이 있다면 지구 역시 태양과 같은 항성을 당기고 있는 반작용력(counteraction force)을 동시에 가지고 있는 것이 논리적으로 맞다고 생각하였다.

5.5 만유인력의 법칙

뉴턴은 상대적인 관점에서 상호 간의 힘의 작용을 모든 우주의 물체들에 대하여도 적용하였는데, 그것이 바로 만유인력의 법칙(law of universal gravity)이다. 즉 두 물체에는 서로 작용하는 인력이 있는데 각각 질량의 곱에 비례하고 거리의 제곱에 반비례($F = G \times m_1 m_2 / r^2$, m_1, m_2 = 각각의 질량, r은 두 물체 사이의 거리, G = 중력상수)한다는 역학방정식(dynamics equation)을 만들었다. 이에 따라 지구와 달 사이에 서로 끌고 있는 인력(gravitational force)이 있음을 수학적으로 풀어서 증명하였다.

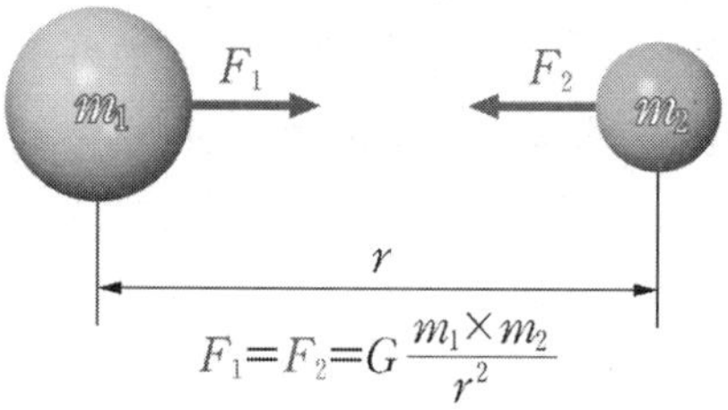

그림 5-2 뉴턴의 만유인력 법칙

달은 지구 주위를 돌 때, 원운동 궤도에서 이탈하려는 원심력과 지구가 잡아당기려고 하는 구심력이 동시에 작용하게 되어 달이 원운동 궤도에 머무를 수 있게 된다. 원운동을 하는 궤도에 원심력만 있다면 달은 지구를 벗어나 우주로 아주 멀리 떨어져 나갈 것이다. 그래서 뉴턴은 원심력에 대항하여 달을 끄는 어떤 인력 때문에 떨어져 나가지 않는 것인데 그 인력을 중력이라고 하였다. 이와 같이 질량을 가지고 있는 두 물체 사이에 중력으로 인한 서로 끌리는 힘이 만유인력(universal gravitation)이다.

뉴턴이 등장하기 전, 중력에 대한 인식이 없었던 시대에 "지구는 둥글다"와 같은 주장은 충격적이었다. 설령 지구가 둥글다는 사실을 받아들인다고 하더라도, "지구 반대편에 있는 사람은 거꾸로 서 있게 되는 것인데 왜 지구에서 떨어져 나가지 않을까?" 등의 의문을 품었다. 당시의 상식으로는 그러한 상황을 상상한다는 것이 불가능하였다. 마찬가지로 중력이라는 힘의 존재를 모르던 시절에는 사과를 가지고 있다가 떨어뜨리면 지구 표면으로 떨어지는 현상을 설명할 수 없었다. 그러나 뉴턴은 지구에 중력이라는 힘이 존재하며 이는 지구의 깊은 중심에서 나온다고 생각하였다.

뉴턴은 중력에 의하여 사과가 땅으로 떨어진다면 밤하늘의 달도 지구의 중력이 잡아당기는 힘으로 인하여 지구로 떨어져야 하는데, 어떻게 떨어지지 않고 우주에 머물러 있을 수 있는지에 대하여 생각하였다. 그 결과 지구가 잡아당기는 힘도 있지만 달에서도 달이 가지는 중력에 의하여 지구를 끌어당길 수 있다는 데까지 생각이 닿았다. 다만 서로 끌어당기려고 하는 중력 가속도(acceleration of gravity)의 값은 거리가 멀리 떨어질수록 작아지므로, 지구에서 멀리 떨어진 달을 끌어당기는 중력은 매우 작게 작용하고 지구 표면에 있는 사과는 거리가 가까워 매우 빠르게 떨어지는 것임을 알아내었다. 이와 같이 뉴턴은 중력의 개념을 우주 천체의 행성들에도 적용하였다. 뉴턴은 지구와 달의 사이에도 만유인력의 법칙이 적용되며, 이때 두 물체가 서로 잡아당기고 있는 힘은 질량에 비례하고 거리의 제곱에 반비례하는데, 이때 만유인력은 서로 동등하게 작용한다고 정의하였다. 만유인력의 법칙은 보편적인 이름의 해석이며, 영어로는 중력(gravity)으로 표현한다. 즉 중력과 만유인력은 같은 것이다.

지구와 인공위성, 지구와 달, 지구와 별, 별과 별 사이에는 모두 각각의 서로 당기는 힘인 만유인력이 동등하게 작용하고 있다. 밀물과 썰물 등의 현상도 달의 중력, 즉 만유인력으로 설명할 수 있다. 이와 같이 뉴턴은 중력 이론을 우주의 태양계 전체로 확장하였다는 점에서 천문학의 역사에 큰 획을 남긴 학자로 남게 되었다.

6장
근대과학의 시작

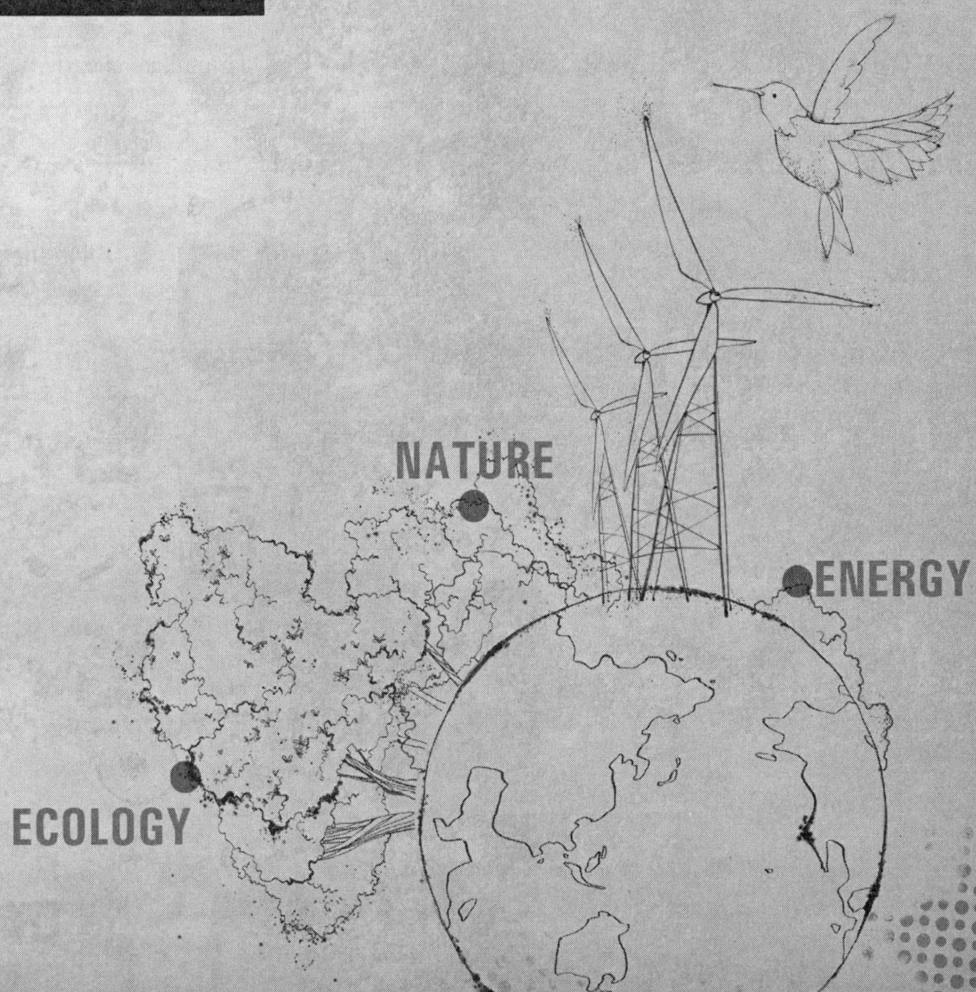

6.1 정전기 현상

먹구름이 낀 검은 하늘에서 갑자기 들리는 굉음과 그 뒤를 따르는 번쩍이는 빛, 즉 천둥과 번개는 하나의 자연현상으로, 고대의 사람들이나 첨단과학 시대를 살고 있는 현대의 사람들 할 것 없이 늘 두려움과 신비감을 느끼게 하는 대상이다. 특히 고대에 천둥과 번개는 경외의 대상이었는데, 당시 사람들은 그것을 신의 분노로 여기기도 하였다. 예를 들어 마른하늘에 벼락이라도 내려서 사람이 다치면 신이 저주를 내렸다고 생각하였다. 그로부터 오랜 시간이 지난 오늘날의 영화에서도 천둥소리와 번개의 푸른빛을 담은 영상으로 공포감을 극대화하는 장면이 자주 등장한다. 이러한 천둥과 번개는 자연과학적으로 음전하들과 양전하들의 작용에 의한 정전기적인 현상으로 볼 수 있다.

정전기(static electricity)는 일명 마찰전기(frictional electricity)라고도 한다. 그 이유는 두 개의 다른 종류의 물체를 서로 마찰시키면 물체 안에서의 전자 이동이 일어나게 되면서 전기가 발생하기 때문이다. 같은 물체인 경우에 마찰하면 전기는 발생하지 않고 서로 다른 물체를 마찰할 때만 정전기가 일어나는 현상을 관찰할 수 있다. 겨울철에는 털옷을 벗을 때 털옷과 머리카락 사이에 마찰이 일어나면 무엇인가 튀는 듯한 소리가 나는데, 밤에는 번쩍이는 빛까지 볼 수 있다. 이것이 두 개의 다른 물체가 마찰이 되어서 나타나는 마찰전기, 즉 정전기이며 한곳에 머물러 있는 전기이다. 이렇게 머물러 있는 정전기가 다른 곳으로 이동하는 현상을 방전(discharge)이라고 하며 불꽃이 발생하면서 방전되면 불꽃 방전(spark discharge)이

그림 6-1 플라스틱 미끄럼틀을 타고 노는 아이가 정전기에 대전되어 머리카락이 곤두서 있다(Image by Ken Bosma under Creative Commons license).

라고 한다. 번개도 이와 같은 현상 중 하나이며, 겨울철에는 정전기로 인해 주유소에 화재가 나기도 한다.

6.2 대전열과 전자의 이동

물체들은 모두 원자(atom)로 되어 있다. 원자는 크게 핵(nucleus)과 전자(electron)로 구성되어 있다. 털옷이 다른 물체와 서로 부딪히면 마찰이 일어나고, 이때 전자들도 함께 부딪히게 되면서 전자의 이동이 일어나게 된다. 전자의 이동 방향은 물체에 따라 서로 다르다. 어떤 물체는 전자를 가져오기 쉽고, 또 다른 어떤 물체는 전자를 잃기 쉬운데, 이것은 원자가 전자(valence election) 수 때문이다. 원자는 에너지 준위가 낮은 n = 1에서 2개, n = 2에서 8개 등으로 전자가 채워지면서 에너지가 안정하게 된다. 만일 n = 2의 에너지 준위의 전자가 8개 모자라는 경우는 전자를 외부에서 얻어서라도 8개를 채우려는 성질이 있다. 혹은 전자를 모두 없애버리고 차라리 n = 1인 2개의 원자만을 가지려는 성질이 있다.

물체들은 평상시에는 핵(+)과 전자(−) 사이에 전기적인 인력을 통하여 평형을 유지하고 있다가 외부에서 물리적인 힘에 의하여 두 물질이 마찰하게 되면 한 물체는 전자를 잃어서 양(+)전기를 띠고, 또 다른 물체는 전자를 얻어서 음(−)전기를 띠게 된다. 이것은 전자들이 이동하면서 나타나는 현상이다. 전자를 쉽게 잃어버리는 순서를 나타내면 털 종류, 상아, 유리, 명주, 나무, 고무, 플라스틱 정도이

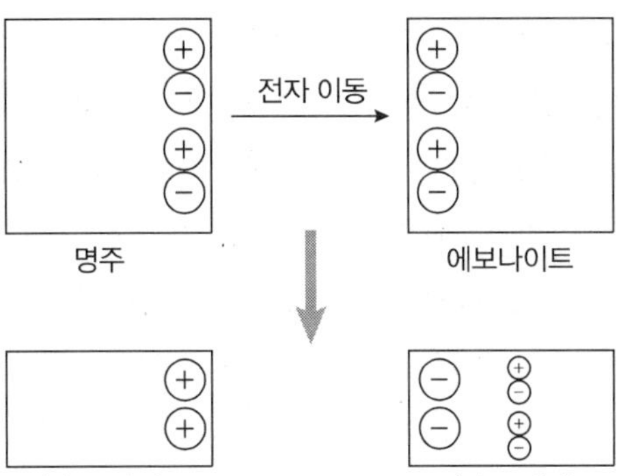

그림 6-2 대전

다. 이와 같이 전자를 쉽게 잃어버리는 순서대로 나타낸 것을 대전열(order of electrification)이라고 한다. 앞부분에 있는 털 종류의 물체는 (−)의 성질을 가지는 전자가 빠져나가려는 성질이 강하여 전자가 빠져나가면 털은 상대적으로 (+)로 대전되려는 성질이 강하게 나타난다. 뒷부분에 위치한 플라스틱과 같은 물체는 전자를 받아들이려는 성질이 강하여 전자를 받아들이게 되면 (−)로 대전되려는 성질이 강하다. 따라서 플라스틱 빗으로 마른 머리털을 빗으면 계속 마찰이 되어 머리털에 있는 전자가 플라스틱 빗으로 이동하게 된다. 결국 대전열이 큰 쪽에 있는 머리털은 전자를 쉽게 잃어버리게 되어 빠져나가 전체적으로 (+)전하를 띠게 되고, 대전열이 상대적으로 작은 쪽에 속한 플리스틱 계통의 빗은 (−)전하를 띤 전자를 쉽게 받아들이기 때문에 (−)의 전하를 띠게 된다. 대전된 물체는 시간이 지나면 다시 외부로 전자를 내보내거나 끌어당기는 방법으로 전기적으로 중성인 상태로 되돌아가게 된다.

⊕ 털가죽(모직) − 상아 − 유리 − 명주 − 나무 − 고무 − 플라스틱 ⊖

← 전자를 읽기 쉽다　　　　전자를 얻기 쉽다 →

6.3 자기력

자석 주위에는 항상 자기력이 작용하는 공간이 생기는데 이것을 자기장(magnetic field)이라고 한다. 자석 주위에 철가루를 뿌려놓으면 어떤 특정한 모양으로 철가루가 규칙적으로 배열하는 것을 볼 수 있다. 이 현상을 통해서 알 수 있는 것이 자기력(magnetic force)이라는 힘이다. 또한 두 개의 자석에서 서로 다른 극끼리는 당기는 힘이 있다. 즉 +와 −는 서로 잡아당기는 인력(gravitation)이 생기고 +와 + 혹은 −와 −처럼 서로 같은 극끼리는 서로 밀어내는 힘을 가지는데 이것을 척력(repulsive force)이라고 한다. 이와 같은 자석의 성질은 전기장(electric field)과 서로 연관되어 있다.

6.4 전자기장

전류가 흐르면 자기장이 발생하고, 반대로 자기장의 변화를 주게 되면 전류가 흐르게 된다. 이를 전자기 유도 현상(law of electromagnetic induction)이라고 하고, 전선에 흐르는 전류를 유도 전류(induced current)라고 한다. 이때 자석의 극이 바뀌게 되면 전류의 방향 역시 달라진다. 이와 같이 전자기 현상이란 전기와 자기의 상호적인 결과로 생기는 현상이다. 다른 말로 말하면 전기장은 정전하(electric charge)의 주변에 발생하고 자기장은 자석 주위에 철가루를 뿌리면 일정한 모양이 나오는 것처럼 자석의 극(magnetic pole) 주위에 생기는 자기력이 작용하는 것이다. 이들은 각각 별개의 물리적인 현상인 것처럼 보이지만 전기장이 생기는 곳에는 반드시 자기장이 생기고, 반대로 자기장이 있으면 반드시 전기장이 생긴다. 즉 두 현상은 동시에 나타난다. 그래서 이를 묶어서 전자기장(electromagnetic field)이라고 한다. 전기를 넣어 주면 자기가 발생되어 이를 응용하여 강력한 추진력을 얻는 모터로 사용할 수 있다. 전기와 자기의 원리를 이용한 모터는 생활주변에서 흔히 볼 수 있는데, 세탁기, 환풍기, 스피커 등의 여러 가전제품들과 기중기(crane) 같은 중장비 등 다양한 곳에 응용되어 활용되고 있다.

6.5 전자기학의 역사

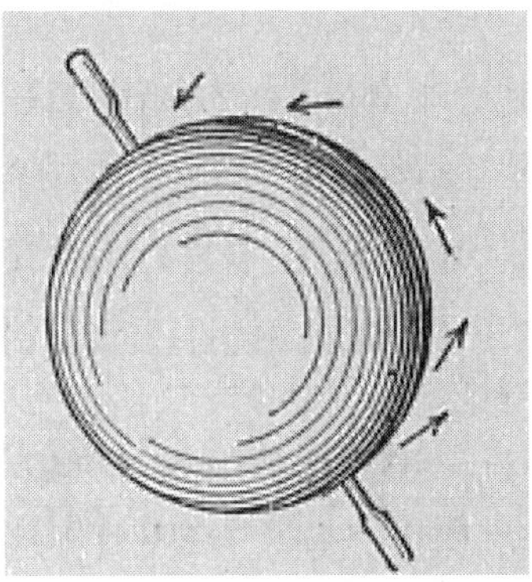

그림 6-3 길버트의 테렐라 모형

기원전 3000년경의 고대인들은 천연 자석을 자유롭게 움직일 수 있도록 놓았을 때 항상 하늘에 있는 북극성(polaris) 자리를 향하기 때문에 그것을 기준으로 길의 방향을 정하였다. 세월이 지나면서 자화(magnetization)된 철 바늘 형태로 작고 편리한 나침반(compass)을 만들게 되었다. 1600년경의 유럽은 항해기술이 매우 앞서 있어서 바다에 나갈 때 나침반이 가리키는 방향을 이용하여 목표를 잡고 항해를 했지만 왜 자석이 항상 일정한 방향을 알려주는지에 대해서는 설명할 수 없었다. 그 당시 길버트(W. Gilbert, 1544 ~ 1603, 영국 물리학자, 의사)는 자기적 현상에 관심이 많아서 이를 과학적으로 설명하고자 하였는데, 그는 우리가 살고 있는 지구 자체를 거대한 자석으로 묘사하는 테렐라(Terrella) 지구모형을 제시하였다.

또한 자석에 관한 연구에서 나온 다양한 실험 결과들을 정리하여 한 권의 책을 발표하였는데, 당시 유럽인들에게 전기와 자기의 이론에 관한 중요한 교과서가 되었다. 그 당시에는 전기에 대한 개념은 거의 없었는데, 생활 속에서 느끼는 마찰전기 현상만을 느끼는 정도였으며 자석과 전기는 전혀 별개의 다른 현상으로 구분되었다.

1729년 그레이(Gray, 영국 물리학자)는 전기 전도 현상을 관찰하여 금속 같이 전기가 잘 통하는 물질을 전도체라고 하였다. 반면에 나무 같이 전기가 통하지 않는 물질을 비전도 물질이라고 구별하였다. 이러한 전기 전도 현상이 있기 때문에 물질들을 마찰시키면 이에 따라 발생하는 정전기가 물체에 따라 옮겨간다고 하였다. 또한 전기가 잘 통하는 물체는 거리가 떨어져 있어도 전기를 전파시킬 수 있음을 알아내었다. 이때부터 도체(conductor)와 부도체(nonconductor)의 전기에 대한 개념이 싹트기 시작하였다.

1733년 그레이 연구와 비슷한 시기에 두페이(1698 ~ 1739, 프랑스)는 전기는 흐르는 성질을 가지는 유체(fluid)이며 두 가지 종류의 전기가 실제로 존재함을 증명하였다. 같은 전기는 서로 반발하고 다른 전기는 인력으로 서로 끌어당기고 있다고 설명하였다. 이것이 발전하여 후세에 전기는 양(+)전기와 음(−)전기의 두 종류로 되어 있다고 정의하는 데 중요한 바탕이 되었다.

1745년 네델란드 물리학자 무센브루크는 전기를 저장할 수 있는 축전지 형태의 라이덴병을 고안하여 개발하였다. 이어서 1752년 프랭클린(Flanklin, 1706 ~ 1790, 미국의 정치가)은 하늘에서 발생하는 번개는 축전지 형태(storage battery)의 라이덴병의 방전실험에서 발생하는 불꽃(spark)과 같을 것이라고 생각하여 번개가 전기 방전(electrical discharge) 현상 중 하나라고 생각하였다. 그는 하늘로 연을 날려 보내는 기발한 방법을 사용하여 번개의 정체를 증명하고자 하였다. 또한 피뢰침(lightning rod)을 발명하여 지금까지도 생활에 큰 도움을 주고 있다. 1747년에 프랭클린은 번개에서 나오는 전기가 정전기 형태임을 증명하고, 전기를 플러스와 마이너스로 처음 이름을 짓기도 하였지만 그 당시에도 음전기와 양전기에 대한 정확한 개념을 알지 못하였다.

1790년 말경에 갈바니(L. A. Galvani, 1737~1798, 이탈리아 의사)는 죽은 개구리에 두 개의 다른 금속선을 연결하였더니 죽은 개구리가 경련을 일으키고 움직이면서 전기를 만들어 내는 것을 확인하고 '동물이 전기를 만들고 있다'라고 하는 생체전기 현상을 주장하는 해프닝을 연출하기도 하였다.

1800년 초 볼타(A. A. Volta, 1745~1827, 이탈리아 물리학자)는 갈바니가 제시한 생체전기 이론은 근거가 없으며 전기는 두 금속 사이에 소금물이나 그밖에 전해액(electrolyte)을 사이에 두면 전기가 통할 수 있다는 사실을 알고 1800년에 최초의 화학 전지인 볼타 전지를 발명하였다.

그림 6-4 볼타(1745 ~ 1827)

볼타 전지의 발명 이전에는 흐르지 않고 정지되어 모여 있는 전기, 즉 정전기 현상만 느끼다가, 발명 이후 생활에 유용한 흐르는 전기인 동전기(dynamic electricity)로 전환될 수 있었다. 볼트는 전기를 정성적으로 다루었던 반면에 옴(G. S. Ohm, 1789 ~ 1854, 독일)은 전기를 정량적으로 다루기 시작하여 전압, 전류, 저항 사이의 관계식을 통하여 수량화하기 시작하였다.

1785년 쿨롱(C. A. de Coulomb, 1736 ~ 1806, 프랑스)도 전기를 정량적으로 연구하여 음전하와 양전하 사이의 밀어내는 반발력과 음전하와 양전하 사이에 작용하는 인력이 두 전하의 곱에 비례하고 두 전하 사이의 거리제곱에 반비례한다는 유명한 쿨롱 법칙을 발표하게 된다. 이 식은 전기력의 힘의 크기를 단순한 수학적 공식으로 설명하면서도 전기학을 정리하였다는 점에서 매우 큰 업적으로 손꼽히고 있다.

그 후 1820년 외르스테드(H. C. Ørsted, 1777 ~ 1851, 덴마크 물리, 화학자)는 전류가 흐르는 구리 전선 주위에 나침반을 놓으니 나침반의 자침이 도선(conducting wire)과 수직으로 움직이는 것을 관찰하였다. 나침반은 항상 북극을 가리켜야 하는 것이 자연의 법칙이지만 전기가 통하는 전선 위에 나침반을 놓으면 북쪽이 아니라 항상 도선전류(wire current)와 90도 각도가 되는 방향으로 나침반의 자석이 방향을 돌리게 되는 현상을 확인하고 매우 놀란 것이다. 또한 전선이 흐르는 방향을 바꾸어 보니 나침반의 바늘은 전선을 중심으로 180도 회전하여서 전선과 반대편으로 여전히 90도 각도를 유지하였다. 이러한 실험은 전류와 자기장이 어떤 밀접한 연관이 있음을 밝히는 과학사 발전에서 매우 중요한 전환점이 되었다. 그 후 1830년경 암페어(A. M. Ampère, 1775 ~ 1836, 프랑스 물리학자)는 두 개의 전류 도선에서 발생하는 당기는 힘과 밀어내는 힘을 계산할 수 있는 수학적 공식을 만들었으며, 흐르는 전류 주위에 자기장이 형성될 때 자기장의 방향을 오른손 나사법칙으로 쉽게 표현하기도 하였다.

몇 년이 지난 후 1831년 패러데이(M. Faraday, 1791 ~ 1867, 영국 물리학자)는 도선에 전기를 통하면 자기장이 형성되는 외르스테르의 실험을 반대로 수행하였다. 그래서 이번에는 전기를 통하지 않은 도선에 자기장의 움직임의 변화만 주어서 관찰을 하였더니 도선에 전류가 흐른다는 것을 알았다. 이로부터 자기는 전기를 유발하고 전기는 자기를 유발한다는 전기장과 자기장의 상호 간 유도현상인 전자기 유도현상(electromagnetic induction)을 발견하고 전기와 자기는 각각 독립된 현상이 아니라 밀접한 관계로 하나로 묶을 수 있다는 전자기 통합시대를 새롭게 열었다.

전자기 유도현상을 응용하면 높은 위치에 있는 물들을 댐으로 막은 후 물의 낙차를 이용하여 아래로 떨어뜨려서 대형 자석을 돌림으로써 자기장을 변화시켜 전류를 만들어 내는데, 이를 응용한 것이 수력 발전소이다. 화력 발전소에서는 연료를 태워 물을 끓이고 거기에서 나온 수증기를 이용하여 터빈(turbine)에 연결되어 있는 자석을 돌리면 자기장의 변화가 일어나서 전류를 발생시키는 방식이다. 이 역시 전자기 유도현상의 원리를 응용한 것이다. 주위에서 흔히 구할 수 있는 자석을 돌려주기만 해도 자기장이 만들어짐과 동시에 전류가 발생하는 것을 알아낸 것은 인류의 대단한 발견이었다. 이와 같이 전기와 자기를 하나로 통합하는 과학 발전 역사의 산물은 앞서 살펴본 바와 같이 다방면에 유용하게 응용되어 인류의 발전에 큰 기여를 하게 되었다.

맥스웰(J. C. Maxwell, 1831 ~ 1879, 스코틀랜드 물리학자)은 전자기 통합을 수학방정식으로 표시하였다. 이 식에서 전기와 자기는 서로 눈에 보이지 않는 장을 가지고 있으며 전기와 자기장이 미치는 범위에서는 얼마든지 일어날 수 있음을 보여 주었다. 이는 뉴턴이 제시한 만유인력의 힘의 원리와도 같이 비록 멀리 떨어져 있어도 쿨롱의 전기 법칙이 원격으로 적용될 수 있음을 암시하는 이론이었다. 맥스웰은 이를 전기자기장(electromagnetic field)이라고 이름 지었다.

그 후 헤르츠(H. Hertz, 1857 ~ 1894, 독일 물리학자)는 맥스웰의 전자기파(electromagnetic radiation)를 입증하는 중요한 실험을 하였다. 그는 두 개의 구리선을 평행하게 놓고 이용하여 한쪽 구리선에 전기를 통하여 스파크를 발생시켰다. 그런데 놀랍게도 그 스파크 불빛은 떨어져 있는 다른 구리선 쪽으로 껑충 뛰어넘어서 전달되었다. 즉 전기가 무선 상태에서도 이동하여 옮겨갈 수 있음을 최초로 관찰한 것이었다. 그는 이것을 전자기파의 이동 현상으로 해석하였고, 이 전자기파는 빛의 속도를 가지고 이동하며 빛의 대표적인 성질인 반사(reflection)와 굴절(refraction)의 성질도 함께 가진다는 것을 밝혀냈다. 이러한 사실을 통하여 빛은 전자기파임이 증명되었다. 그중에 우리 눈으로 확인될 수 있는 빛은 가시광선

(visible light) 영역에 있는 전자기파였던 것이다.

맥스웰과 헤르츠가 전자기파를 연구하던 시기에는 전자의 존재를 발견하기 직전이었기 때문에 전자기파의 본질까지는 정확히 알 수는 없었다. 그런데 비슷한 시기에 톰슨이 음극선(cathode ray)을 이용하여 전자를 밝혀내는 중요한 실험들을 성공하였다. 이로써 오늘날 우리가 알고 있는 전기의 본질이 전자의 흐름이라는 것을 알게 되었다.

마르코니(G. Marconi, 1874 ~ 1937, 이탈리아)는 선이 연결되어 있지 않은 곳에 무선으로 신호를 보냈던 헤르츠의 무선 전기방전 실험 결과를 응용하여 영국에서 대서양을 횡단하는 먼 거리에 전자기파 신호를 보내는 데 성공하였고, 그로 인해 본격적인 무선통신의 시대가 열리게 되었다. 무선 신호의 발전은 진공 속의 공간에서 전자의 운동을 조절하여 신호를 증폭시키거나 혹은 바꾸는 진공관(vacuum tube)의 발명으로 한층 더 도약하게 되었는데, 1904년 플레밍(A. Fleming, 1881~1955, 영국 공학자)과 1906년 드 포레스트(Lee, de Forest, 1873 ~ 1961, 미국 공학자)는 2극 및 3극 진공관을 각각 발명하게 되고 이로써 무선 신호의 질은 더 높아지게 됨으로써 인류의 통신무대는 전 세계로 넓혀지게 되었다.

7장
열을 이용한 과학의 발전

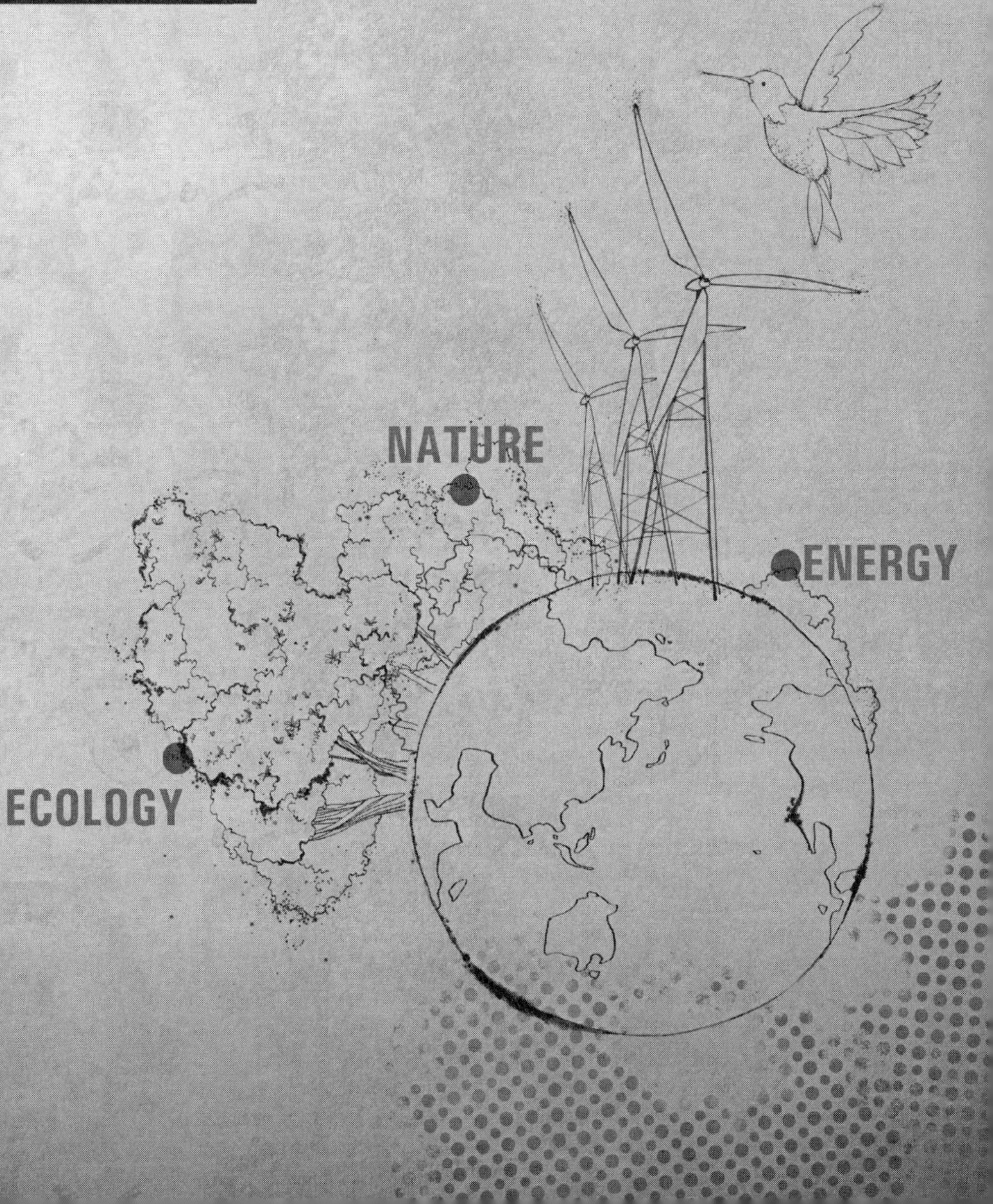

7.1 고대 시대의 노동력

외국의 문화유적 관광지에 가면 높은 산 위에 매우 긴 성벽들을 높이 쌓은 고대의 건축 기술에 놀라움을 금할 수 없다. 고대의 통치자인 왕은 수많은 노예들의 노동력을 동원하여 궁전을 건설하고 길을 닦았다. 1마리의 말과 성인 남자 20명이 밧줄을 사이에 두고 힘을 겨루면 성인 남자들은 말에게 맥없이 끌려가 버린다. 그러나 사람이 낼 수 있는 힘은 매우 작지만 수백 명의 인원이 지렛대와 바퀴와 같은 도구들을 이용하게 되면 커다란 대형 돌덩어리들까지도 움직일 수 있다. 현대 사회에서는 인건비 상승 때문에 번창하던 사업조차 접어야 하는 고임금 시대에 살고 있다. 노예와 같이 노동력의 수급이 쉬웠던 고대에는 기계를 만드는 일이 시급하지 않았기 때문에 과학의 발전은 자연스럽게 더디게 이루어졌다. 그러나 인건비가 높아질수록 과학의 발전에 대한 수요가 증가하여, 공장 설비를 자동화 기계로 바꾸거나 로봇을 개발하여 대체하고자 하는 등의 연구에 막대한 자금을 지원하면서 과학의 발전이 가속화되기도 한다.

7.2 산업혁명과 증기기관

1765년경 이전의 에너지원은 소와 말, 낙타 등과 같이 힘을 낼 수 있는 가축들이었으며 이들을 동원하여 수송과 건설현장에 투입하였다. 나무와 석탄은 집을 따뜻하게 하고 요리를 할 수 있는 주요 에너지원이었다. 그 후 자연과학 기술의 발전으로 증기기관이 발명되었고 이는 자연스럽게 산업혁명으로 이어졌다. 또한 공장이 생기고 개량된 설비가 들어서면서 이전보다는 매우 빠르고 효율적인 대량 생산시대에 접어들었다. 특히 섬유사업에 응용되던 증기기관은 증기기관차와 증기선등의 운송교통의 일대 혁명이라고 할 만한 커다란 변화를 가져왔다. 많은 공장촌들이 생겨나고 그곳을 중심으로 도시화가 진행되었다. 도시로 이주하는 인구가 늘게 되자 주택 문제, 위생 문제, 빈부 간의 격차 등 과학의 발달로부터 시작된 시대의 변화에 따른 부작용들이 생기기도 하였다.

산업혁명의 결정적인 계기는 와트(J. Watt, 1736 ~ 1819, 스코틀랜드 기계공학

그림 7-1 영국과 세계의 산업혁명을 촉진한 와트 증기기관, © Nicolás Pérez / Wikipedias(CC BY-SA)

자)가 1765년 증기기관(steam engine)을 발명한 것에서 비롯되었다. 이는 증기선(steam boat)에 먼저 도입하였고, 이어서 1804년에 처음으로 증기기관차(steam locomotive)를 선보이는 것을 기점으로, 1830년에는 리버풀과 멘체스터를 연결하는 세계 최초의 철도가 개설되면서 산업혁명(industrial revolution)이 본격적으로 시작되었다. 과학 발전의 관점에서 보면 이러한 힘의 바탕에는 바로 원시시대부터 사용하여 오던 불, 즉 열에너지가 중요한 역할을 하고 있음을 알 수 있다. 열에 관한 과거의 역사와 연구들을 돌아보면 자연과학이 어떻게 발달하였는지, 인류의 생활 향상에 어떻게 기여하게 되었는지 알 수 있다.

7.3 열역학 제1법칙과 줄의 실험

독일에서 1660년에 태어난 화학자이며 의사로 활동하였던 스탈(G. E. Stahl, 1660 ~ 1734)은 "열(heat)은 질량을 가지고 있는 플로지스톤(phlogiston)이라는 물질이다"라고 주장하였다. 또 어떤 학자는 열이란 질량이 없는 물질인 열소라고 하는 이론을 펴기도 하였다. 고체에 열을 가하면 액체가 되어 녹는 융해(fusion)와 액체의 표면에서 분자가 떨어져 나가는 증발(evaporation)은 열소와 물체들 사이의 작용이라는 주장이었다. 그러나 이와 같이 실험적 증거 없이 펼쳐지는 주장들은 늘 과학 발전에 혼돈을 주고 걸림돌이 되곤 하였다.

럼포드(Rumfoard, 1758~1814, 영국)는 생활 주위에서 일어나는 현상을 유심히 관찰하고 기계적으로 행한 일들이 열로 변하는 것을 근거로 열이 기계적 에너지(mechanical energy)의 한 형태라고 주장하였다. 또한 일(work)과 열(heat)에 대하여 에너지 개념을 처음 도입하였다. 이처럼 열이 기계적 에너지의 한 형태라고 보여 준 럼포드의 가정을 실험으로 증명하기 위하여 줄(J. P. Joule, 1818 ~ 1889, 영국 물리학자)은 1843년 열기관을 제작하였다. 물통 기구 속의 회전판이 회전하게 되면 주위의 물 분자의 운동이 빨라지게 되고 이에 따라 물 분자의 마찰이 일어나게 되면 물의 온도가 올라가는 것을 실험을 통하여 확인하였다. 줄은 회전판 장치가 회전하면서 발생한 '기계적 일'이 물통 속의 물 분자를 마찰하여 물의 온도를 올리면서 발생한 '열'과 같다는 결론을 내렸다. 이는 기계적 일이 열 형태로 변환된 것을 실험적으로 증명한 첫 사례이다.

그림 7-2 1845년 줄의 열기관
(Science Museum, London)

열은 마찰, 충돌 등의 다양한 결과로 발생된다. 그러므로 에너지란 물 분자들의 운동 에너지가 증가하면서 열에너지로 전환되었다고 볼 수 있다. 줄은 자신이 수행한 실험을 해석하는 과정에서 에너지는 새롭게 만들어지거나 사라지지 않으며, 다만 다른 형태로 변형되는 것이라고 결론을 내렸다. 이로써 열에너지(thermal energy), 화학 에너지(chemical energy), 기계 에너지(mechanical energy)는 모두 서로 전환되는 관계이며 동등한 상태에 있다고 인식하게 되었다. 즉 떨어지는 물체의 위치 에너지(potential energy)는 운동 에너지(kinetic energy)로 바뀔 수 있으며 열에너지(heat energy)로도 전환된다는 것이 열역학 제1법칙, 즉 에너지 보존 법칙의 중요한 토대가 되었다. 예를 들면, 태양에서 각종 전자파를 통한 에너지가 우주로 퍼져나가면서 우리에게 열에너지를 준다. 그리고 높은 곳에서 낮은 곳으로 떨어지는 폭포수에서 우리는 운동 에너지를 얻게 되고 이것으로 터빈을 돌리면 전기 에너지를 얻는다. 지구와 마찬가지로 우주에서도 형태만 다르게 퍼져 있을 뿐이지 에너지 보존 법칙이 적용된다.

열을 측정하기 위해서는 온도라는 단위를 쓴다. 열의 에너지의 단위는 칼로리(calorie)를 사용하며 열과 에너지의 관계를 처음 증명한 줄의 이름을 따서 1 cal = 4.2 joule로 정의한다. 이것은 1그램의 물을 1 °C 올리는 데 필요한 에너지의 값이다.

비슷한 시기에 열역학의 창시자로 알려진 마이어(J. Mayer, 1814 ~ 1878, 독일 의사)는 사람이 체온, 즉 열을 만들어 내는 것은 섭취하는 음식물이 가지고 있는 화학 에너지가 공급되기 때문이라고 생각하였다. 또한 두 손을 비비면 마찰열에 의하여 손이 뜨거워지면서 열이 발생되는데, 이때 나타나는 열에너지 역시 손이 수행하였던 기계적인 에너지에 의한 힘의 결과라고 주장하였다. 빅뱅으로 시작된 우주는 처음에는 높은 온도의 열에너지를 가지고 생겨났는데, 우주 전체 에너지는 이때 생성된 에너지로부터 시작되어 형태가 다르게 변하였을 뿐이며, 에너지의 총량은 그대로 우주에 보존되어 남아 있음을 에너지 보존법칙으로 설명하였다.

엔트로피(entropy)는 계의 무질서(disorder) 정도를 말해 주는 척도이다. 높은 자유도를 가지게 되면 움직임이 많아져서 더 무질서해진다. 이때 "엔트로피가 커진다"라고 말한다. 빨강색의 잉크가 물에 퍼져서 빨갛게 변한 물을 자발적으로 원상태인 빨간색 잉크와 투명한 물로 되돌릴 수 없듯이, 우주로 퍼져나간 에너지를 100 % 다시 회수할 수 없으므로 우주의 에너지를 무한정 쓸 수는 없다. 자연계는 우주 전체의 엔트로피, 즉 무질서의 정도가 증가하는 방향으로 자발적인 과정이 진행되고 있다.

7.4 엔트로피와 열역학 제2법칙

분자 운동이 활발해지면 열로 발산되는 에너지의 정도가 달라진다. 분자가 움직이는 운동 에너지가 높으면 온도가 높게 올라가고 분자의 움직임이 낮으면 온도는 상대적으로 낮아지게 된다. 또한 열량은 물질의 질량에 비례하며 열량은 온도 변화량에 정비례한다. 마이크로파(microwave)를 이용한 오븐은 물 분자를 1초에 24억5천만 번 회전하도록 설계되어 있는데, 이때 물 분자 간의 큰 마찰열에 의하여 물의 온도는 빠르게 올라간다. 온도가 높다는 것은 그 물질이 이루는 구성단위들의 움직임의 평균 속도가 크다는 것을 의미한다. 뜨거운 물 안에서는 물 분자들의 이동 속도가 증가하게 되어 온도가 올라가는 것이고 얼음이 차가운 이유는 얼음 분자를 구성하는 물 분자의 이동 속도가 거의 없기 때문에 온도가 낮게 유지되는 것으로 설명할 수 있다.

열은 뜨거운 곳에서 항상 찬 곳으로 전달된다. 이것이 열역학 제2법칙이다. 열은 높은 온도에서 낮은 온도로 흐르기 때문에 냉장고 전원을 가동시키지 않으면 외부의 더운 열은 냉장고 안의 찬 공간으로 들어와 음식을 차가운 상태로 유지시키지 못하고 온도가 올라가게 된다. 따라서 냉장고 내부의 온도를 차게 계속 유지시키기 위해서는 전기로 가동되는 공기 압축기를 계속 작동시켜 주어야 한다. 즉 외부의 전기 에너지의 도움이 필요하다.

에너지를 사용한다는 것은 에너지의 형태를 바꾼다는 의미이다. 열은 에너지이며 일로 전환될 수 있다. 열에너지를 얻는 방법은 불로 가열하거나 마이크로파와 같은 전자파를 쪼여 물질의 온도를 올리면 된다. 그런데 열은 높은 온도에서 낮은 온도로 자연스럽게 이동하면서 이때 열손실을 피할 수 없기 때문에 어떤 특정한 온도에서 열이라는 에너지를 100 %의 효율로 일로 전환시킬 수 있는 기계는 없다. 예를 들어 자동차 엔진에서 휘발유가 연소되면서 발생한 열에 의한 압력이 자동차 엔진에 들어가면, 열에너지가 운동 에너지로 전환되어 피스톤을 운동시킴으로써 자동차가 움직인다. 이때 생성된 열은 많은 부분 식어버리면서 손실되어 주변으로 방출된다. 즉 자동차 연소 과정에서 시작된 열에너지가 식어간다는 것은 열이 우주로 손실되어 나가면서 엔트로피가 더 커지게 된다. 이러한 현상을 열역학 제2법칙이라고 하며 엔트로피의 증가법칙이라고도 한다.

계와 주위의 엔트로피의 합, 즉 우주 전체의 엔트로피가 증가하는 방향으로 자발적 과정이 일어난다. 백열등에 전기를 넣으면 전기 에너지의 일부만 빛을 환히 밝혀 주고 나머지 전기 에너지는 단지 전구를 뜨겁게 달구는 역할을 한다. 뜨겁게 달구어진 전구는 공기 중에서 계속 식어가지만 그것을 다시 뜨겁게 되돌릴 수는 없는 것도 열은 뜨거운 곳에서 차가운 곳으로 흐른다는 열역학 제2법칙을 따르고 있는 것이다. 이렇게 전구가 계속 식어감으로써 열에너지가 가지는 엔트로피, 즉 자유도는 더 커지는 성질을 가지고 우주로 나가게 된다. 결국 에너지를 사용하는 인간의 입장에서 보면 에너지의 손실이 되는 것이다. 이렇게 자유롭게 우주로 나가버린 에너지를 우리는 다시 잡을 수 없다.

수많은 에너지가 우리 일상에 있어서 도움이 되는 형태로 되었다가 다시 다른 형태의 에너지로 바뀔 때 엔트로피의 자유도가 증가해 버리면서 자연계로 가버린 에너지 형태는 다시 원상태로 되돌릴 수 없는 상태가 된다. 엔트로피 개념은 수도에서 물이 나와서 식기를 닦을 때 사용되는 물보다 싱크대로 빠져 나가는 물이 훨씬 더 많아 손실을 보고 있는 것에 비유할 수 있다. 자동차의 경우에도 전환되는 운동 에너지 역시 효율이 10 ~ 20 % 정도밖에 안 되는 상태에서 엔진이 가동하고 있다.

카르노(N. L. S. Carnot, 1796 ~ 1832, 프랑스 공학자)가 발명한 카르노 사이클은 가장 효율이 좋은 열기관으로 알려져 있는데 이때의 이상적인 열효율이 50 % 정도이며 나머지 열은 우주로 돌아가 버린다. 이와 같이 에너지 제2법칙은 열의 특성을 나타내는 엔트로피의 법칙과 더불어 우리 생활 속에 함께 하고 있음을 이해하여야 한다. 미래학자(futurologist)들은 지구 상에서 물이 결국은 고갈되듯이 에너지도 수십억 년 후의 먼 미래에는 고갈될 것이라고 예측한다.

7.5 자연계의 화학 반응과 엔트로피

화학 반응에서는 1개의 분자가 2개의 분자로 쪼개지는 반응일 경우 생성된 2개의 분자는 1개로 묶여 있을 때보다 더 자유로워졌으므로 자유도가 높아졌다고 이야기한다. 이때 "엔트로피가 증가했다"라고도 하며 이를 자발적 화학 반응(spontaneous chemical reaction)이라고 한다. 반대로 두 개의 물질이 반응이 일어나서 하나의 물질로 통합되어 생성물이 얻어지는 경우에는 자유도가 떨어진다. 즉 엔트로피는 감소한 것이다. 열린 사슬(open chain) 형태의 자유로웠던 물질이 고리와 같은 분자 형태의 화합물(cyclic compound)로 전환되면 분자 내의 자유도가 떨어지게 되며, 이것은 엔트로피가 감소한 것이다. 엔트로피가 감소한다는 것은 자발적인 반응이 일어나기에 매우 불리한 조건이 되므로 외부적인 환경의 변화를 주어야 반응이 일어난다. 글루코스($C_6H_{12}O_6$) 1분자는 대사과정에서 6분자의 이산화 탄소와 6분자의 물 분자와 같이 작은 분자들로 매우 잘 쪼개지기 때문에 엔트로피가 증가한 것이다. 이러한 대사과정의 반응은 자연계에서 매우 잘 일어나는데, 이것은 열역학 제2법칙으로 설명할 수 있다.

화학 반응식에서 생성물 쪽으로 반응을 진행시키기 위해서는 평형(equilibrium)을 생성물 쪽으로 가도록 만들어야 한다. 화학 반응이 일어나기 위해서는 열역학적 관점에서는 엔트로피가 증가하는 방향으로 진행되어야 하고, 또 화학 반응 속도도 충분히 빨라야 한다. 예를 들면 유기물을 태우면 물과 이산화 탄소로 전환되는 화학 반응이 일어나고 분해되어 우주로 흩어진다. 이는 엔트로피가 증가하는 현상이므로 자발적으로 일어나는 화학 반응이지만 반응 속도가 너무 늦으므로 어떠한 외부 조건을 가해 주지 않는 이상 유기물들이 타는 현상이 관찰되지 않는다. 따라서 화학 반응이 진행되기 위해서는 열역학(thermodynamics)과 속도론(kinetics)이라는 두 가지 열역학 개념을 사용하여 반응을 설명한다. 이때 평형상수(equilibrium constant)라는 수학적 개념을 사용하는데 이에 따라 얼마나 반응이 진행되었는지 표현된다. 평형상수가 1보다 크면 반응은 생성물 쪽으로 가고, 1보다 작으면 반응은 가지 않고 원래의 상태에 머물러 있게 된다.

$$A + B \rightarrow C + D$$

깁스(W. Gibbs, 1839 ~ 1903)는 자유 에너지 방정식을 사용하여 출발물질과 생성물 사이에 어느 쪽으로 우세하게 반응이 진행하는지 결정하였다. 평형이 생성물 쪽으로 가도록 하기 위해서는 출발물질과 생성물들의 에너지 차이에 의해서 결정되는데 출발물질보다 생성물이 에너지적으로 더 낮은 상태가 되어야 한다. 이때의 에너지 단위는 kJ/mole을 사용한다.

$$\Delta G = \Delta H - T\Delta S \quad \text{(자유 에너지 방정식, Gibbs Free Energy)}$$

자유 에너지 변화를 알기 위해서는 크게 두 가지 변화에 의존한다. 하나는 엔탈피의 변화(ΔH)와 엔트로피의 변화(ΔS)이다. 따라서 화학 반응에서 엔탈피와 엔트로피의 변화량에 의하여 그 반응이 자발적(spontaneous)으로 일어날지 비자발적(nonspontaneous)으로 일어날지 예측할 수 있다. 이를 이용하여 깁스의 자유 에너지식을 표시할 수 있으며 여기에는 엔탈피(enthalpy)와 엔트로피(entropy)라는 두 개의 항과 온도가 포함되어 있다. 예를 들어 휘발유가 연소하는 반응은 자발적으로 일어나는데, Gibbs 자유 에너지 방정식을 이용하여 설명하면 열이 방출되는 발열반응(exothermic reaction)이므로 엔탈피 값은 음수($\Delta H<0$)이며 분자는 더 무질서해지므로 엔트로피는 양수($\Delta S>0$)의 값을 가진다. 깁스 자유 에너지 방정식에 음의 엔탈피와 양의 엔트로피 값을 대입하면 깁스 자유 에너지는 음수의 값을 가지게 된다. $\Delta G<0$일 때 반응은 자발적으로 일어난다. $\Delta G=0$이면 동적 평형(dynamic equilibrium)을 이루고 있어 반응은 멈춰 있는 상태이고, $\Delta G>0$이면 반응은 반대로 가는 역반응(reverse reaction)이 자발적인 반응으로 일어난다. 이와 같이 지구 상에서 일어나는 모든 화학 반응과 형성되는 자연계의 모든 물질들은 엔트로피와 직접적인 관계가 있다.

8장
자연 물질의 이해

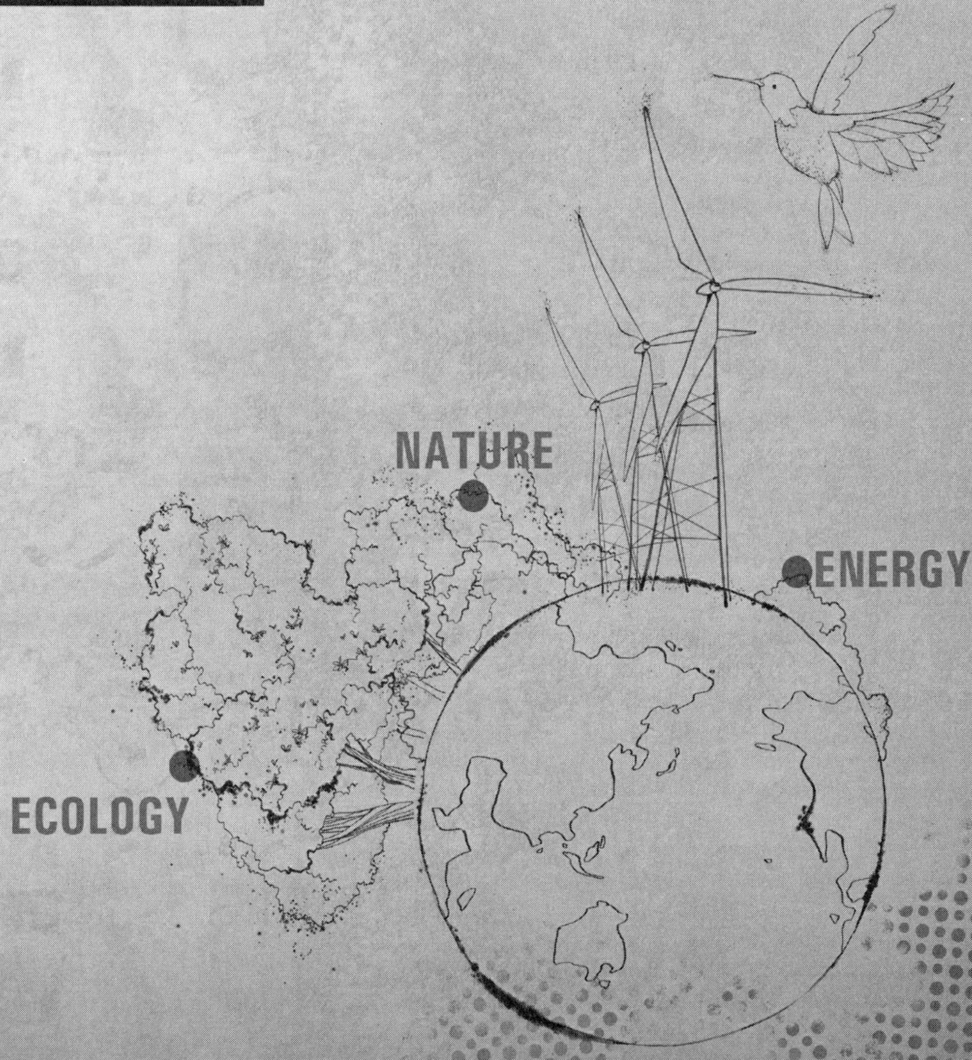

8.1 그리스의 물질관

엠페도클레스는 고대 그리스의 철학자인데 불, 물, 공기, 흙의 4원소설을 처음 주장하였고 플라톤과 아리스토텔레스 역시 엠페도클레스의 원소설을 지지하였다. 마케도니아 출생인 아리스토텔레스의 스승은 소크라테스의 제자인 플라톤이었다.

자연을 형성하고 있는 물질들에 대한 기록을 살펴보면 기원전 384년에 아리스토텔레스가 당시의 신화적인 이야기 형태의 관점에서 물질을 변화시킬 수 있다는 내용을 처음 제안하였다. 서양 철학사에서 학문의 아버지라고 일컫는 아리스토텔레스는 세상을 이루는 원소는 따듯함, 차가움, 습함, 건조함의 네 가지 성질에서 두 가지가 짝짓기를 하여 각각 불, 물, 공기, 흙이 된다고 주장하였다. 예를 들면 얼음은 차가움-건조함의 성질을 가지며, 얼음이 녹아 물로 변하면 차가움-습함의 성질을 가진다고 하였다. 또한 물이 수증기로 변하는 현상을 차가움-따뜻함 성질로 변하는 것으로 보았다. 아리스토텔레스는 4원소의 성질들은 그중 하나만 바꾸어도 전혀 다른 원소로 물질을 전환할 수 있다고 믿었다. 그러나 이것은 실험적으로 증명된 이론이 아니었기 때문에, 결국 성공할 수 없는 연금술 형태의 실험에 매달리면서 2000여 년의 오랜 기간 동안 과학은 큰 변화가 없었다.

8.2 중세의 연금술

오래전부터 사람들은 금을 섭취하면 무병장수할 수 있다고 믿기도 하였고, 권력자와 부귀영화를 누리는 사람들은 비싼 금을 이용하여 치장하였다. 이와 같이 사람들의 금이나 귀금속에 대한 욕망은 여러 혼합 물질과 불을 이용하여 값싼 금속을 비싼 귀금속으로 전환시키고자 하는 연금술(alchemy)이라는 새로운 실험에 오랜 세월 동안 몰입하게 하였다.

연금술은 헬레니즘 시대(B.C. 323 ~ 144년) 이후 과학의 중심지가 된 이집트의 알렉산드리아에서 과학자들에 의해서 활발하게 유행하였는데, 그 후 이슬람, 유럽 지역으로 점차 확대·발전해 나갔다. 초기에 중세 아랍에서 유행하던 연금술은 아리스토텔레스의 4원소설을 이론적 근거로 하여 주위의 모든 물질들은 서로 유기적인 관계에 있기 때문에 서로 변환이 가능하다고 생각했다. 연금술이 발달해 가는 과정에서 13세기 이후의 유럽의 연금술사들은 모든 금속은 수은과 황으로 이루어졌다는 가설을 채택하였으며, 특히 수은은 모든 물질의 대표처럼 여겨졌고 세월이 지나면서 소금이 첨가되기도 하였다. 그러나 연금술 실험에 대한 화학적인 이론은 철저하게 공개되지 않았고 신비주의를 기반으로 화학 물질에 대한 지식을 차츰 넓혀 나갔다. 중세의 과학을 대표한다고 할 수 있는 그리스와 중동 지역 등지에서 유행하던 서양의 연금술은 유리 기구를 사용하였으며 투명하게 보이는 유리실험기구 안에서 화학 변화를 일으키는 내부 과정을 눈으로 직접 관찰할 수 있었기 때문에 과학적 흥미를 유발할 수 있었으며 오랫동안 지속되어 화학 연구 발전에 중요한 기여를 하였다. 중국에서도 거의 비슷한 시기에 연금술에 대한 기록이 있었는데, 신선 사상과 결부되어 불로불사의 단약 제조를 목표로 하였다. 중국에서는 금속이나 도자기로 만들어진 실험 기구들을 사용하였기 때문에 화학 변화가 일어나는 내부 과정의 관찰이 불가능하여 기술적으로 단순하였고 오래 지속되지 못하였다.

이후 유럽의 산업이 크게 성장하였던 16 ~ 17세기에는 다양한 금속 제품들에 대한 수요가 발생했다. 이 때문에 야금술, 제약 기술이 크게 발전하면서 알코올, 비누, 유리와 같은 화학제품의 수요도 함께 증가하였다. 그러나 오랜 세월 동안 신비주의를 지켜온 연금술에 관한 연구는 단지 실험기구 사용하는 방법이나 경험에 근거한 물질의 체계적인 분류 등 미미한 수준이었으며, 물질변환에 대한 이론적 이해가 매우 부족하였다. 더욱이 중세시대에는 신학교리에 어긋나는 과학적 사고는 용납되지 않았으므로 이 시기는 과학의 암흑기로 분류하고 있다.

8.3 플로지스톤설

인류의 생활과 생존에 있어서 불의 사용은 아주 중요한 부분이다. 고고학 유적들을 분석해 보면 인류가 140만여 년 전에 불을 사용한 흔적을 찾을 수 있다. 이를 기점으로 인류는 불을 사용하여 자연 물질들을 변형하고 가공하여 생활에 응용하기 시작했다. 철을 사용하여 무기나 도구를 만들었던 철기 시대(기원전 1200 ~ 590년경)에는 불을 사용하여 자연광산에서 철을 추출하였으며, 지금도 역시 불을 사용하여 지하의 광석들에서 금, 은, 구리, 철 등의 성분들을 분리하여 추출하고 있다. 불의 에너지를 이용한 화학적 변환 기술의 원형은 고대부터 있었으며, 이는 불을 사용하여 자연에서 많은 화학물질을 채취하고, 그것들을 새로운 물질로 전환시키는 수단이 되었다. 사람들은 불을 이용하여 금속재질의 농기구, 다양한 질그릇, 의약품과 생활에 필요한 물질들을 만들고, 그러한 경험을 바탕으로 물질에 대한 지식을 넓혀서 현대에까지 이어져 온 것이다. 이와 같이 인류는 중요한 생존 수단으로 불을 사용해왔지만 자연계에 존재하는 불의 본질에 대하여 알게 된 것은 비교적 최근이다.

17세기 말 스위스 바젤에서 의사였던 파라켈수스(Paracelsus, 1493～1541)는 가연성을 나타내는 황(sulphur), 유동성과 휘발성을 나타내는 수은(mercury), 고체성과 안정성을 나타내는 염(salt)을 바탕으로 한 3원리설을 통하여 세상의 모든 물질의 성질을 설명하였다. 그는 인간의 육체가 3원리의 균형에 맞게 구성되어 있다고 주장하였다. 그리고 "3원리의 균형이 깨어지면 질병이 발생하며 광물성 약을 사용하면 3원리의 균형이 다시 회복되어 질병이 고쳐진다"라는 내용의 의화학(Iatrochemie) 이론을 확립하였다. 여기에서 불에 타는 물질의 연소 현상은 가연성을 가지는 황이 다른 원소와 결합되어 있다가 황이 물질에서부터 떨어져 나오면서 일어나는 현상이라고 설명하였다.

슈탈(G. E. Stahl, 1660 ~ 1734, 독일 화학자)은 이러한 3원리설 이론의 연소 현상에서 조금 더 나아가, 연소 시에는 온도가 매우 높아지며 열이 발생할 때 열로부터 분리되어 튀어나가는 매우 가벼운 물질을 발견했다. 그리고 그는 그것을 플로지스톤(phlogiston)이라고 불렀다. 플로지스톤은 그리스어의 '불타는 것'이라는 어원에서 나온 단어인데 열을 물질로 보는 개념이며 주위를 이루는 모든 형태의 물질은 재와 플로지스톤으로 이루어져 있다고 보았다. 그 당시의 플로지스톤 이론을 통하여 여러 화학적 변화를 설명할 수 있었다. 예를 들어 "기름이나 유황은 플로지스톤을 많이 포함한 물질이기 때문에 잘 타는 물질이고, 수소는 거의 플로지스톤으로 구성되었기 때문에 타고 나면 아무것도 남지 않게 되며, 공기 중에 플로지스톤이 가득 채워지게 되면 더 이상 연소 작용이 일어나지 않는다"와 같이 연소 현상을 플로지스톤으로 설명하였다. 그런데 슈탈은 플로지스톤설에서 모순된 현상을 발견하였다. 나무와 같은 물질들은 태우게 되면 플로지스톤이 빠져나가면서 재가 된다고 믿었고 재의 무게는 타기 전의 물질의 무게보다 가벼워졌으므로 대부분의 물질에 대해서 문제가 없었으나 금속인 경우 열을 가하여 태우게 되면 오히려 무게가 무거워지는 반대의 실험 결과를 얻었다. 이러한 모순점에 대하여 고민하다가 슈탈은 플로지스톤은 '음의 무게'도 함께 가지는 물질로 개념을 수정하기도 하였다. 물론 그 당시의 화학자들에게는 납득이 가지 않는 설명이었으나 특별히 반박할 수 있는 어떠한 정량적인 실험 결과가 나오지 않았던 시절이었으므로 한동안 플로지스톤설이 인정되면서 세월이 흘렀다. 현대과학에서 보면 분명히 틀린 플로지스톤 개념이 인정받기는 하였지만 그것과는 별개로 이 시기에 정성분석법이 발달하여 새로운 원소들과 화합물들이 많이 발견되기도 하였다. 이와 같이 17 ~ 18세기까지도 화학자들은 연소가 일어나서 뜨거워지는 현상을 매우 가벼운 물질인 플로지스톤이 물질로부터 튀어나가면서 열이 발생하여 온도가 올라간다고 믿었다.

8.4 라부아지에와 화학혁명

그림 8-1 라부아지에

라부아지에(L. A. Lavoisier, 1743 ~ 1794, 프랑스 화학자)는 새로운 연소 현상을 연구하는 과정에서 물질이 탈 때에 플로지스톤이 빠져나가는 것이 아님을 실험으로 증명하면서 플로지스톤설을 정면으로 부정하였다. 라부아지에는 연소 현상은 물질이 산소와 결합하는 화학 반응 현상이며, 연소한 후에는 물질이 공기를 흡수하였으므로 무게가 증가한다는 가설을 세웠다. 그리고 이에 따른 연소실험의 결과가 가설과 정확히 일치하면서 실험을 통하여 연소 현상을 처음으로 증명하게 되었다. 라부아지에의 실험 결과가 발표된 이후 플로지스톤설은 무너지게 되었다.

라부아지에의 새로운 연소 이론이 플로지스톤설을 대신하게 되는 18세기 후반에 화학이 급격히 발전하게 되어 화학혁명(chemical revolution) 시대를 맞이하게 되었다. 그 후 기체화학 연구가 유행하게 되어 다양한 형태의 새로운 기체들이 발견되었다. 캐번디시(H. Cavendish, 1731 ~ 1810, 영국 화학자)는 금속에 산을 떨어뜨려 발생하는 기체가 수소라는 사실을 1766년경에 알아내었고 프리스틀리(J. Priestley, 1733 ~ 1804, 영국 물리학자)는 암모니아, 질소, 산소, 이산화 탄소와 같은 다양한 기체들을 분리하여 각각 보관하는 방법도 알아냈다. 셸레(C. W. Scheele, 1742 ~ 1786, 스웨덴 화학자)는 1777년에 공기 안에 있는 산소와 질소의 존재비가 1 : 3 비율로 있음을 알아내기도 하였다.

1800년 초반에는 이탈리아의 물리학자 볼타가 자연계에 존재하는 순수한 물질만을 사용하여 세상의 어둠을 밝히는 볼타 전지를 만들 정도로 당시의 과학이 발전하고 있었다. 1830년대에는 탄소 화합물들의 조성에 대한 측정기술의 발달로 유기화학 분야도 발전하기 시작하였다. 이러한 과학의 발전은 18세기 후반 돌턴(J. Dalton, 1766 ~ 1844, 영국 화학자)의 원자론으로 이어지게 되어 "모든 원소는 더 이상 나누어질 수 없는 작은 원자로 되어 있다"라는 후속 연구 결과의 중요한 기반이 되었다. 화학 분야의 발전은 천문학이나 고전 역학보다 매우 늦은 18세기에 일어났는데 그 주된 이유는 아리스토텔레스 때부터 이어져 내려오던 잘못된 철학적 물질관에서 벗어날 수 없었기 때문이다.

8.5 보일과 샤를의 기체화학 연구

보일(R. Boyle, 1627 ~ 1691, 영국 화학자)은 아일랜드에서 태어났다. 보일은 기체의 성질에 대하여 관심을 가지고 다양한 실험을 하면서 1661년에 자신의 저서 "The Sceptical Chymist or Chymico-Physical Doubts & Paradoxes"에서 실험에 의한 어떠한 증명 없이 떠돌고 있는 고대 원자론의 원소설 등의 의심스럽고 회의적(sceptical) 문제점들에 대하여 파헤쳤다. 보일은 움직이는 입자, 즉 원자에 대하여 언급하고 모든 현상은 그러한 원자 입자들의 충돌로 나타나는 결과라고 주장하였다. 또한 보일은 실험을 통하여 온도가 일정한 상태에서 기체의 부피와 압력을 곱한 값은 항상 일정하다는 사실을 알아내었다. 즉 온도가 일정하고 기체 질량이 일정한 상태에서 압력이 높아지면 기체의 부피가 작아지고 압력이 낮아지면 기체의 부피는 커지게 된다는 것이다. 이것이 바로 보일의 법칙(Boyle's law)이다. 하늘에 높이 올라간 풍선은 주위의 압력이 낮아지므로 풍선 안의 부피가 커져서 결국은 터지게 되는 것도 보일의 법칙으로 설명할 수 있다.

그림 8-2 보일의 초상화

$$PV = \text{일정} \quad (P = \text{기체의 압력},\ V = \text{기체의 부피},\ \text{일정한 온도 조건})$$

보일은 큰 부피를 가지는 용기 안에서는 기체 입자가 용기 내부의 표면과 부딪치는 횟수가 작아지고, 반대로 작은 부피의 용기 안에서는 기체 입자가 용기 내부의 표면에 부딪히는 횟수가 많아지는 것을 관찰하였다. 따라서 그는 기체라는 물질이 어떤 질량을 갖는 입자일 것이라고 주장하였다.

그 후 샤를(J. A. Charles, 1746 ~ 1823, 프랑스 화학자 · 물리학자) 역시 기체들이 가지는 성질에 대한 다양한 실험들을 수행하면서 물질들의 성질을 밝혀내고 이를 기반으로 하여 실험 과학의 이론을 정립하였다.

그림 8–3 샤를의 초상화

샤를은 온도가 올라가면 기체는 팽창하여 부피가 커지게 된다는 실험 결과를 얻었다. 실험실에서는 압력이 대기압과 같은 조건이므로 샤를의 법칙을 요약하면 일정한 압력에서는 온도가 올라가면 모든 기체의 부피는 비례하여 증가한다.

$$V/T = k \quad (V = \text{기체의 부피},\ T = \text{기체의 온도},\ k = \text{비례상수})$$

탁구공이 찌그러졌을 때는 뜨거운 물속에 넣으면 원래 상태로 부풀어 오른다. 탁구공 안의 온도가 올라가면 부피가 커지기 때문이다. 이때 사용하는 온도는 절대온도(absolute temperature)이다. 캘빈(Kelvin)의 절대온도는 섭씨온도에 273 °C를 더한 값이다. 온도와 부피의 그래프에서 부피가 0일 경우의 온도는 섭씨로 약 −273 °C이므로 캘빈 온도는 0이 된다. 캘빈은 이 온도를 절대 영도(absolute zero)라고 정하였다.

물질이 타는 현상은 플로지스톤 이론으로부터 출발하였지만, 라부아지에의 연소 이론, 기체의 성질을 밝힌 보일과 샤를이 행한 실험에 의하여 플로지스톤 이론이 쇠퇴하였고, 그 이후 자연과학은 물질에 대한 실험과 증명을 통한 화학 이론과 재현성이 요구되는 과학시대로 접어들게 되었다.

8.6 이상 기체 방정식

보일과 샤를이 밝혀낸 기체 법칙에 관한 식을 통합하게 되면 부피는 압력에 반비례하고 온도에 비례한다는 식이 성립이 되는데 이것이 보일-샤를의 법칙이다.

PV/T = 일정 (P = 기체의 압력, V = 기체의 부피, T = 기체의 온도, k = 비례상수)

비슷한 시기에 아보가드로(Amedeo Avogadro, 1776 ~ 1856년, 이탈리아 화학자)는 모든 기체들은 각기 다른 화학적, 물리적 특성을 가진다. 그러나 그러한 기체의 종류와 상관없이 온도의 변화가 없고 압력의 변화가 없다면 모든 기체는 같은 부피 안에서 같은 분자의 개수를 가진다는 아보가드로 법칙(Avogadro's Law)을 1811년에 발표하였다.

그림 8-4 아보가드로의 초상화

보일-샤를의 법칙과 아보가드로 법칙을 결합하여 PV = nRT라는 새로운 방정식을 만들 수 있는데 이것을 이상 기체 방정식(ideal gas equation)이라고 한다. 여기에서 P = 압력, V = 부피, n = 기체의 몰수, T = 절대 온도, R = 기체상수(0.082 atm /mol K)이다. 기체 분자의 부피는 기체의 분자 수에 비례하고 기체의 분자 수는 몰(mole)의 개념을 사용하였으며 1몰 은 6×10^{32}개의 기체 분자 수에 해당하며 이를 아보가드로수라고 불렀다. 이상 기체 법칙은 기체의 분자 운동론을 요약한 것인데 실제 기체에 있어서는 이상 기체와 다른 결과가 나타나므로 판 데르 발스 상태 방정식(Van der Waals equation of state)을 사용하여 이를 보정하여 준다.

8.7 자연계에 존재하는 기체들의 성질

기체들은 많은 부피를 차지하는 것에 비하여 그 안에 있는 기체 분자의 크기는 무시할 정도로 작다. 그래서 고체, 액체와 비교하여 보면 밀도가 매우 작아서 분자 사이의 거리가 멀리 떨어져 각 분자들 간의 인력과 반발력과 같은 작용은 없는 것으로 가정한다. 또한 일정한 모양이 없고 압력을 가하여 주면 부피가 줄어들면서 압축도 자유롭다. 기체 분자는 불규칙적인 직선 운동을 하고 갇혀 있는 벽에 충돌하는 것이 압력으로 나타난다. 기체는 퍼져나가고자 하는 확산 현상(diffusion)을 보이는데 온도가 높으면 확산 속도가 빠르고 확산하는 데 장애가 되는 분자들이 많이 존재하는 경우 확산 속도는 느려진다. 즉 액체 속에서 기체가 확산될 때는 밀도가 높은 많은 분자들의 방해를 받으므로 확산은 늦어지고, 반대로 공기와 같은 기체 상태에서는 밀도가 적기 때문에 다른 기체들의 확산은 빠르게 일어나며 더욱이 진공 속에는 방해되는 입자가 없으므로 확산 속도는 더 빠르게 나타난다. 예를 들면 생선이 썩으면 부패되어 악취를 내는 기체 입자들이 공기 중에 빠르게 퍼지게 된다. 그레이엄(T. Graham, 1805 ~ 1869, 영국 화학자)은 온도와 압력이 일정할 때 기체의 확산 속도는 기체의 분자량이 작을수록 빠르고 분자량이 커질수록 확산속도가 느리다는 실험 내용을 1831년에 발표하였다.

8.9 근대화학의 발전과 돌턴의 원자론

근대 기체 화학의 발달과 더불어 19세기에 돌턴의 원자론(atomic theory)이 등장하면서 과학은 급발전하게 된다. 돌턴(J. Dalton, 1766 ~ 1844, 영국 화학자 및 물리학자)은 1800년대에 이르러 근대 원자론을 제시하였는데 실제 기체들의 구조를 사

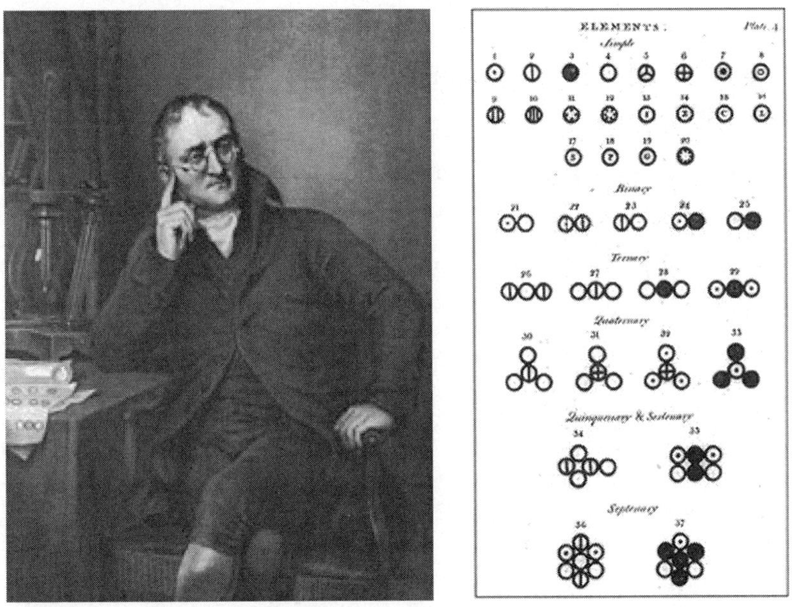

그림 8-5 돌턴의 초상화(왼쪽), 돌턴이 사용한 원자 기호와 분자 모델(A scan of the first page of John Dalton's "A New System of Chemical Philosophy", published in 1808)

용하여 이산화 탄소(CO_2)와 일산화 탄소(CO) 기체 분자는 더 이상 쪼개어지지 않는 원자(atom)로 구성되어 있으며, 또한 2개의 다른 원소가 화합물을 만들 때 원소가 결합하는 질량비는 간단한 정수비를 가진다는 정량적인 개념으로 질량 보존의 법칙(law of conservation of mass), 배수 비례의 법칙(law of multiple proportions), 일정 성분비의 법칙(law of constant composition)을 언급하였다. 예를 들면 물을 형성하는 과정을 수소 원자 1개와 산소 원자 1개가 결합되면서 일정한 비율로 원자들이 모여서 구조가 형성된다는 가설을 처음 제시하면서 추상적인 고대 그리스의 원자론보다 훨씬 더 구체적으로 원자에 대하여 기술하였다.

게이뤼삭(L. J. Gay-Lussac, 1778 ~ 1850, 프랑스 화학자)은 실험을 통하여 수소 원자 2부피와 산소 원자 1부피가 결합하여 물 1부피가 형성됨을 확인하면서 돌턴의 원자론을 보완하고 증명하였다. 비슷한 시기인 1799년에 프루스트(J. L. Proust, 프랑스 화학자)는 화합물을 구성하는 각각 원소들의 성분을 실험적으로 조사하여 각 원소들의 질량들은 일정한 성분비를 가지는 정비례 관계가 있음을 알아냈다. 물 분자(H_2O)에서 수소와 산소의 무게비는 1 : 8을 항상 유지하고 있다. 예를 들어 수소 원자의 무게 2 g과 산소 원자 무게 16 g이 결합하여 물이 형성된다는 사실을 정량적 화학 실험으로 증명하였다. 이와 같은 기체 원자들의 결합 반응에 대한 실험 결과들을 바탕으로 아보가드로(A. Avogadro, 1776 ~ 1856, 이탈리아 화학자)는 1811년에 "원자들은 모이면 분자가 된다"라는 가설을 설정하였다.

돌턴의 원자론과 게이뤼삭의 기체 원자의 부피에 관한 실험 결과들, 기존의 보일과 샤를의 기체 실험들, 그리고 정성적인 화학역사에서 탈피하여 질량 보존의 법칙이라는 입자 개념의 화학을 주장했던 라부아지에와 그밖에 많은 혁신적인 화학자들의 물질 연구 결과가 바탕이 되어 1897년에는 톰슨의 전자 발견으로 새로운 원자 모형을 제시하게 되었다. 이와 같은 화학계의 큰 업적으로 영국에서는 증기 기체를 이용한 산업혁명이 일어나게 되었고 세계의 근대적 화학공업이 자리 잡게 되는 촉진제가 되었다.

9장
주기율표의 역사

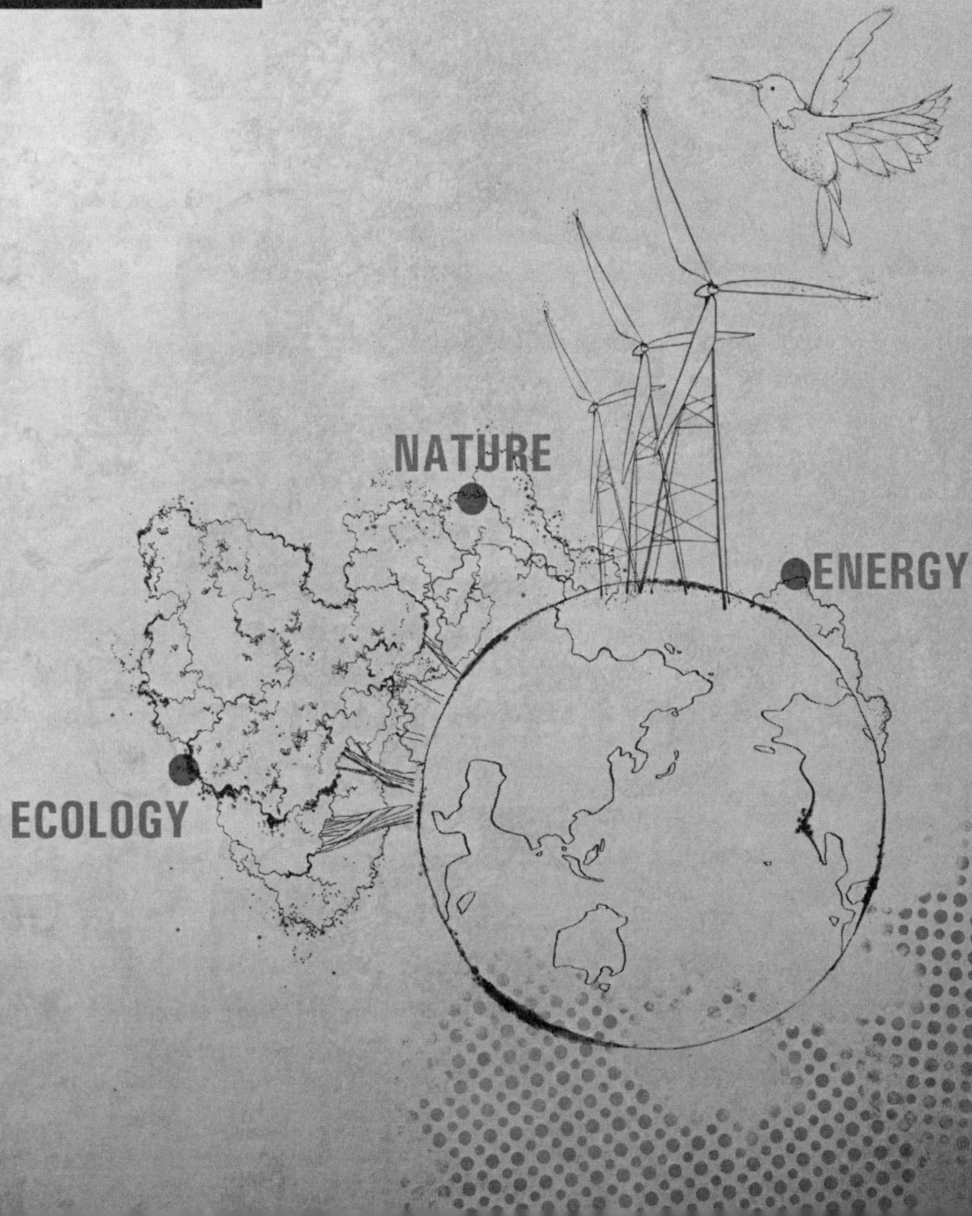

인류가 오래전부터 사용하던 원소들은 자연에서 흔히 발견되는 금, 은, 구리, 납, 주석, 철, 수은과 같은 것이었다. 과학이 발달하면서 발견되는 원소들이 늘어가자 과학자들은 이러한 원소들을 체계적으로 모아 정리하고자 하였는데 근대화학의 아버지라고 불리는 라부아지에 역시 원소를 분류하는 데 관심이 많았다. 그 당시에는 빛이나 열도 원소에 포함되어 있던 시절이었고 현대 화학에서는 원소로 규정하지 않는 산화물 등도 포함되어 있었으므로 라부아지에는 33개의 원소를 제시하였다. 그 후 과학적인 실험이 중시되고 발달하면서 18세기 후반부터는 본격적으로 많은 종류의 원소들이 계속 발견되어 전체 원소들의 수가 많아지게 되었다. 이에 따라 원소를 체계적으로 분류해야 할 필요성이 절실히 요구되었다. 19세기 중반에 이르러서 그 당시까지 발견되었던 원소들의 물리적, 화학적 성질을 비교하여 보니 많은 원소들의 성질이 비슷하다는 사실을 발견하게 되었다. 화학자들은 이러한 원소의 유사성에 대하여 어떠한 주기적인 경향이 있는지 관심을 가지기 시작하였다.

9.1 되베라이너의 원소 분류법

1829년 되베라이너(J. W. Dobereiner, 1780 ~ 1849)는 원소들을 분류하는 방법에 있어서 비슷한 성질을 보이는 알칼리 금속인 세 쌍의 리튬(Li)-소듐(Na)-포타슘(K)을 하나로 묶었다. 그리고 비슷한 성질을 보이는 또 다른 세 쌍의 할로겐 원소인 염소(Cl)-브로민(Br)-아이오딘(I)을 하나로 묶고 칼슘(Ca)-스트론튬(Sr)-바륨(Ba), 혹은 황(S)-셀레늄(Se)-텔루륨(Te)들을 하나로 묶어서 공통적인 점을 찾고자 하였다. 되베라이너는 이들을 '세 쌍의 원소'라고 명명하고 세 쌍 중에서 첫 번째 원소와 세 번째 원소의 원자량의 평균값을 내면 두 번째의 원자량과 비슷하다는 경향이 있음을 밝혀내었다. 예를 들어 칼슘(Ca), 스트론튬(Sr), 바륨(Ba) 세 쌍의 원소에서 첫 번째 있는 칼슘과 마지막에 있는 바륨 원소의 원자량을 합하여 2로 나눈 평균값은 스트론튬의 원자량과 비슷하거나 동일함을 알아냈다. 즉 칼슘의 원자량은 40 amu, 바륨의 원자량은 137 amu이므로 스트론튬의 원자량은 (40 + 137) / 2 = 88.5 amu으로 계산되는데 실제의 스트론튬의 원자량과 거의 같음을 밝혀내었다. 그러나 되베라이너가 제시한 3쌍의 원소 경우에서는 계산법이 적용이 되었으나 다른 원소들에는 일치하지 않았으므로 이러한 계산법을 일반적으로 적용할 수 없었다. 그럼에도 불구하고 주기율표 탄생의 출발점이었다는 점에서 큰 의미를 둔다.

9.2 뉴랜즈의 옥타브 법칙

1863년경 뉴랜즈(J. A. R. Newlands, 1837 ~ 1898, 영국 화학자)는 그 당시까지 발견된 원소들을 원자량이 작은 것에서부터 큰 순으로 배열하여 각 원소들에 어떠한 규칙성이 있는지를 연구한 결과 8번째 주기로 원소들은 비슷한 성질의 경향을 보이고 있음을 알아내고 이를 옥타브 법칙으로 세상에 소개하였다. 이 법칙은 처음 1-2주기까지 일정한 경향이 발견되었으나 3주기에서는 전혀 맞지 않았는데 그 당시에는 원자의 구조가 정립되지 못하고 전자라는 개념조차 없던 시절이었으므로, 이러한 옥타브 법칙을 전자의 개념으로 설명할 수 없었기에 그 중요성을 인정받지 못하였다. 이러한 옥타브 법칙 역시 오늘날의 주기율표로 발전되는 중요한 중간 과정이었음이 분명하다. 그 후 비활성 기체가 추가로 발견되어 현재의 주기율표는 1-8번째 원소를 1주기로 하고 9번째 원소들이 2주기로 비슷한 경향을 나타내면서 이를 족(column)으로 나타내기 시작하였다.

9.3 분광 스펙트럼과 새로운 원소들의 발견

독일의 화학자 분젠(R. W. Bunsen, 1811 ~ 1899)은 1852년 물질을 불에 태우면 다양한 색의 불꽃의 색이 색유리를 통하여 나오는 것을 보고 물질을 분석하는 법을 처음 발견하였다.

비슷한 시기에 키르히호프(G. R. Kirchhoff, 1824~1887, 독일)는 분젠의 불꽃반응 실험 장치에 프리즘을 연결하여 설계 제작한 분광기계를 사용하여 관찰하였다. 그 결과 원소들마다 특정한 색깔을 나타내는 빛의 선 스펙트럼(line spectrum)을 관찰하고 다양한 물질들을 조사하기 시작하였는데, 1860년에 뒤르크하임의 광천수의 스펙트럼을 분석하여 새로운 독특한 청색 띠(line)를 발견하였다. 그들은 이 물질을 라틴어의 청색이란 의미의 세슘(cesium)으로 명명하였다. 이후 1862년에는 홍운모를 녹인 용액을 스펙트럼으로 분석하여 새로운 적색 띠를 발견하였는데, 이것을 라틴어의 적색이라는 뜻의 루비듐(rubidium)으로 명명하였다. 영국의 크룩스(W. Crookes, 1832 ~ 1919)는 불꽃 스펙트럼을 통하여 1861년에 다른 새로운 원

그림 9-1 분젠(왼쪽), 키르히호프(오른쪽)의 초상화

소인 탈륨(thallium)을 발견하게 되었다. 은색을 띠고 있는 금속인 인듐(indium)은 1863년 Ferdinand Reich가 스펙트럼 상에서 남색(indigo blue) 띠를 새롭게 발견하면서 인듐으로 명명하였다. 그 후 분광기를 이용하는 실험이 계속 진행되면서 칼륨, 스칸듐, 게르마늄, 라듐 등도 연이어 발견되었다

분젠과 키르히호프가 만든 불꽃 분광기는 우주 망원경에 연결 부착하여 우주로부터 오는 빛이 어떠한 물질로부터 나오는지 선 스펙트럼을 통하여 얻을 수 있으므로 우주를 구성하는 물질의 조성을 밝힘으로써 천체학의 발전을 촉진하였다. 그리고 현재에 와서는 원자 스펙트럼(atomic emission spectroscopy)으로 발전하여 자연계의 모든 물질들의 원소 성분들을 정량적으로 분석하는 중요한 수단으로 응용되어 사용되고 있다.

9.4 멘델레예프의 주기율표

되베라이너가 세 쌍 원소 법칙을 발표하고 뉴랜드의 옥타브 법칙과 같은 원소들의 주기 성향에 대한 내용들이 발표되자 멘델레예프도 원소들이 어떠한 주기성을 보일 것이라고 생각하였다. 멘델레예프(D. I. Mendeleev, 1834 ~ 1907, 러시아의 화

학자)가 처음 생각한 주기율표는 질량수로 분류하여 원소의 주기성을 찾는 것이었다. 그래서 1869년에 원소들을 원자량의 크기대로 배열하였더니 화학적 성질이 비슷한 원소들이 주기적으로 나타난다는 것을 알아냈다.

그림 9-2 멘델레예프의 초상화

그 당시에 자연계에서 발견된 원소들은 질량수가 알려진 것도 있었지만 알 수 없었던 것도 있었기 때문에, 미지의 원소를 빈 공간으로 표시한 미완성의 주기율표였지만 최초의 주기율표라는 점에서 과학계에서는 역사적으로 높게 평가하고 있다. 멘델레예프의 스승은 불꽃 스펙트럼 분광기를 처음 고안하고 개발한 키르히호프와 분젠이었다. 따라서 멘델레예프는 분광스펙트럼, 광도계, 흡광계, 광량계 등의 다양한 기체 분석법을 배우고 터득하여 이를 이용하여 많은 원소 분석 실험을 수행하고 그 결과인 '원소체계의 개요'를 1869년 3월 18일 러시아 화학회에서 발표하였다. 거기에서 멘델레예프는 원소들을 원자량 크기 순서로 배열하면 분명한 주기적 성질을 보인다고 발표하였으며, 발표 당시에는 발견되지는 않았지만 앞으로 발견될 원자량과 그들이 주기율표의 어떤 부분에 들어갈 것인지 예측까지 하였다. 실제로 몇 년이 지난 후 멘델레예프가 예측한 이 원소들 중 하나가 발견되었는데 1875년 프랑스 젊은 화학자 부아보드랑이 피레네 산맥의 광산에서 섬아연광(zinc blende)의 화학분석 실험을 하던 중 분광기 스펙트럼를 사용하여 새로운 물질을 확인하였고 이름을 갈륨(Galium)으로 명명하였다. 발견된 갈륨의 원자량을 분석하여 조사하여 보니 멘델레예프가 예언하여 제시한 것과 매우 근접한 69의 유사한 값으로 증명되었다. 그 이후 멘델레예프의 명성이 크게 알려지고 멘델레예프의 주기율표는 세계적으로 인정받기 시작하였다. 그러나 원소를 원자량의 순서에 따라 번호를 나열하면 코발트가 니켈보다 무거우므로 코발트-니켈 순서로 되어야 하는데 원소의 성질의 경향으로 나열하다 보니 니켈(28)-코발트(27) 순서로 바뀌어야 하는 예외성 때문에 멘델레예프는 고심하였다. 현대의 과학에서는 그 이유를 전자의 배치도를 이용하면 분명하게 설명하는 것이 가능하지만 그 시기에는 전자의 존재가 알려지기 전이었으므로 멘델레예프의 과학 지식으로는 풀 수 없는 미완성의 숙제로 후세로 넘어가게 되었다.

1897년에 톰슨(J. J. Thomson, 1856~1940)은 영국 왕립연구소(Royal Institution)에서 역사적인 음극선 실험을 통하여 전자의 존재를 처음으로 세상에 알리게 되었다. 그것을 계기로 1900년 초반에 원자는 원자핵과 전자로 구성되어 있으며 원자핵 속에는 중성자와 양성자가 포함되어 있다는 새로운 후속 실험 결과들이 나오게 되면서 주기율표에 있는 원소들의 화학적 성질을 보이는 것은 전자 때문이라는 사실이 밝혀지게 되었다. 몇 년 후 전자는 원자핵 주위에 일정한 궤도를 가지는 '전자 껍질'이라고 부르는 몇 개의 궤도에 나누어져 존재하는데, 전자 껍질에는 전자가 들어갈 수 있는 자리의 수와 순서가 정해져 있다는 축조원리(aufbau principle)가 발표되었다. 여기에서 원자의 가장 최외곽에 위치한 전자인 원자가 전자(valence electron)가 화학 물질들의 반응을 일으키며 실질적인 화학적 성질도 결정한다는 것을 알아내었다. 이로써 원자가 전자들의 전자의 배치도를 이용하여 모든 원소들의 주기율표가 완성되었다.

9.5 모즐리의 주기율표

모즐리(H. G. J. Henery, 1887 ~ 1915)는 양성자를 발견하여 노벨상을 수상한 러더퍼드의 지도 하에 물리학에 흥미를 느끼다가, 1913년에 다양한 원소들의 X-선들을 분석하면서 원소들의 X-선 파장을 조사하고 그 원소의 양성자수와 원자 번호 사이에서 수학적인 관계를 이끌어 내는 모즐리의 법칙을 밝혀냄으로써 젊은 나이에 X-선 분광학의 대가가 되었다. 그 당시에는 원자는 양성자가 원자핵 안에 있고 주위에 전자가 존재한다는 원자 개념이 어느 정도 정립되던 시기였는데 에너지를 원자에 쏘여주면 원자 주위의 전자가 들뜬상태에 있다가 다시 바닥상태로 떨어질 때 X-선 형태의 에너지를 방출하는 것을 알고 여기서 방출되는 원소들의 X-선 파장를 조사하고 그 원소의 양성자수와 원자 번호 사이에서 수학적인 관계를 이끌어 냈다. 이러한 실험 결과들을 통하여 멘델레예프가 주기율표의 원소를 원자량 순서로 나열하다 보니 니켈(Ni, 28번)과 코발트(Co, 27번)로 배열된 부분에서 문제가 발생하고 있음을 정확히 지적하였다.

모즐리는 원자 번호가 원자핵 속의 양성자 전하에 의하여 결정된다는 것을 실험적으로 증명하고 이를 통하여 원소들의 화학적 성질들이 달라진다는 것을 알았다. 즉 과학적으로 원자의 구조가 정확히 규명되어야 양성자와 원자 번호 관계를 정확히 파악할 수 있는데 역사적으로 음극선 실험을 통한 톰슨의 전자 발견과 러더포드의 양성자 발견과 같은 비약적인 과학도약 시대와 맥을 같이 하여 모즐리의 법칙을 통하여 원자들의 원자 번호를 정확하게 결정할 수 있게 되었다. 그리고 멘델레예프가 예언하여 공백으로 남겨둔 원소들을 추가적으로 발견하는 데 결정적인 역할을 하였다. IUPAC(국제순수응용화학연맹: International Union of Pure and Applied Chemistry)에서는 이를 기반으로 하여 18족으로 분류한 장주기형의 주기율표를 만들고 이 안에 총 118개에 해당하는 원소의 칸을 두어 지금의 주기율표의 모습을 갖추게 되었다.

9.6 현대 주기율표의 설명

주기율표란 주기적으로 원소들의 경향을 원자 번호가 작은 것에서 큰 순서로 나열하여 표로 작성한 것이다. 세로줄에 있는 원소들의 그룹을 족(group)이라고 명명하며 1 ~ 8족으로 구성된다. 같은 족의 세로에 있는 원소들을 동족 원소라고도 하며 이러한 원소들은 원자의 최외각 전자의 수가 같아 화학적 성질이 모두 비슷한 경향이 있다. 1988년 이전에는 주기율표의 족 번호를 로마자로 사용하였다. 그래서 1족은 I족, 2족은 II족 등으로 사용하였지만 1988년부터 IUPAC(국제순수응용화학연맹)에서는 왼쪽부터 오른쪽으로 번호를 매기는데 1번에서 18번까지 하기로 정하였다. 가로줄에 있는 원소들의 그룹을 주기(period)라고 부르며 1~7주기로 분류한다. 같은 주기에서는 화학적 성질이 규칙적으로 다르게 나타난다.

Group→ ↓Period	1	2		3	4	5	6	7	8	9	10	11	12	13	14	15	16	17	18
1	1 H																		2 He
2	3 Li	4 Be												5 B	6 C	7 N	8 O	9 F	10 Ne
3	11 Na	12 Mg												13 Al	14 Si	15 P	16 S	17 Cl	18 Ar
4	19 K	20 Ca		21 Sc	22 Ti	23 V	24 Cr	25 Mn	26 Fe	27 Co	28 Ni	29 Cu	30 Zn	31 Ga	32 Ge	33 As	34 Se	35 Br	36 Kr
5	37 Rb	38 Sr		39 Y	40 Zr	41 Nb	42 Mo	43 Tc	44 Ru	45 Rh	46 Pd	47 Ag	48 Cd	49 In	50 Sn	51 Sb	52 Te	53 I	54 Xe
6	55 Cs	56 Ba	*	71 Lu	72 Hf	73 Ta	74 W	75 Re	76 Os	77 Ir	78 Pt	79 Au	80 Hg	81 Tl	82 Pb	83 Bi	84 Po	85 At	86 Rn
7	87 Fr	88 Ra	**	103 Lr	104 Rf	105 Db	106 Sg	107 Bh	108 Hs	109 Mt	110 Ds	111 Rg	112 Cn	113 Uut	114 Fl	115 Uup	116 Lv	117 Uus	118 Uuo
			*	57 La	58 Ce	59 Pr	60 Nd	61 Pm	62 Sm	63 Eu	64 Gd	65 Tb	66 Dy	67 Ho	68 Er	69 Tm	70 Yb		
			**	89 Ac	90 Th	91 Pa	92 U	93 Np	94 Pu	95 Am	96 Cm	97 Bk	98 Cf	99 Es	100 Fm	101 Md	102 No		

그림 9-3 현대의 주기율표

금속 원소들은 전자를 쉽게 잃어서 양이온이 되려는 경향이 크다. 금속은 모두 고체 형태이지만 수은(Hg)은 유일한 액체 금속이다. 금속들은 대부분 산과 반응하게 되면 수소 기체를 발생시키고 금속의 산화물은 염기성을 보인다. 금속 원소들의 열과 전기 전도성은 큰 경향이 있다. 주기율표에서는 왼쪽으로 그리고 아래쪽으로 갈수록 금속성이 크게 나타나는 원소이다. 주기율표상에서 1족에 속하는 금속 원소를 알칼리 금속이라고 하며 여기에는 리튬(lithisum, Li), 소듐(sodium, Na), 포타슘(potassium, K), 루비듐(rubidium, Ru), 세슘(cesium, Cs) 등이 포함된다. 이들은 철과 같은 다른 금속보다 밀도가 작다. 예를 들면 은백색의 빛나는 광택이 있는 소듐(Na)의 밀도는 0.968 $g \cdot cm^{-3}$로 철보다 훨씬 작으므로 들어 보면 매우 가벼움을 느끼게 되며 종이처럼 말거나 가위로 자를 수 있을 정도로 무르다. 또 철 금속보다 녹는점(Na = 98 °C vs Fe = 1,535 °C)과 끓는점(Na = 883 °C vs Fe = 2,861 °C)이 낮다.

비금속 원소는 원자가 전자의 수가 4개 이상이 되어 주위의 전자를 받아들여서 음이온이 되려는 경향이 크다. 주기율표의 오른쪽 그리고 위쪽으로 갈수록 비금속성이 큰 원소들로 배열되어 있으며 금속들에 비하여 녹는점과 끓는점은 낮다. 대부분 고체나 기체 형태로 존재하며 브롬(Br)은 액체 형태로 존재한다. 비금속 원소들이 산화되어 생성되는 산화물의 액성은 산성을 나타낸다. 비금속 원소들의 열과 전기 전도성은 작은 경향이 있다. 금속과 비금속의 경계선 부근의 원소들은 모두 금속과 비금속의 성질을 보인다. 이러한 원소들을 양쪽성 원소라고 하며 Al, Zn, Sn, Pb, Ga, Ge, In, Sb, Bi, Po과 같은 약 10종의 원소들이 있다. 이들은 모두 산과 염기와 반응하면 수소 기체를 발생시키는 비슷한 경향의 성질을 가지고 있다.

주족 원소(main-group element)는 전형 원소라고도 하며 가장 왼쪽에서 1족, 2족, 1~3족, 1~4족, 1~5족, 1~7족, 1~8족으로 하거나 1족, 2족, 3a족, 4a족~8a족이라고 분류한다. 주족 원소 사이인 3족부터 12족까지 분류하여 끼어져 있는 원소들은 전이 원소(transition element)라고 한다. 이들은 원자가 전자 수가 1개 혹은 2개를 가지며 화학적 활성이 적어서 반응성들이 비교적 작은 중금속들이 이에 해당된다. 그리고 *d* 오비탈의 많은 전자들이 결합에 작용하게 되어 다양한 산화수를 가지며 특정한 색상을 보이는 착이온이나 착화합물들을 형성하는 성질을 나타낸다. 전이 원소 중에서 57번에서 71번까지의 전이 원소들은 특별히 란타넘족(Lanthanide)이라는 이름을 가지고 있으며 이를 따로 주기율표 아래에 표시하여 적는다. 그리고 89~103번까지는 악티늄족(actinide)이라고 이름을 지었으며 역시 아래 부분에 별도로 표시한다. 우주에서 가장 많이 존재하는 수소는 원자 번호가 1로서 주기율표의 맨 처음에 있다. 우주와 지구에 존재하면서 자연계에서 발견될 정도로 풍부한 원소들은 1번부터 92번의 우라늄까지의 원소들이 주로 포함된다. 93번 이상의 원소들은 초대형 실험실 안에서 입자가속기 장치를 이용하여 인공적으로 만든 원소들인데 만들어지자마자 불안정하여 바로 붕괴되어 버리는 짧은 반감기를 가진다. 원자 번호가 43번인 테크네튬(Tc, technetium), 61번인 프로메튬(Pm, promethium) 역시 짧은 반감기를 가지기 때문에 불안정하여 모두 붕괴되어서 지구에서 자연 상태로는 발견되지 않지만 실험실에서 만들 수 있다. 지구에서 살고 있는 우리 주위에는 90개 정도의 원소가 여러 가지 형태로 다른 원소들과 만나 결합을 이루기도 하면서 물질들을 형성하고 있다. 주기율표 속의 원소는 과학이 발달하면서 점점 더 많은 새로운 원소가 추가로 발견되어 2016년을 기준으로 약 118개의 원소들이 자연에서 발견되었거나 새롭게 만들어지고 있다. 지금의 과학 수준은 기존의 원소들을 충돌시켜 새로운 소립자를 만들어 내는 가속기 연구로 인하여 많은 원소들을 새롭게 찾아내고 있다.

9.7 전자의 오비탈과 주기율표

원자들의 성질은 최외각, 즉 맨 바깥 궤도에 있는 전자들의 수에 의하여 성질이 달라지는 경향을 보인다. 주기율표는 이러한 최외각의 전자들의 비슷한 경향을 가지는 원소들끼리 줄을 맞추어 양성자의 수가 가장 작은 수소를 1번으로 하여 증가되는 순서대로 적어 넣는다. 현재의 주기율표의 모습은 원자 번호순으로 정리되어 있고 원자 번호는 양성자의 수와 일치한다. 따라서 양성자의 개수가 바로 원자 번호가 된다. 예를 들어 양성자가 1개인 원소는 원자 번호가 1번이 되고 원자질량은 1.008 amu이다. 이에 해당되는 원소는 수소(hydrogen)이며 영문명 첫 자를 따서 약식기호는 H이다. 원자는 크게 핵과 전자로 구성되어 있고 핵 속에는 양성자와 중성자가 포함되어 있다. 원자핵의 크기는 원자 전체의 1/100,000이므로 원자 전체의 크기로 보면 무시할 정도로 작은 점에 밀집되어 있다. 원자의 크기는 핵으로부터 전자가 얼마나 멀리 퍼져 나갈 수 있느냐에 따라 정해진다. 핵 안의 양성자는 양의 성질을 가지고 전자는 음의 성질을 가지기 때문에 핵이 전자들을 잡아당기므로 원자 전체의 크기는 핵이 전자를 끌어당기는 힘에 의하여 약간 줄어들 수도 있다.

주기(period)는 가로줄에서 맨 윗줄이 1주기로 시작하여 다음 가로줄은 2주기, 3주기, 4주기, 5주기, 6주기, 7주기로 구성되어 있다. 같은 주기 원소들은 전자 껍질

(orbital)이 모두 같다. 1~3주기까지는 단주기, 4~7주기까지는 장주기라고 분류하기도 한다. 1주기의 원소에는 수소(H)와 헬륨(He) 두 가지뿐이며, 이때 똑같은 개수의 전자 껍질, 즉 1*s* 오비탈을 가진다. 수소는 1*s* 오비탈에 1개의 전자가, 그리고 헬륨은 1*s* 전자에 2개의 전자가 채워지게 된다. 2주기와 3주기는 8개의 원소들로 채워진다. 2주기는 모두 2*s*, 2*p* 오비탈을 가지고 있고 3주기는 3*s*, 3*p* 오비탈을 가지고 있으며 전자가 채워져 들어간다. 4~5주기에는 모두 18개의 원소들이 나열되는데 4주기는 4*s*, 3*d*, 4*p* 오비탈에 전자들이 들어가고 5주기에서는 5*s*, 4*d*, 5*p* 오비탈에 전자가 들어간다. 6주기와 7주기에는 각각 32가지의 원소들로 구성되어 있는데, 6주기에서는 6*s*, 4*f*, 5*d*, 6*p* 오비탈, 7주기에서는 7*s*, 5*f*, 6*d*, 7*p* 오비탈로 구성되어 전자가 안정된 순서로 채워지게 된다. 현재까지의 과학 수준으로는 118종의 원소들이 발견되었으나 미래의 과학기술이 더 발달하게 되어 새로운 원소들이 계속 발견되면 8주기라는 미지의 그룹들이 주기율표에 또 채워질 것으로 예상된다.

6주기와 7주기 안에는 란타넘족(lanthanides)과 악티늄족(actanides)의 원소들이 포함되는데 너무 많아서 아래 부분에 따로 구분하여 나열하여 둔다. 부분적으로 *d* 또는 *f* 궤도의 오비탈에 전자가 채워지는 원소들을 전이 원소 혹은 전이 금속이라고 하는데 여기에 속하는 것은 란타넘족과 악티늄족이다. 란타넘족은 원자 번호 란타넘(^{57}La, lanthanum)에서 루테튬(^{71}Lu, lutetium)까지의 희토류(rare earth elements) 원소이다. 희토류라는 의미는 지구 상에서 매우 희귀한 전이 원소를 말하며 란타늄 계열 이외에도 ^{21}Sc(스칸듐, scandium)과 ^{39}Y(이트륨, yttrium) 등의 약 17개의 원소를 지칭하며 배터리, 초전도체 등의 반도체 첨단 기술에 필수적인 귀한 원소들을 말한다. 란타넘족은 루테튬([xe]$6s^1$, $4f^{14}5d^1$)을 제외하고 모두 4f-전자궤도 전자오비탈을 가진 원소에 속한다. 악티늄족은 악티늄(actinium)부터 로렌슘(lawrencium)까지 원자 번호가 89부터 103까지인 15개의 금속 원소를 포함하고 있는 족이다. 란타넘족과 악티늄족의 원소들은 최외각의 전자가 채워지고 나서 안쪽의 껍질이 채워지기 시작하므로 세부적으로 분류하면 내부 전이 원소(inner transition element)라고도 하며 화학적인 성질이 모두 비슷하다. 악티늄족은 붕괴할 때 에너지를 발생시키는 방사성 성질을 가지는 원소들이다. 그중 우라늄(uranium)과 토륨(thorium)은 자연에서 발견되기도 하고 플루토늄(plutonium)은 합성도 가능한 악티늄족 원소로서 핵무기와 핵발전소의 주요한 원료가 된다.

전이 원소에 속하지 않는 원소는 전형 원소(typical element)로 분류한다. 주기율표의 18족에 있는 원소는 전형 원소로서 가장 안정한 전자 배치를 가지기 때문에 다른 물질들과 반응하지 않으며 단원자 분자로 존재할 수 있고 다른 물질들과 반응을 전혀 하지 않기 때문에 비활성 기체라고 부른다. 예를 들어 산소나 수분이 배제된 실험 조건을 만들어야 할 때 반응 용기 안을 아르곤(Ar)과 같은 비활성 기체로 채워서 화학 반응시킨다. 즉 백열전구, 형광등, 진공관 속에는 산소나 수분 등을 모두 제거하기 위하여 공기 대신에 순도 높은 아르곤으로 채워서 사용한다. 아르곤은 낮은 전압에 접촉하게 되면 푸른빛을 내고 네온은 붉은 빛을 내므로 네온사인으로도 사용할 수 있다. 또 다른 비활성 기체인 헬륨도 매우 안정하여 반응성이 전혀 없으며 공기보다 가벼운 기체이므로 기구나 비행선의 주입가스로 사용된다. 끓는점은 −270 °C로 매우 낮아 고급실험에서 냉각제로 사용되기도 한다.

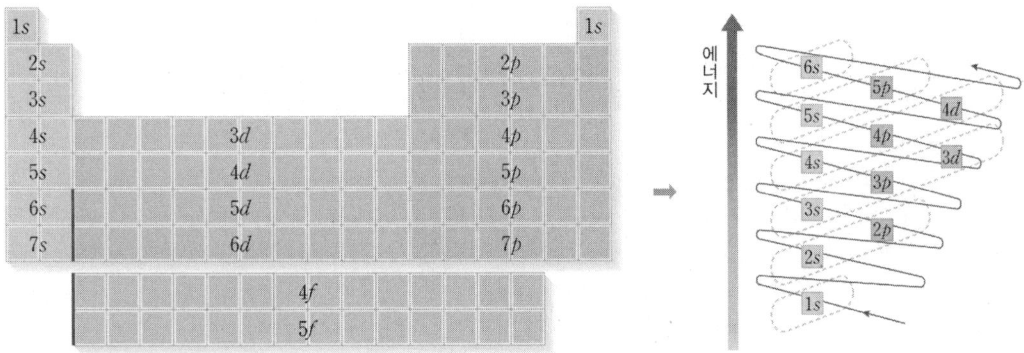

그림 9-4 오비탈

10장

자연계에 존재하는 분자 결합

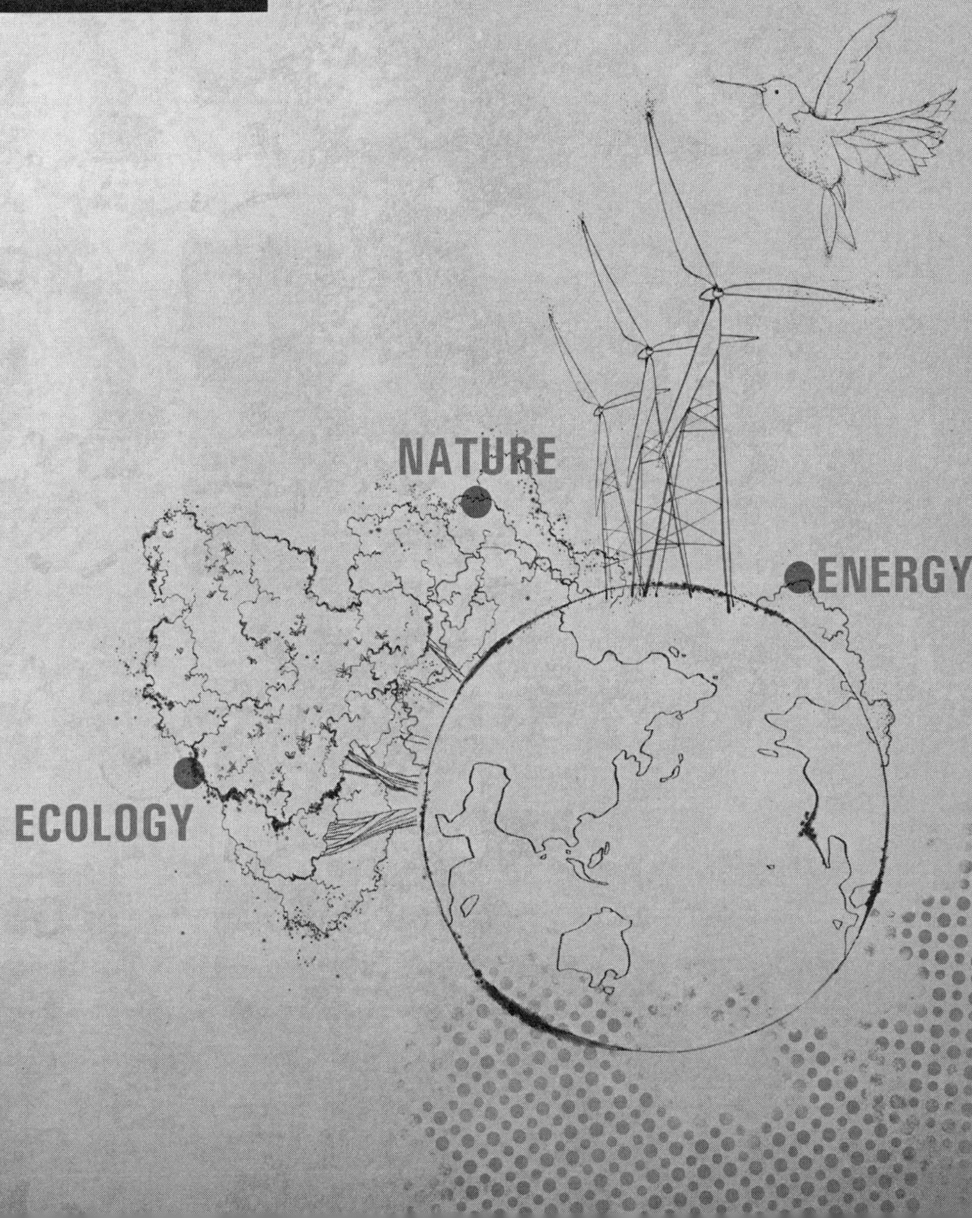

지구 상에 있는 물질들은 분자내(intramolecular) 혹은 분자간(intermolecular)에서 음과 양의 인력에 의하여 결합을 이루게 된다. 분자 결합 형태는 공유 결합(covalent bond), 이온 결합(ionic bond), 배위 결합(coordinate bond), 금속 결합(metallic bond), 수소 결합(hydrogen bond) 등이 있다. 물이나 알코올과 같이 O-H 공유 결합을 이루는 물질들은 대부분 수소 결합도 함께 하고 있거나 이온 결합을 동시에 포함하기도 한다. 분자들 사이에서는 판 데르 발스 힘(van der waals force)이 작용하여 양과 음의 성격을 가지며 약한 인력으로 잡아당기고 있기도 하다.

분자 구조 중에는 전자가 이동하여 한쪽으로 몰리면서 양전하(δ^+)나 음전하(δ^-) 성격으로 나누어지는 것과 나누어지지 않고 전자가 고르게 분포된 것이 있다. 물 분자는 전자가 산소 쪽으로 몰려 있으면서 산소가 음전하(δ^-)를 띠고 수소는 양전하(δ^+)를 띠는 성질을 가진다. 질소나 산소 분자들은 대칭형으로 원자와 원자 사이에 전자가 어느 한쪽으로 몰려 있는 것이 아니고 고르게 분포되어 있기 때문에 원자는 음전하와 양전하 성격을 띠지 않는 구조 형태를 이룬다. 자연계에 존재하는 물질들은 원소나 화합물 형태로 얻어지는데, 분자들의 결합은 원자의 최외각 전자들이 서로 중요한 작용을 하여 화합물을 형성한다. 밀러-유리 실험에서 증명된 실험에서와 같이 메테인(methane), 암모니아(ammonia), 수증기(water vapor) 같은 분자들은 생명의 기원이 될 수 있는 중요한 분자들이다. 여기에서 메테인(CH_4)은 탄소 원자 1개와 수소 원자 4개가 결합한 것이고 암모니아(NH_3)는 질소 원자 1개의 중심에 수소 원자 3개 그리고 비공유 전자쌍 1개를 포함하는 구조를 가진다. 수증기와 같은 물(H_2O)은 산소 원자 1개가 중심에 있고 수소 원자 2개 그리고 비공유 전자쌍 2개를 포함하고 있다. 이러한 형태는 모두 공유 결합 형태로 결합되어 있다. 바닷물에 풍부하게 들어 있는 소금(NaCl)을 이루는 분자들은 이온 결합의 형태를 이루고 금(Au), 은(Ag)과 같은 원자들은 금속 결합의 형태를 이루고 있다.

10.1 공유 결합

탄소, 질소, 산소, 수소 등과 연결된 다양한 분자들은 각각의 원자들이 전자들을 한 개씩 내어서 전자쌍을 만들어서 서로 나누어 안정한 형태를 취하므로 이것을 공유 결합(covalent bond)이라 한다. 많은 탄소로 이루어져 있는 유기 화합물들뿐만 아니라 공기를 이루는 질소, 산소 분자들 이외의 많은 분자들이 전자를 공유하는 형태를 취하므로 공유 결합 화합물이라고 한다. 공유 결합은 비금속 원소와 비금속 원소가 만나는 경우(H-Cl, H-F, H-O-H), 탄소와 염소(C-Cl) 혹은 탄소와 수소(C-H)가 만나서 탄소 화합물을 형성하는 경우 서로 전자쌍을 주고받아 공유하는데, 팔전자 규칙(octet rule)에 의하여 분자 구조가 형성된다. 팔전자 규칙이란 루이스(Lewis)가 밝혀냈으며 수소와 같이 전자가 많지 않은 경우는 총 2개의 전자를 가질 때 가장 안정하고, 원자가 많은 경우에는 총 8개의 전자를 가질 때 가장 안정한 분자 구조를 가진다. 따라서 수소(H-H)는 각 수소가 한 쌍의 전자를 공유함으로써 안정해지고 염산(H-Cl)에서 수소는 2개의 전자를 가져서 안정하고, 염소는 2개의 전자를 수소와 함께 공유하고 3쌍의 비공유 전자를 가지므로, 총 8개의 전자를 가지고 팔전자 규칙을 만족하면서 안정한 구조를 이루고 있다. 이 밖에 산소(O_2) 분자는 이중결합을 통하여 4개의 전자를 2개의 산소가 공유하고 각 산소 원자는 비공유 전자쌍 2개를 가지면서 팔전자 규칙을 만족한다. 질소(N_2)의 경우는 삼중 결합을 형성하는데, 질소와 질소가 6개의 전자를 공유하고 각 질소는 한 개의 비공유 전자쌍을 가지며 팔전자 규칙을 만족한다. 아세틸렌(HC≡CH)의 경우 수소는 탄소와 단일 결합으로 2개의 전자를 공유하여 안정하고 탄소-탄소는 삼중 결합을 통하여 총 3개의 전자쌍을 가지는 형태로 총 8개의 전자를 가지므로 팔전자 규칙을 만족하여 공유 화합물을 이루게 된다.

공유 결합의 반지름은 두 원자의 결합 거리의 절반이며 두 개의 원자가 충분히 근접하게 되면 두 원자의 전자들은 양쪽 원자의 핵으로부터 인력을 함께 받게 되어 전자들을 공유하게 되는 결합을 형성한다. 전자를 많이 공유하면 할수록 각 원자 간의 결합 거리는 가까워지고 결합력이 강해진다. 공유 결합수가 많아지면 공유 결합 에너지가 커지게 되며 결합력이 강해져서 결합 길이는 짧아지고 안정하게 된다. 따라서 결합수에 따라 단일 결합 < 이중 결합 < 삼중 결합 순으로 결합력이 강해진다. 공유 결합은 극성 공유 결합(polar covalent bond)과 비극성 공유 결합(nonpolar covalent bond) 형태로 나뉘는데 극성 공유 결합은 전기 음성도가 서로 다른 원자들 사이의 결합으로서 이때 분자는 부분적으로 양전하(δ^+)나 음전하(δ^-)를 띠면서 하전되어 있다. 반대로 비극성 공유 결합은 산소(O_2) 혹은 질소(N_2)와 같이 전기 음성도의 차이가 서로 동일하거나, 메테인(CH_4), 사염화 탄소(CCl_4), 이산화 탄소(CO_2)와 같이 탄소 원자를 중심으로 결합하는 수소, 염소, 산소들의 전기 음성도와 탄소의 전기 음성도가 비슷한 원자들 사이의 결합을 비극성이라고 말한다. 이때 비극성 결합에서는 양과 음의 부분적인 전하는 거의 띠지 않기 때문에 전자의 쏠림 현상은 안 생긴다. 비극성 물질은 비극성 분자들끼리 잘 용해되고 극성은 극성 분자들끼리 잘 용해되는 성질이 있다. 예를 들어 물과 에탄올은 둘 다 극

성이므로 물과 에탄올은 잘 섞이지만 기름은 비극성 분자이므로 물과 기름은 잘 섞이지 않는다.

10.2 이온 결합

이온 결합(ionic bond)이란 정전기적 인력을 통하여 결합하는 화학 결합이다. 이 결합을 이루기 위해서는 양이온과 음이온의 형태가 우선 형성되어야 한다. 양이온이 되기 위해서는 이온화 에너지가 필요하다. 이온화 에너지(ionization energy)란 전자를 잃어버리고 자신은 양이온(cation)의 형태로 있으려는 힘이다. 금속인 경우 최외각 전자가 1개 혹은 2개가 있는데 최외각 전자들만 떨어져 나가면 안정한 팔전자 규칙을 만족하는 전자 배치도를 가지기 때문에 아주 작은 힘으로도 쉽게 떨어져 나가려는 성질이 있다. 따라서 금속은 이온화 에너지가 아주 낮다. 반면에 전자 친화도란 전자를 잡아 당겨서 음이온(anion)으로 있으려고 하는 힘이다. 예를 들어 7족에 있는 비금속 원자(F, Cl, Br, I)들은 최외각 전자가 7개인데 전자 하나를 받기만 하면 아주 안정한 팔전자 규칙으로 자신을 안정화시킬 수 있기 때문에 전자 하나를 받아 음이온으로 남아 있으려는 성질이 매우 크다. 이와 같이 전자를 잃거나 받아서 자신의 원자들이 양이온과 음이온을 형성하여 18족과 같은 에너지적으로 가장 안정한 비활성 기체의 전자 배치 상태의 팔전자 규칙을 만족하려는 원자들의 성질을 가지는 결합을 이온 결합이라고 한다. 양이온이 되려는 성질을 가진 원소들은 원자가 전자의 개수가 적은 1, 2족 원소들인데 이들을 알칼리, 알칼리 토금속 원소들이라 하며 이온화 에너지값은 작다.

원자가 전자 수가 6, 7개인 16, 17족 원소들은 비금속 성질이 강하여 전자 친화도가 크다. 예를 들어 소듐(Na) 원자와 염소(Cl) 원자의 결합 상태를 보면 금속과 비금속 원소의 결합으로서 11개의 소듐 전자 중에 최외각 전자 1개를 17개의 전자를 가지는 염소(Cl)에게 주게 되면 소듐은 소듐 양이온(Na^+)으로 되며 이것은 비활성 기체인 안정한 네온(Ne)의 전자 배치와 같아지게 되어 안정해진다. 동시에 염화 음이온(Cl^-) 역시 비활성 기체인 안정한 아르곤(Ar)의 전자 배치 형태를 유지하게 되며 안정해진다. 이때 두 이온 간의 힘은 정전기적 인력인 쿨롱의 힘을 통하여 이온 결합을 유지하게 된다. 쿨롱의 힘은 두 이온 거리의 제곱에 반비례하며 두 이온 간의 전하량의 곱에 비례하는 식을 가지는데, 소금(NaCl)과 같은 이온 결합 화합물들은 강한 쿨롱의 힘 때문에 녹는점이나 끓는점이 매우 높아 안정한 형태를 유지한다. 이온 결합을 가지는 결정에 큰 물리적인 힘을 가하면 잘 으스러지게 된다. 이는 안정한 음과 양의 이온 결정들이 인력을 가지고 안정되고 규칙적인 배열 형태를 유지하고 있다가 힘에 의하여 밀려나게 되어 규칙적인 배열이 사라지게 되면 같은 전하를 가지는 원자들끼리 순간적으로 반발하여 잘 부서지는 상황이 발생하기 때문이다. 이러한 이온 결합을 가지는 분자들은 1족과 16족 혹은 17족, 2족과 16족 혹은 17족 등의 형태를 가지게 된다.

1족과 17족이 결합하는 형태로는 NaCl, KF, NaBr, LiCl, KI, NaI 등이 있고 1족과 16족이 결합하는 형태는 Na_2O, K_2O, Na_2S, K_2S가 있다. 2족과 16족이 만나서 결합되면 CaS, MgS, CaO, MgO이 형성되고 2족과 17족이 결합하는 형태는 $CaCl_2$, MgF_2, $CaBr_2$, MgI_2, $BeCl_2$ 등의 물질들이 이온 결합을 형성한다. 그밖에 Al_2O_3, $FeCl_4$, Na_2SO_4, $ZnCl_2$, $Fe(OH)_3$들 역시 이온 결합을 하는 물질들이다.

1, 2족의 금속 원자들은 전자를 잃고 양이온으로 전환되면 전자수가 감소하게 되며, 따라서 전자 오비탈도 줄어들기 때문에 크기가 줄어든다. 예를 들어 Na^+ 이온 반지름은 Na 중성 원자 반지름보다 줄어든다. 비슷하게 Mg^{+2} 양이온의 반지름은 Mg 중성 원자의 반지름보다 작아진다. 이와 반대로 비금속 원소들은 전자를 얻어 음이온의 형태로 전환되면 전자가 들어오는 만큼 전자들 간의 반발력에 의하여 거리가 멀어지면서 부풀려져 음이온의 반지름이 커지게 된다. 예로서 비금속의 원자의 경우 황(S) 원자는 S^{-2}의 음이온 형태가 되면 원자의 반지름이 커진다. 비슷하게 Cl 원자보다는 Cl^- 음이온 형태가 훨씬 크다. Na 양이온에 붙어 있는 음이온의 크기가 작을수록 두 이온 간의 거리가 짧아지게 되어 두 이온 간의 결합의 세기는 커지게 되므로 녹는점이나 끓는점은 커진다. 예를 들어 Na 이온 결합의 녹는점이나 끓는점은 NaF > NaCl > NaBr 순으로 증가하게 되며 Li 이온 결합의 경우는 LiCl > NaCl > KCl 순으로 증가한다. 소금의 경우 Na^+와 Cl^- 두 이온 간의 전하가 매우 큰데 전하가 클수록 결합력이 증가하게 되므로 소금물 이온 결합의 녹는점(801 °C)과 끓는점(1,413 °C)은 증가하게 된다.

소금과 같은 이온 결합의 형태는 고체나 결정의 상태에서는 정육면체의 격자점에 양이온과 음이온이 교대로 배치되어 있고 주위의 전자 역시 각 원자핵에 강한 정전기적 인력을 가지고 있으므로 전하의 이동이 불가능하므로 전기적 전도성이 없는 부도체의 성질을 보이지만 소금 결정이 녹거나 물에서 해리(dissociation)되어 양이온과 음이온의 형태로 부서지게 되면 결정을 이루었던 이온들이 액체 상태에서 자유롭게 퍼져 있어 이동이 활발해지므로 전기를 잘 통하는 도체(conductor) 형태가 된다. 이때 해리된 각각의 양이온과 음이온은 물 분자의 음이온 성격을 가지는 산소와 양이온 성질을 가지는 수소들과 인력을 가지고 전체적으로 유지되어 있는 수화 상태를 유지하면서 존재한다.

10.3 금속 결합

금속의 성질을 가지는 원자들은 최외각 전자를 내어놓고 자신은 양이온의 형태로 존재한다. 떨어져 나간 최외각의 전자는 특정한 원자 주위에만 머물러 있는 것이 아니고, 금속의 양이온 사이를 자유롭게 떠돌아다니는 이른바 전자의 바다를 이루고 모두 함께 다른 원자들을 공유하고 있는 형태를 유지한다. 이러한 전자를 자유 전자(free electron)라고 한다.

전자 바다를 이루며 음이온 성질을 가지는 수많은 자유 전자들은 양이온 성질을 가지는 핵 사이를 자유롭게 돌아다니면서 정전기적 인력을 가지고 서로 강인하게 결합되도록 하는 결합을 금속 결합(metallic bond)이라고 한다. 금속 원자의 자유 전자수가 많을수록 더 안정한 결합력을 유지한다. 예를 들어 Na의 자유 전자는 1개이고 Mg의 자유 전자는 2개이고 Al의 자유 전자는 3개이므로 금속의 결합력은 Na < Mg < Al 순으로 금속 결합력이 강해지는 경향이 있다.

금속 결합을 이루는 금, 은, 구리와 같은 물질들은 망치와 같은 도구를 사용하여 두드리거나 압착을 가하면 유리와 같이 깨지는 것이 아니라 얇고도 넓게 펴지는 성질이 있다. 이러한 성질을 전성(malleability)이라고 한다. 또한 꿀물처럼 길게 늘어지는 성질도 있기 때문에 실처럼 가늘고 길게 뽑아낼 수 있다. 이러한 성질을 연성(ductility)이라고 한다. 금은 몇 그램만으로도 수백 미터 이상의 가느다란 선으로

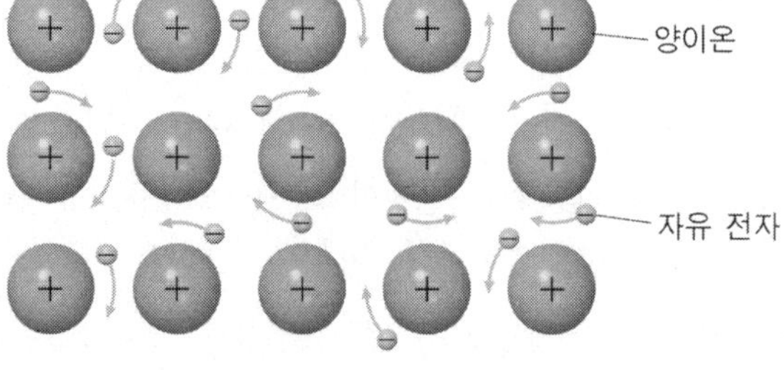

그림 10-1 금속 결합 모형

가공할 수 있다. 금속마다 이러한 전성과 연성의 성질이 다른데, 실험 결과에 의하면 전성은 금(Au) > 은(Ag) > 구리(Cu) > 알루미늄(Al)의 순서로 잘 퍼지는 성질이 있고 연성은 금(Au) > 백금(Pt) > 철(Fe) 순서이다. 자연계에서 발견되거나 가공된 금속들은 광택과 고유의 색상을 가지고 있으며 정전기적 인력을 가지고 결합하는 강인한 형태의 결합이므로 금의 녹는점은 1,064 °C, 철의 녹는점은 1,538 °C와 같이 매우 높으며, 끓는점 역시 철은 2,862 °C이며 금은 2,856 °C로 매우 높은 물리적 성질을 갖는다.

10.4 원자가 전자쌍 반발 모형

원자들은 같은 원자(atom)끼리 혹은 다른 원자끼리 모여 결합을 하게 되면 분자(molecule)가 된다. 원자들이 모여서 만들어지는 분자들의 모양은 전자들의 반발력을 최소화하는 상태를 유지하기 위하여 전자쌍들이 가장 멀리 떨어져 있는 형태의 모형을 만들면서 분자가 만들어진다. 이것을 원자가 전자쌍 반발 모형(VSEPR, valence shell electron pair repulsion)이라고 한다. VSEPR 모형을 이용하면 우리 주위에 존재하는 모든 분자들의 구조들의 형태와 이루는 각도 등을 삼차원적으로 예측할 수 있으며 이것은 세상을 이루는 모든 분자에 적용된다. VSEPR 모형 구조에서는 루이스의 점전자로 나타나는 비공유 전자쌍을 표시하여 설명한다.

예를 들어서 $BeCl_2$, $HgCl_2$, CO_2 구조의 형태는 중심 원자에서 두 개의 원자들이 공유 결합을 형성하고 있기 때문에 중심 원자를 중심으로 180도의 각도로 위치하게 되어 일직선(linear) 구조와 같이 존재하게 되면서 공유 결합 전자들의 반발을 최소화하고 있다. 또한 BF_3와 같은 구조는 중심 원자인 붕소(boron) 주위에 3개의 전자쌍들이 공유 결합 형태로 연결되어야 하기 때문에 공유 결합 전자들의 반발이 최소화되기 위해서는 중심 원자를 중심으로 정삼각형 평면(trigonal planar)의 모습을 가진다. 공유 결합을 이루는 전자 2개를 공유 결합 전자쌍이라고 하고 결합을 이루지 않는 전자쌍을 비공유 전자쌍 혹은 비결합 전자쌍이라고 한다.

공유 결합을 이루는 전자쌍보다는 비공유 결합을 이루는 전자쌍의 반발력이 더 크므로 비공유-비공유 전자쌍 결합이 결합-결합 전자쌍보다 더 반발력이 훨씬 크다.

비공유-비공유 전자쌍 > 비공유-공유 전자쌍 > 결합-결합 전자쌍

예를 들어서 XeF4의 구조는 비공유 전자쌍 2개의 반발력이 가장 크므로 중심 원자인 제논(Xe, xenon)에서 180°로 최대한 떨어져 있는 배치로 우선적으로 반발력을 최소화하며 나머지 4개의 F는 중심 원자인 Xe와 결합 전자쌍을 이루면서 90°를 이루어 전체적으로는 평면사각형(square planar) 형태가 된다.

메테인(CH_4, methane)의 구조는 중심 원자에 탄소가 위치하며 4개의 수소가 원자가 원자가 전자쌍 반발 모형(VSEPR)에 따라서 전자쌍의 반발을 최소화하는 형태를 가지기 위해서는 각각의 탄소-수소 간의 결합각이 109.5°를 유지하는 정사면체의 구조가 가장 안정한 형태의 구조가 된다. 메테인(methane)의 C-H의 공유 결합 간의 길이는 0.110 nm이며 무극성 분자이며 분자량은 16으로 가장 간단한 탄소 유기 화합물에 속한다. 녹는점은 −183 °C이며 끓는점은 −162 °C로 자연계에서 기체로 존재한다. 생물들이 죽어 유기물질들이 부패하면 밀폐된 공간에 메테인이 축척된다. 산소가 희박한 광산 안의 갱내에서 축적되어 있다가 산소와 같은 조연성 기체와 만나게 되면 폭발로 이어지기 때문에 사고가 유발되기도 한다. 메테인은 천연가스나 석탄가스의 주성분을 이루므로 연료로 많이 사용된다. 연료로 사용되는 메테인의 한 분자를 산소 두 분자와 반응하여 태우면 한 분자의 이산화 탄소와 두 분자의 물이 생성된다. 이때 생성되는 이산화 탄소는 지구 온난화를 유발시킬 수 있다.

$$CH_4 + 2O_2 \rightarrow CO_2 + 2H_2O$$

물 분자들의 구조를 살펴보면 산소 원자 1개와 수소 원자 2개가 전자를 각각 하나씩 내어 놓아 이 전자 2개(전자쌍)를 공유하여 나누어 가지게 되는데 결합 길이가 0.096 nm를 유지하는 공유 결합 형태로 연결되어 있고 화학식으로는 H_2O로

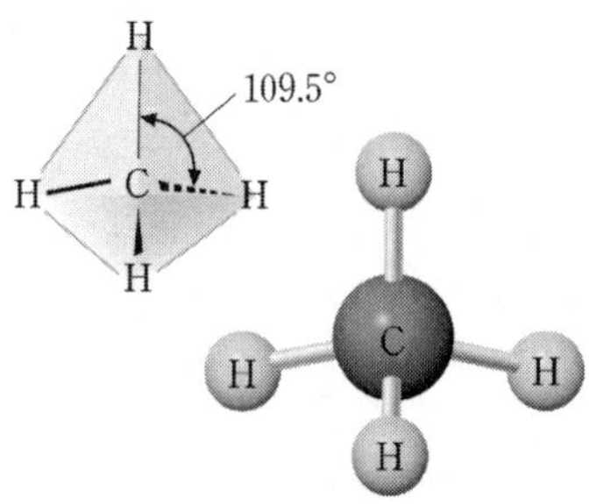

그림 10-2 메테인의 구조

표시한다. 이때 물의 H-O-H의 각도는 104.5°를 가지는 굽은 형태이다. 물은 산소에 두 개의 각각의 수소가 각각의 전자를 공유하여 두 개의 공유 결합을 형성하여 굽은(bent) 형태를 하고 있다. 이 경우 산소의 2개의 비공유 전자쌍-공유 결합 전자쌍 반발을 포함하여 생각한다면 물은 정사면체(109.5°) 형태의 틀에 가까운 104.5°의 각도를 가지게 된다.

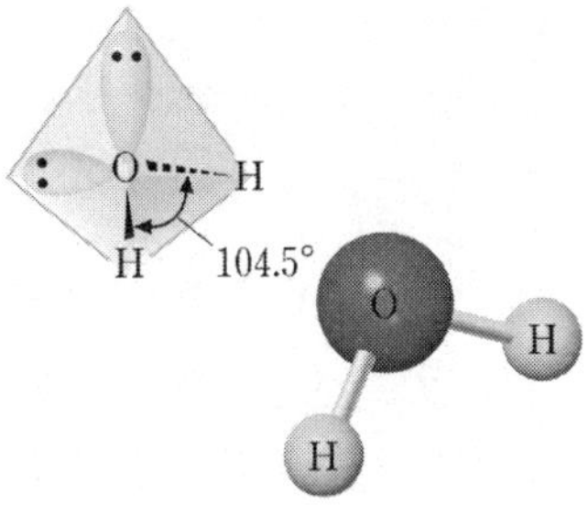

그림 10-3 물 분자의 구조

산소 분자(O_2)의 경우에는 두 산소 원자 사이에는 공유하는 전자쌍과 산소의 비공유 전자쌍이 어느 한쪽으로 쏠림 없이 형태가 유지되므로 음이온이나 양이온의 성질을 띠지 않게 된다.

암모니아(NH_3)는 프리스틀리(J. Priestley)가 1774년 처음으로 공기 속에서 분리하였으며 처음 발견 당시에는 알칼리 성질을 가지는 공기로만 인식하다가, 1785년경에 질소와 수소로 구성되어 있다는 것이 밝혀졌다. 암모니아는 물과 수소 결합을 잘하고, 물에 매우 잘 녹기 때문에 물의 어는점인 0 °C의 찬물에서 100 mL당 89.9 g의 많은 양이 녹을 수 있다. 에틸알코올(ethyl alcohol)과 암모니아에도 분자 간 수소 결합의 인력이 작용하여 용해도는 20 °C에서 100 mL당 14. 8 g이 녹을 수 있기 때문에 암모니아를 용매에 녹여서 연구실험 혹은 주위 생활에도 많이 응용한다. 수소 결합을 하지 않는 메테인의 끓는점은 −162 °C으로 매우 낮다. 그런데 암모니아(NH_3)는 분자-분자 간에도 수소 결합의 인력이 서로 작용하여 끓는점이 −33 °C로 비슷한 분자량을 가진 다른 물질들보다 높다.

원자가 껍질 전자쌍 반발(VSEPR) 이론에서 보는 암모니아(NH_3)는 중심 질소 원자에 4개의 전자쌍들이 반발을 최소화시키면서 분자가 구성되어야 하므로 정사면체(tetrahedral) 구조를 가져야 한다. 각각의 N-H 결합 길이는 1.014 Å(0.1014 nm)이며 H-N-H의 결합각은 정사면체 구조에 가까운 107°이다. 정사면체에서 중앙에 질소 원자가 존재하고 4개의 전자쌍 중 1개의 전자쌍은 비공유 전자쌍이며 나머지는 3개의 수소 원자와 공유 결합을 하고 있다. 따라서 이러한 전자들의 비대

칭적인 분자 구조 형태로 인하여 암모니아는 전자가 한쪽에 쏠려 있어서 극성 형태의 물질이며 따라서 쌍극자 모멘트는 0이 아니다. 암모니아에서의 질소 원자의 비공유 전자쌍은 양성자를 받아들이기 때문에 염기로 작용한다.

10.5 폴링의 전기 음성도

그림 10-4 폴링

자연계를 형성하고 있는 물질들은 그 구성 분자 내에 전자가 치우침 없이 골고루 퍼져 있는 중성 형태로 있는가 혹은 전자가 한쪽으로 쏠리는 현상이 생겨서 부분적으로 양전하와 음전하로 나뉘어지는 형태로 있는가? 이는 우주의 형성에서 생명체에 반드시 필요한 산소와 같은 분자 물질들이 대기 중에 존재할 수 있는가 없는가 하는 원초적으로 매우 중요한 의미로 연결되므로 자연과학을 이해하기 위해서는 물질이 극성의 성질을 가지느냐, 비극성의 성질을 가지는가에 대한 이해가 필요하다. 물질들의 성질을 이해하기 위하여 폴링(L. Pauling, 1901 ~ 1994)은 분자를 이루는 원자들이 전자쌍을 끌어당기는 척도인 전기 음성도(electronegativity) 이론을 제시하였는데 가장 전자를 강하게 잡아끄는 플루오린 (F)의 전기 음성도 값을 4.0으로 정하고 이를 기준으로 하여 다른 원소들의 전기 음성도값을 상대적으로 표시하였다.

전기 음성도는 원소와 원소 간에 공유하는 전자쌍을 자신 쪽으로 끌어들이는 능력을 상대적 수치로 나타낸 것이다. F 4.0 > O 3.5 > N 3.0 > Cl 3.0 > Br 2.8 > C 2.5 > S 2.5 > I 2.5 > H 2.1 > P 2.1 > Li 1.0 > Ca 1.0 > Na 0.93과 같은 값을 가지며 가장 처음에 제시된 플루오린의 경우 4.0에 가까운 값을 가지며 모든 주기율표의 원소들 중 전기 음성도가 가장 크다. 이러한 전기 음성도의 값으로부터 자연계의 물질이 공유 결합을 이룰 때 분자 내의 전자 쏠림 현상으로 극성 형태인지 비극성 형태인지, 이온 결합을 이루는지 쉽게 예측할 수 있다. 두 원소의 전기 음성도 차이가 1.7 이하인 경우 극성 공유 결합이라 하고, 전기 음성도 차이가 0인 경우 비극성 공유 결합이라고 한다. 또 전기 음성도 차이가 1.7 이상인 원소들 간의 결합을 이온 결합이라고 한다. 예를 들어 C−H를 이루는 분자 구조에서 탄소의 전기 음성도는 2.5이고 수소는 2.1이므로 2.5−2.1 = 0.4의 전기 음성도 차이가 난다. 따라서 1.7 이하이면서 0에 가까운 수치이므로 비극성 공유 결합에 속한다. 반면에 물과 같이 O−H 결합 형태가 있는 경우 산소의 전기 음성도가 3.5이고 수소는 2.1이므로 3.5−2.1 = 1.4의 값이 나오는데 이는 1.7 미만에 해당하므로 극성 공유 결합에 속하다. 소금(NaCl)인 경우 Na 전기 음성도는 0.93이며 Cl의 전기 음성도는 3.0이므로 3.0−0.93 = 2.07의 값이며 1.7 이상의 값에 해당하므로 이온 결합에 해당한다.

전기 음성도를 이용하면 물질이 왜 물에 잘 녹는지 혹은 녹지 않는지, 왜 수용액에서 산성인지, 왜 전기를 통하는지, 왜 끓는점이나 녹는점 등이 높아지거나 낮아지는지 등에 대한 다양한 성질들을 잘 설명할 수 있다. 예를 들면 염산(HCl)의 경우를 보면 염소 원자는 3.0의 전기 음성도를 가지고 수소 원자는 2.1의 전기 음성도를 가지므로 전기 음성도가 큰 염소가 수소의 전자들을 끌어당기게 된다. 이때 수소의 전자 밀도가 약해지게 되므로 수소는 떨어져 나가기 쉽게 되어 수소 양이온(H^+)으로 되는 경향이 강하기 때문에 염산은 강산으로 설명할 수 있다. 물(H_2O)을 예로 들면 산소 원자가 중심에 있고 좌, 우측에 수소 원자 두 개가 결합되어 있다. 물을 이루고 있는 산소는 수소와 공유 결합을 하지 않는 비공유 전자쌍이 두 개 존재하고, 이 두 개의 전자쌍은 서로 반발하게 되므로 약 105°의 각도를 가지는 굽은 형태를 하고 있다. 이때 산소와 수소의 전기 음성도 값을 비교하여 보면 산소는 3.5이고 수소는 2.1이므로 수소와 비교하여 산소 쪽에 결합된 전자들과 비공유 전자쌍이 많이 몰려 있는 상태이기 때문에 전기 음성도가 큰 산소 원자는 전자의 밀도가 커서 음의 전하(δ^- = 델타마이너스)를 가지고 전기 음성도가 작은 수소는 상대적으로 전자의 밀도가 작아서 양의 전하(δ^+ = 델타플러스)를 띠는 것으로 설명한다.

이와 같이 두 개 이상의 원자들이 공유 결합을 이룰 때는 두 원자 사이에 전자의 밀도에 의하여 전자 쏠림이 일어나는 서로 균등하지 않은 전하를 가지게 될 때 이것을 극성(polar)을 띠고 있다고 하며 이러한 극성 분자는 "전기적 이중극자, 즉 쌍극자(dipole)를 가진다" 혹은 "전기적 이중극자인 쌍극자 모멘트(dipole moment)가 있다" 등의 다양한 표현을 한다. 이러한 분자를 극성 공유 결합 분자라고 한다. 극성 공유 결합 분자를 가지는 화합물들은 음(δ^-)으로 대전되어 있는 에보나이트 막대를 극성 공유 결합을 가지는 물에 가까이 대어주면 물의 수소가 양(δ^+) 전하를 띠므로 서로 이끌려 가는 현상을 관찰할 수 있다. 반면에 헥세인($CH_3CH_2CH_2CH_2CH_2CH_3$)은 전기적 이중극자인 쌍극자(dipole)를 가지지 못하기 때문에 음(δ^-)으로 대전되어 있는 에보나이트 막대를 가져가도 양(δ^+)의 성격을 가지지 못하기 때문에 아무런 인력이 없음을 관찰할 수 있다. 이와 같이 전자의 쏠림 현상이 없는 화합물들을 비극성 공유 결합 화합물이라고 하며 음성도가 같은 원자 간의 결합을 하는 H_2, F_2. CO_2. Cl_2. O_2. N_2. CH_4 등이 그 예이다. 또한 전기 음성도가 다르긴 하지만 CCl_4 분자와 같이 분자의 구조가 대칭을 가지게 되면 분자 전체에 전하가 골고루 분포되어 전자의 전하가 전기적으로 나뉘는 분극 현상이 생기지 않으므로 쌍극자 모멘트가 0이 되는데 이것을 비극성 결합이라고 한다. 이러한 비극성 분자들은 비극성 용매에 잘 용해되고 비극성 분자의 수용액은 전기를 잘 통하지 않으며 분자 간의 인력도 약하기 때문에 쉽게 녹거나 낮은 온도에서도 쉽게 끓는 등의 높은 휘발성을 나타낸다.

초산(CH_3COOH)은 실온에서 액체로 존재하지만 염산(HCl)은 실온에서 기체로 존재한다. 기체는 액체보다 보관하기가 어렵다. 따라서 염산 기체는 물에 매우 잘 녹으므로 일반적으로 염산 용액으로 보관하여 사용한다.

염산(HCl)에서 H－Cl 사이의 공유 결합 전자들은 전기 음성도가 큰 염소 쪽으로 끌려가게 되면서 수소는 잘 떨어져서 H^+ 양이온으로 수용액에 존재하기 때문에 염산은 강산이 된다. 초산(CH_3COOH)이나 탄산(H_2CO_3)의 경우 H－O 결합 형태로 분자가 형성되는데 산소는 염소보다 전기 음성도가 낮아서 H－O 사이의 공유 결합 전자들이 산소 쪽으로 끌려가 H^+ 양이온으로 나가려는 힘이 H－Cl보다 작기 때문에 약산이 된다. 이와 같이 우주의 물질들과 자연계의 생명체 분자들을 구성하는 내부 원자들의 배열에 따라서 극성, 용해도, 끓는점, 어는점 및 표면장력 등과 같은 물리적 성질이 서로 달라진다.

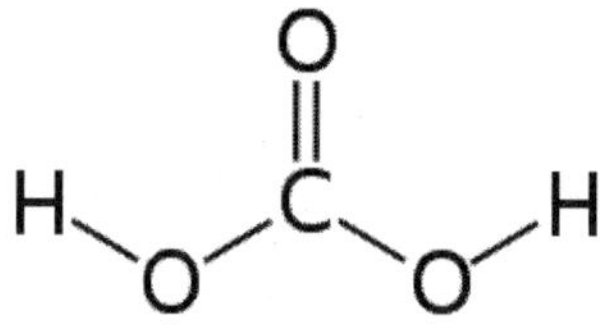

탄산의 구조

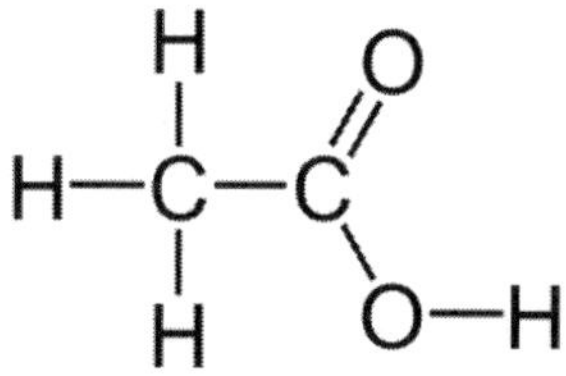

초산의 구조

자연계에서 서로 극성을 띠는 분자들끼리는 서로 잘 녹는다. 염산, 초산, 탄산은 모두 극성 공유 결합 분자이므로 전자들 쏠림 현상으로 양과 음의 두 개의 부분 전하로 나누어지면서 극성을 띠게 되는데 물(H_2O) 역시 극성을 띠므로 물에 잘 녹는다. 반면에 기름은 비극성을 띠므로 극성인 물에 잘 섞이지 못하는 성질이 있다.

산소는 비극성이므로 극성을 띠는 물에 잘 녹지 않는 성질이 있어 매우 미량만 녹는다. 지구 초기의 대기는 환원성 대기였으며 원래는 산소가 없었다. 그런데 극성을 띠는 바닷물(H_2O) 속에 존재하던 무극성의 산소(O_2)들이 물에 잘 녹아 있지 못하게 되고 기체 형태로 대기로 계속 방출되어 호흡과 광합성을 할 수 있는 산화성 대기로 점차 변하여 오늘에 이른 것으로 과학자들은 설명하고 있다. 1리터의 물은 산소(O_2)를 수 mg 정도밖에 녹이지 못하지만 강이나 바다에는 워낙 많은 물이 있으므로 바다생물이 섭취할 산소는 충분하다.

산소는 무극성 물질이므로 극성인 물에 잘 녹지 않지만 탄소와 플루오린만으로 결합된 분자 구조를 가지는 퍼플루오르데칼린(Perfluorodecalin, $C_{10}F_{18}$)과 같은 무극성 용매는 산소의 농도가 20 % 이상이 될 때까지 산소를 녹일 수 있기 때문에 산소가 반드시 포함되어야 하는 혈액을 대체해야 할 필요가 있을 때 사용한다. 또한 액체 상태에서 산소를 충분히 포함하고 있기 때문에 임산부들의 양수 대체 물질로 사용되어 태아가 충분한 산소를 제공받아 호흡할 수 있도록 도와주는 의학적 치료 방법에 응용되기도 한다.

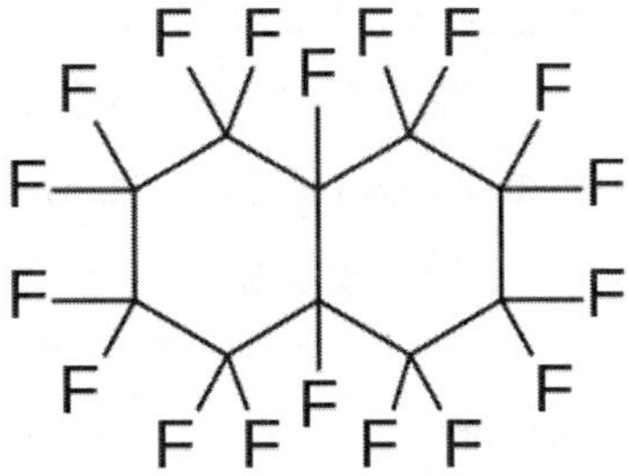

퍼플루오르데칼린의 구조

순수한 물일 경우 아주 적은 양이기는 하지만 물의 자동 이온화(autoionization)가 일어난다. 자동 이온화가 일어나면 순수한 물의 수소 양이온(H^+)과 수산화 음이온(OH^-)은 똑같이 10^{-7} M의 농도를 가지게 된다. 여기에 이산화 탄소(CO_2)가 들어가게 되면 CO_2 자신의 구조는 탄소의 전기 음성도보다는 산소의 전기 음성도가 더 크므로 양쪽의 두 개의 산소 쪽으로 부분적으로 음이온 성격이 퍼지게 되고 중심 탄소는 부분적으로 양이온(δ^+) 성격을 가진다. 중심 탄소($C^{\delta+}$)에 물에서 이온화된 수산화 이온(OH^-)이 정전기적인 인력에 의하여 들어가 반응하게 되면 탄산(H_2CO_3) 기체로 전환되면서 물에 녹아들어 가게 된다 이때의 용액의 pH를 측정해 보면 약산성으로 나타난다. 이렇게 바닷물에서 이산화 탄소가 녹아서 탄산의 형태로 전환되어 있다가 바다 속의 많은 칼슘과 만나면 단단한 고체 형태의 탄산칼슘염($CaCO_3$)이 형성된다. 탄산칼슘 결정체는 조개, 굴, 혹은 소라 등의 껍질 주위를 덮고 있는 주성분이다. 닭으로부터 나온 계란껍질에도 탄산칼슘이 90 % 이상 들어 있다.

10.6 분자와 분자 간에 작용하는 힘

공유 결합이란 두 원자가 각각 전자를 공유하는 형태로 원자와 원자를 묶어주는 힘을 가지게 이며 이온 결합은 원자들이 음과 양이온의 상호작용을 하면서 원자들을 연결하는 강한 결합의 힘을 가지게 된다. 분자와 분자 간에서도 서로 작용하는 결합은 존재하지만 공유 결합이나 이온 결합 등과 비교하였을 때 상대적으로 매우 약한 인력의 힘으로 이루어진다. 이러한 분자와 분자간의 약한 힘을 판 데르 발스 힘(Van der Waals force) 혹은 분산력(London force)이라고 부른다. 이러한 힘들은 이온-쌍극자(ion-dipole force), 쌍극자-쌍극자 상호작용(dipole-dipole interaction), 쌍극자-유도 쌍극자 상호작용(dipole-induced dipole interaction)의 형태가 있으며 이 밖에도 수소 결합(hydrogen bond) 시 분자간에 작용하는 힘으로 구분할 수 있다.

판 데르 발스 힘 혹은 분산력

판 데르 발스 힘은 분자와 분자 사이의 인력이나 척력을 말하며 때로는 한 분자 내에서도 특정한 부분에서 일어날 수 있다. 무극성의 중성 분자인 경우 전자 구름(electron cloud)은 음이온의 전자의 이동이 분자 전체에 고르게 퍼져 있는 상태를 유지하게 되면 음과 양 극의 쏠림이 없는 상태가 유지되지만 이때 전자가 조금이라도 어느 한쪽으로 치우치게 되면 순간적으로 음(δ^-) 전하와 양(δ^+) 전하의 두 개의 쌍극자가 한 분자 내에 순간적으로 나타나게 된다. 이때 바로 옆의 분자에게도 전자들의 쏠림 현상이 빠르게 전파가 되서 음과 양의 쌍극자가 분자 내에 생성되는데 이것을 분자의 유발 쌍극자라고 한다. 한 분자의 쌍극자와 또 다른 분자의 유발 쌍극자가 서로 인력을 가지게 될 때 이것을 판 데르 발스 힘이라 한다. 전자가 많이 쏠린 부분은 음전하 성격을 띠고 다른 분자의 양전하를 띠는 부분과 약한 정전기적인 상호작용을 하게 되므로 분산력이라고도 한다. H_2, O_2, I_2, CO_2, CH_4

및 18족 원소 등과 같은 비극성 분자들은 평상시에는 전자의 쏠림 현상이 안 생기므로 음과 양의 편극이 안 일어난다. 그런데 물이 출렁이며 한쪽으로 물이 쏠리듯이 어느 순간 전자의 쏠림(편극)이 일어나는 상황이 되면 바로 옆의 분자에게 즉시 영향을 미쳐 분자간의 음양의 인력이 만들어지게 되는 판 데르 발스 힘이 작용하는 것이다. 일반적으로 작은 분자보다는 전자의 수가 많아서 분자량이 큰 분자들이 전자쏠림으로 나타나는 편극 현상이 잘 일어나므로 판 데르 발스 힘이 강해지는 경향이 있다. 판 데르 발스 힘이 커지게 되면 녹는점과 끓는점 등이 높게 나타나는 경향을 보인다. 예를 들어 CO_2인 경우 실온에서 기체이지만 조건에 따라서 판 데르 발스 힘에 의하여 드라이아이스와 같은 분자성 결정인 형태의 고체 모습을 가지며 승화성이 된다.

쌍극자 – 쌍극자 힘

염산은 HCl의 구조를 가지는데 수소와 염소의 전기 음성도 차이는 크므로 수소는 양(δ^-) 전하를 띠고 염소는 음(δ^-) 전하를 띤다. 극성이 뚜렷하게 나타나는 분자를 극성 분자라고 하며, 이때 한 분자 내에 음(δ^-)과 양(δ^+)의 전자쏠림 현상이 그대로 나타난다. 이와 같이 극성 분자인 수소(δ^-) 부분은 또 다른 분자의 염소(δ^-) 부분을 끌어당겨 분자 간에 정전기적 인력이 작용하게 되는데 이것을 쌍극자-쌍극자 힘이라고 한다. 쌍극자 사이의 힘은 액체나 고체 상태에서 항상 존재한다. 그러나 쌍극자-쌍극자 사이의 분자와 분자간의 힘은 분자내의 수소(δ^+)와 염소(δ^-)의 이온 결합력보다 훨씬 약한 힘을 가진다. 분자량이 비슷한 경우 극성 분자와 비극성 분자를 비교하여 보면 극성 물질이 m.p 및 b.p가 높은 것도 이러한 쌍극자-쌍극자 힘이 존재하기 때문이다.

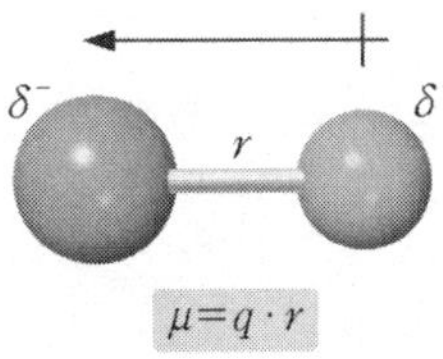

(μ: 쌍극자 모멘트, q: 전하, r : 두 전하 사이의 거리)

그림 10–5 쌍극자모멘트

수소 결합

수소 결합이란 H---N, H---O, H---F 형태로 나타나는 분자와 분자 간에 작용하는 결합을 말하는데 N(질소), O(산소), F(플루오린)은 전기 음성도가 수소보다 강하므로 -전하(δ^-) 성격을 띠고 수소는 상대적으로 +전하(δ^+)를 띠게 되므로 이때 생기는 분자 간의 인력을 수소 결합이라고 한다. 수소 결합은 판 데르 발스 힘보다는 강한 결합이지만 공유 결합이나 이온 결합보다는 매우 약한 결합 형태이다.

물 분자에서의 수소 결합은 하나의 물 분자의 수소와 또 다른 물 분자의 산소와 인력을 가지게 되는 형태인데 수소 결합을 하게 되면 끓는점이 매우 높아지게 된다. 수소 결합을 하지 않는 메테인은 분자량이 16이며 끓는점은 −162 °C이다. 그러나 물 분자의 경우는 분자량 18로 비슷한 분자량을 가지지만 상대적으로 매우 높은 100 °C에서 끓게 된다. 이와 같이 수소 결합은 다른 공유 결합보다는 약하기는 하지만 물질에 따라서 물리적, 화학적 성질에 미치는 영향은 매우 크다. 끓는점은 수소 결합력이 커질수록 높은 끓는점을 보인다. 같은 족의 원소에서 비교해 보면 아래쪽으로 내려갈수록 원자 번호가 증가하여 분자량이 증가하면 끓는점이 증가하는 성질을 보이는데 이는 수소 결합에 추가하여 분자량 증가에 따른 판 데르 발스 힘이 추가하여 작용하였기 때문으로 설명된다. 특히 수소 결합은 생체내의 DNA의 이중 나선 구조를 형성하면서 단백질의 펩타이드 결합과 같은 생명체의 형성을 위한 분자 구조 형태들을 안정화시키는 데 중요한 역할을 한다.

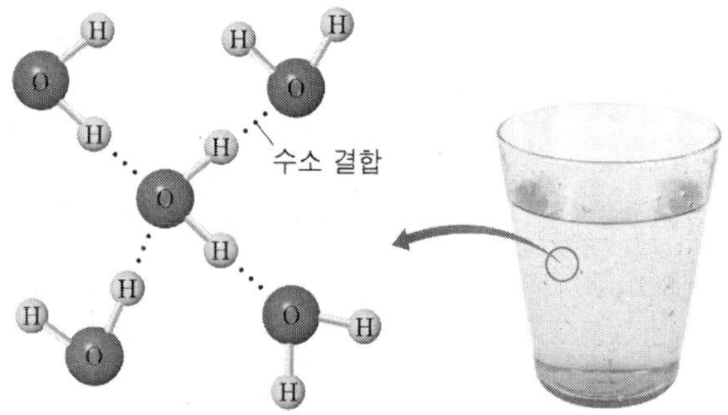

그림 10-6 물 분자의 수소 결합

11장
원자의 발견 역사

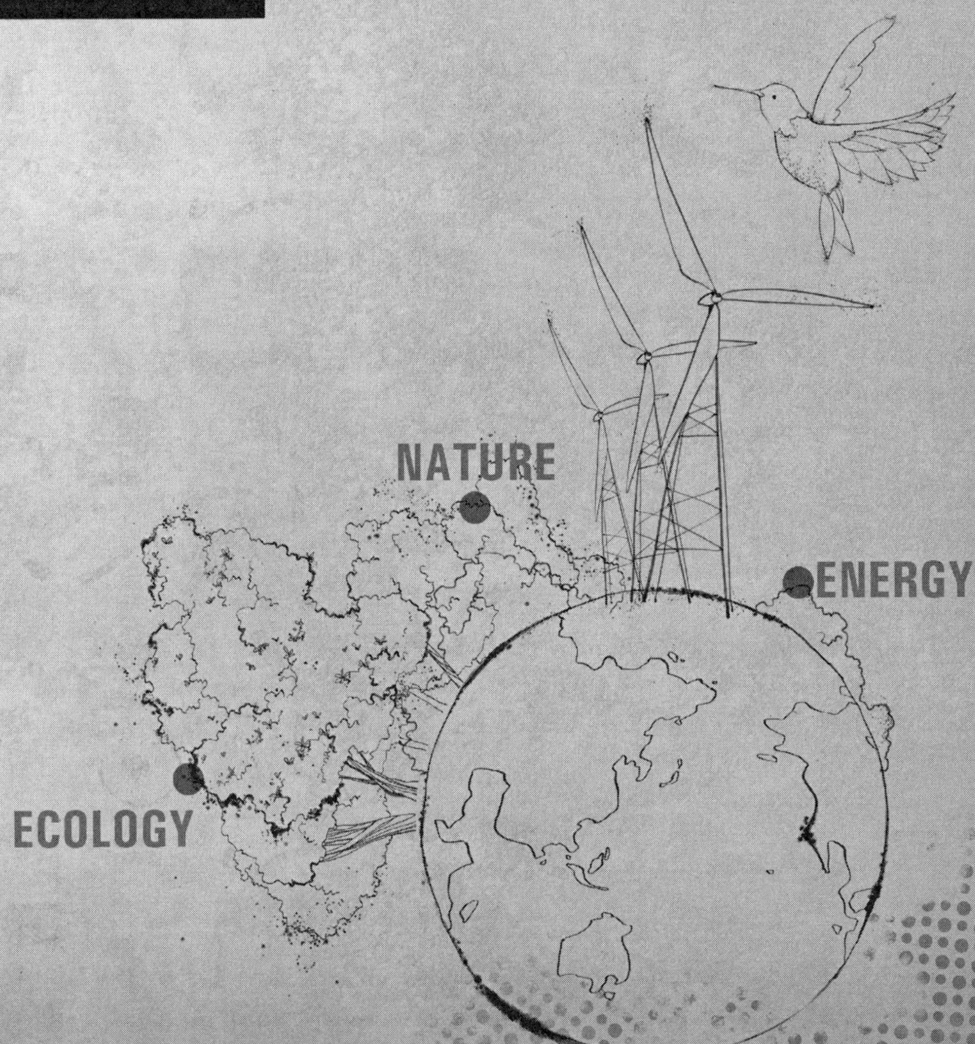

"원자(atom)는 물질의 가장 최소 단위이며 더 이상 쪼갤 수 없다"라는 돌턴의 원자 이론은 계속 발전하여 현대로 접어들면서 물질을 이루는 최소 단위인 원자는 더 세분화하여 전자(electron), 양성자(proton), 중성자(neutron), 쿼크(quark)와 같은 소립자들로 구성되어 있음을 알았다. 그러한 원자 소립자들의 성질을 이용하여 현대의 주기율표를 이해할 수 있다. 멘델레예프가 주기율표를 처음 만들었을 때 원자들의 배열에서 다른 경향을 보이는 예외적인 부분들이 발견되었고 그 후 원자에서 방출되는 빛의 성질들이 예상한 것과는 매우 다르게 나타나게 됨으로써 더 이상 쪼갤 수 없다는 돌턴의 원자 이론에 대하여 의문이 들기 시작하였다. 따라서 이러한 궁금증을 풀기 위하여 과학자들은 빛을 이용하여 원자를 구성하는 입자들을 밝히기 위한 다양한 실험을 하기 시작하였다.

11.1 톰슨의 음극선 실험과 전자의 발견

그림 11.1 톰슨

1900년을 전후하여 캐번디시(Cavendish) 연구소 소장을 맡고 있었던 톰슨(J. J. Thomson)은 원자의 구조가 어떻게 생겼을까 궁금해 하였다. 그 당시에만 하더라도 물질은 더 이상 쪼갤 수 없는 원자로 되어 있다는 것이 보편적인 사실이었다. 톰슨은 원자 안에 있는 더 작은 입자를 발견하게 되었는데 그것은 전자였다. 그는 전자의 발견으로 1906년 노벨 물리학상을 받았다. 그 당시 과학자들은 공기를 모두 빼낸 진공 상태의 유리관에 아르곤(Ar) 혹은 네온(Ne)과 같은 기체를 넣고 전압을 연결시키는 실험을 하였다. 이에 형형색색의 빛이 생기는 것을 보며, 감탄하였고 어떻게 이러한 현상이 일어나는지에 대하여 관심을 가지게 되었다. 이때 톰슨은 진공관 실험을 정교하게 수행하면서 진공관의 양쪽에 높은 전기를 통하여 주었을 때 진공관 안에서 무엇인가 어렴풋하게 색상을 가지고 흐르는 입자를 발견하였는데, 이것이 후에 전자(electron)라고 불리게 되었다. 톰슨이 사용한 진공관은 음극선관이라 불렀는데 다양한 실험들을 통하여 이 음극선관에 흐르고 있는 입자의 흐름은 전하를 띠고 있으며 이 입자가 원자를 구성하므로 원자는 더 세분화하여 쪼개어질 수 있다는 놀랍고도 새로운 사실을 세상에 알리게 되었다. 톰슨이 전자를 발견하는 실험을 했을 때는 핵(nuclear)의 존재를 전혀 몰랐다. 그래서 톰슨은 마치 양성자 빵 속에 전자 건포도가 박혀 있는 형상을 상상하면서 양전하 성격을 가지는 양성자 속에 전자가 박혀 있다고 원자의 모습을 가정하였다. 톰슨의 전자의 발견은 돌턴이 원자를 더 쪼갤 수 없으며 어떠한 + 혹은 –를 가지지 않은 중성 형태의 원자 모형에서 발전하여 + 성격을 가지는 부분과 - 성격을 가지는 부분으로 더 세분화되어 쪼개어질 수 있다고 하는 원자의 실체를 실험적인 사실을 통하여 규명하기 시작했다는 점에서 역사적으로 볼 때 매우 큰 의미를 가진다.

11.2 러더포드의 양성자 발견

원자가 마이너스(−) 성격을 가지는 것은 전자 입자 때문이라는 것을 톰슨이 증명하였으나 플러스(+) 성격을 가지는 것이 무엇인지는 알 수 없었다. 러더포드는 그 궁금증을 풀고 원자들의 실체를 알아내기 위하여 빛의 성질을 이용하였다. 빛은 한 지점에 충돌되면 반사되어 우리 눈에 들어오게 된다. 또한 빛이 반사되지 않고 통과되더라도 통과된 후의 빛의 형태로 원자의 구조를 알아보는 방법이 있는데, 그것을 충돌실험이라고 한다. 러더퍼드는 그 당시에 사용하던 방사능 물질에서 나오는 선들 중에서 알파선을 이용하여 금을 얇게 펼친 박막을 만들고 그곳에 충돌시키는 실험을 하였다. 알파선이란 라듐이나 우라늄과 같은 무거운 핵에서 알파 붕괴를 일으키면 헬륨의 원자핵이 빠르게 튀어나오는 것을 말한다. 그 당시에 원자핵을 연구하던 러더퍼드를 비롯한 많은 과학자가 주로 사용하던 알파(α) 입자는 2개의 양성자와 2개의 중성자로 구성되어 있었다. 강한 상호작용에 의하여 하나의 알갱이처럼 행동하기 때문에 알파(α) 입자로 불렸으며 헬륨(He)과 같은 구성으로 되어 있어서 He^{2+}로 표시하기도 하였다. 알파 입자가 방출되면 원래의 원소의 질량에서 약 4 amu가 감소되는데, 이는 2개의 양성자와 2개의 중성자를 동시에 잃게 되기 때문이다. 이때 원자 번호는 양성자 2개가 떨어져 나가는 것이므로 2만큼 감소된 새로운 원소가 된다. 즉 우라늄이 토륨이 되고 라듐이 라돈이 되는 것은 알파 붕괴로 인해 일어나는 것으로 알려져 있다.

알파선을 충돌시키는 러더퍼드의 실험에서 양의 전하를 가지는 알파선의 대부분은 금박막을 통과하여 진행하였다. 수천 번의 끈질긴 반복 실험에서 알파선의 대부분은 예상했던 대로 직진하였으나 수천 개 중 1개 정도는 엄청나게 큰 각도로 반발되어 휘는 빛을 찾아냈다. 러더포드는 그 정도의 큰 각도로 휘려면 원자 내부에 밀도 높게 존재하는 양전하 형태의 매우 작은 부피로 밀집되어 있는 부분이 존재해야 한다고 가정하였다. 이 실험을 통하여 역사상 처음으로 원자핵(atomic nucleus)을 발견함으로써 원자의 실체를 세상에 새롭게 알렸고, 러더포드는 그 공로를 인정받아 노벨상을 수상하였다. 이로써 스승인 톰슨의 푸딩 모형의 원자 모형, 즉 원자가 가지는 + 성격은 원자 내부에 골고루 빵처럼 퍼져 있는 것이 아니라 원자의 중심부에 집중적으로 밀집되어 있는 것으로 수정되었고 + 성질을 가지는 원자핵이 밀집된 상태로 있으려면 원자의 중심에 있는 원자핵과 전자들 사이는 대부분 빈 공간이라는 것을 알았다.

톰슨과 러더퍼드가 원자 구조 규명에 대한 실험을 수행하기 전, 멘델레에프는 원소들을 원자량의 크기대로 나열하여 비슷한 성질을 가지는 원소들을 주기적으로 배열하여 주기율표를 만들었다. 그 당시 원자량의 크기순으로 배열된 주기율표에는 앞뒤가 맞지 않는 부분이 있었다. 그것은 1894년에 레일리(J. W. S. Rayleigh, 1842 ~ 1919, 영국)와 램지(W. Ramsay, 1852 ~ 1916)가 아르곤을 발견한 후 나타나기 시작하였다. 비활성 기체인 아르곤은 원자 번호가 18이며 포타슘(K)의 원자 번호는 19로 아르곤의 원자 번호가 앞서게 주기율표에 기록이 되었으나 원자량의 순서와 원자 번호의 순서가 예측된 것과 다르게 나타나는 문제점이 발견되었다. 그리고 코발트(Co)와 니켈(Ni), 텔루르(Te)와 아이오딘(I)에 있어서도 원자량의 순서대로 배열하여 보니 주기율표에 들어맞지 않는 다른 성질을 보이는 결점이 있었다. 이러한 문제는 1913년경 핵에서 양성자를 발견한 러더퍼드의 제자인 모즐리에 의해 해결되었다. 모즐리는 음극선관 속에서 전자에 큰 운동 에너지를 가한 후 금속판에 충돌시켰다. 그때 만들어진 X선의 파장은 금속 원자의 양성자 수가 증가되면서 역으로 짧아지는 실험 결과를 얻었다. 이러한 실험 결과를 바탕으로 모즐리는 원소들의 원자 질량이 아닌 양성자의 개수에 따라 원자 번호를 정하고, 원소들의 주기적 성질을 살핀 후에 주기율표를 수정하였다. 수정된 주기율표에서 화학적 성질이 비슷한 원소들이 양성자수, 즉 원자 번호가 증가함에 따라 규칙적으로 변한다는 것을 알아냈다. 이로써 지금까지 사용하는 현대 주기율표에 이르게 되었다. 멘델레예프는 주기율표를 만드는 데 많은 기초적인 많은 노력을 하였지만, 현대에 사용되는 주기율표는 모즐리에 의하여 정리된 주기율표가 사용되고 있다. 이와 같은 배경에는 모즐리의 스승인 러더퍼드가 1919년에 원자핵 속의 양성자(proton)를 발견한 후 원자의 질량에 대한 지식이 더 풍부해진 결과였다.

11.3 중성자의 발견

러더퍼드가 원자핵은 + 성격을 가지고 있음을 발표하고 나서, + 성격을 가진 것은 가장 가벼운 수소의 원자핵인 양성자라고 결론을 내렸다. 그리고 양성자가 모든 다른 원자들의 핵을 구성하는 입자를 이루게 된다고 제시하였다. 또한 원자가 중성을 이루기 위해서는 원자핵을 이루고 있는 양성자의 + 수와 원자핵 주위에 있는 전자의 − 개수가 정확하게 같아야 한다고 가정하였다. 이때 양성자와 전자는 똑같은 반대 전하의 개수로 상쇄되어 문제가 없는 것처럼 보였지만, 양성자의 무게는 전자보다 훨씬 무거웠기 때문에 이러한 원자의 성질을 완전히 설명하지 못하고 미궁으로 남게 되었다. 이때 러더퍼드의 제자였던 채드윅(J. Chadwick, 1891 ~ 1974)은 원자량과 원자 번호가 맞지 않는 점에 의문을 가지고 핵을 구성하는 요소는 양성자 이외에 다른 입자가 존재할 것이라는 가설을 세웠다. 그리고 이 가설을 증명하기 위하여 핵에 충격을 가하여 핵을 부숴 보기로 하였다.

그림 11-2 채드윅

채드윅은 중수소(deuterium) 원자에 감마선의 충격을 주었더니 핵이 쪼개지면서 양성자뿐만 아니라 놀랍게도 숨어 있었던 새로운 조각 입자가 튀어 나오는 것을 1932년에 발견하고 그것을 중성자(neutron)라고 명명하였다. 이로써 핵 속에는 양성자뿐만 아니라 중성자가 함께 밀집되어 존재함을 확인하는 새로운 결과를 얻었다. 중성자의 발견으로 원자의 수수께끼는 상당 부분 풀리게 되었다. 원자핵 속에는 양성자 외에도 중성자가 들어 있음을 알게 되고 원자를 구성하는 3개 입자의 실체가 세상에 알려지게 되었다.

원자 번호는 원자핵 속에 있는 양성자수와 같았으며 양성자수에 따라 원자의 종류가 달라지는 것이며 채드윅의 중성자 발견으로 원자의 전체 무게를 보여주는 원자량, 즉 원자 질량수는 원자핵에 포함되어 있는 양성자수와 중성자수를 모두 합한 전체의 무게임을 인지하게 된 것이다. 즉 원자 안에는 같은 수의 양성자와 전자가 존재하므로 중성 원자의 원자 번호는 양성자수 혹은 전자수를 나타내고 있다. 하지만 원자가 전자를 얻거나 잃어서 된 원자 이온인 경우 이때 원자의 종류, 즉 원자 번호를 결정하는 것은 전자수가 아니라 양성자수이다. 따라서 원자의 종류는 원자핵 속에 들어 있는 양성자수에 의해 결정된다는 것을 알았다. 이로써 멘델레예프가 원자량 크기로 배열하였던 주기율표에서 나왔던 예외적인 문제점들이 풀리기 시작하였고 모즐리가 양성자수에 의해 결정되는 원자 배열로 수정하여 만든 새로운 주기율표가 나오기 시작하여 현재에까지 이르게 되었다.

같은 원자라도 원자핵 안에 들어 있는 중성자 수는 각기 다를 수 있다. 같은 원자이면서 중성자수가 달라서 다른 질량을 갖는 원소를 동위 원소(isotope)라고 한다. 예를 들어 수소 원소 1개의 양성자로만 된 원자핵이 가장 안정한 원자핵으로 알려져 있기 때문에 일반적인 수소 원자는 자연계에 가장 많이 분포되어 있다. 그러나 1개의 양성자에 1개의 중성자가 함께 포함된 핵을 가지고 있으면 중수소라고 하며 핵 안에 1개의 양성자와 2개의 중성자로 구성된 원자를 삼중수소라고 하며 불안정한 원자핵을 가지게 된다. 대부분 원소들은 안정한 동위 원소와 불안정한 동위 원소를 함께 가지고 있다. 불안정한 상태의 동위 원소들은 시간을 두고 일정한 비율로 점차 붕괴하면 다른 원자핵으로 부서지는데 이것을 방사성 붕괴라고 한다.

1911년 핵물리학의 선구자인 러더퍼드가 알파 입자 산란 실험을 통해 원자핵의 실체를 알아낸 후 과학자들은 작은 원자핵이지만 그 안에 엄청난 에너지가 있음을 알게 되고 그 에너지의 위력을 사용하는 방법을 연구하기 시작하면서 원자폭탄이 전쟁에 사용되었고 지금도 핵에너지에 의하여 전 세계 국가들의 힘의 균형이 결정되고 있다.

11.4 대형 입자가속기

1900년 전후하여 톰슨, 러더포드나 채드윅은 원자의 구조를 알아내기 위하여 음극선이나 자연계에서 발견되면서 손쉽게 얻을 수 있는 방사선 계통의 물질에서 나오는 빛을 이용하였다. 그들은 더 이상 쪼갤 수 없는 것이라고 알고 있었던 원자를 더 세분화하여 전자, 양성자, 중성자 같은 입자의 존재를 파헤치고 알아낸 것만으로도 과학계에서는 놀라운 결과였으므로 노벨상을 받았다. 그 후 100여 년이 지난 지금의 과학은 더 발달하였고 입자가속기라는 대형 실험 장치가 탄생하였다. 입자가속기란 전기장을 이용하여 입자를 반복하여 가속시키는 장치인데, 전기를 띠고 있는 입자를 전기장에 넣어주면 반발력으로 서로 밀어내면서 가속도가 붙으며 튕겨나간다. 이것을 반복하여 가속시키게 되면 빛의 속도와 가깝게 가속시킬 수 있다. 이러한 빛의 속도로 가속된 입자로 양성자를 충돌시킨다면 양성자는 부서져 더 작은 입자로 쪼개질 수 있다. 또한 핵 속에 들어 있는 양성자와 또 다른 양성자를 충돌시키면 양성자보다 질량이 더 무거운 것도 나올 수 있는데, 이렇게 해서 많은 새로운 소립자들이 발견되기 시작하였다. 우리가 알고 있는 원자의 구조가 전자, 양성자, 중성자로만 인식하게 된다면 물질의 본질을 이해하는데 있어서는 분명히 설명하기가 여의치 않은 문제점들이 발생하곤 한다. 이러한 문제점을 풀 수 있는 중요한 역할을 하는 것이 바로 입자가속기이며 이를 통하여 원자를 부숴 그 속에 있는 다양한 소립자들의 성질을 알아내는 것이다. 이러한 소립자들은 쿼크(quark)를 통하여 설명한다.

11.5 쿼크

그림 11-3 2007년에 강의하는 겔만(Murray Gell-Mann)
© Steve Jurvetson / flickr(CC BY-SA)

존 돌턴(John Dalton, 1766~1844) 시대 전까지는 원자가 물질의 최소 단위로 논의되고 있었지만 그 후 조지프 존 톰슨(Sir Joseph John Thomson, OM, 1856~1940)의 음극선 실험 이후, 원자는 전자와 원자핵으로 이루어졌음을 발견하였고 어니스트 러더퍼드(Ernest Rutherford, 1871~1937)가 원자핵 안에 양성자가 있음을 알아내었다. 제임스 체드윅(Sir Jomes Chadwick, 1891~1974)은 원자핵 안에 양성자뿐만 아니라 중성자도 있음을 실험을 통하여 알아냄으로써 원자핵 역시 기본 소립자가 아니고 다시 '양성자'와 '중성자'로 이루어진 복합체로 인식하고 있었다. 그런데 과학이 더 발달한 오늘날에 와서는 핵을 구성하는 양성자나 중성자 역시 더 쪼개어져서 '쿼크(quark)'라는 더 작은 기본소립자로 되어 있다는 새로운 주장이 1960년대에 미국 캘리포니아 공과대학(California Institute of Technology)의 겔만(M. Gellmann, 1929 ~ 현재, 미국) 박사와 츠바이히(G. Zweig)에 의하여 독립적으로 제시되었다.

세 종류의 쿼크가 만나서 양성자나 중성자가 되며 소립자들의 상호작용하는 성질의 메커니즘을 설명하는 과정에서도 쿼크라는 새로운 개념의 용어가 탄생하였다. 우리가 살고 있는 일상적인 지구의 에너지에서 쿼크는 홀로 존재하지 않고 언제나 쿼크와 반쿼크로 이루어진 입자로 존재한다. 즉 홀 쿼크는 관측할 수 없으며, 관측 가능한 강입자는 기본 전하의 정수배의 전하를 가지는 무색이다. 쿼크를 따로 정확히 관측할 수 없으므로 쿼크 질량은 정확한 값이 아닌 어떤 범위로 나타난다. 실험을 통하여 밝혀진 쿼크는 여섯 종류가 있는데 1세대에서 증명된 쿼크는 up 쿼크와 down 쿼크가 있으며 2세대에서 밝혀진 쿼크는 charm 쿼크와 strange 쿼크, 그리고 3세대에서 밝혀진 쿼크는 top 쿼크와 bottom 쿼크로 각각 이름을 지었다. 1세대 쿼크인 down 쿼크와 up 쿼크가 가장 가벼우며 bottom 쿼크의 질량이 가장 크다. 이러한 여섯 개의 종류들의 쿼크 입자는 짝을 이루면서 원자핵에 포함되어 있다.

이름	영어 이름	기호	전하량	정지 질량(MeV/c2)
위	up, 업[*]	u	+⅔	1.5 ~ 5
아래	down, 다운[*]	d	−⅓	17 ~ 25
맵시	charm, 참[*]	c	+⅔	1100 ~ 1400
야릇한	strange, 스트레인지[*]	s	−⅓	60 ~ 170
꼭대기	top, 톱[*]	t	+⅔	165000 ~ 180000
바닥	bottom, 버텀[*]	b	−⅓	4100 ~ 4400

가장 가벼운 두 개의 쿼크인 업 쿼크와 다운 쿼크를 배합하면 양성자와 중성자를 설명할 수 있다. 양성자와 중성자도 더 이상 최소의 입자가 아니며 더 쪼개질 수 있는 6가지 종류의 쿼크로 이루어져 있으며 이것이 원자핵을 이룬다. 가장 무거운 쿼크는 철에 버금가게 무거운 것도 있고 따라서 매우 쉽게 붕괴될 수도 있다.

쿼크 이론이 나오기 전에는 양성자는 +1의 전하를 가지며 중성자는 0의 전하를 가지고 있어서 수소의 전체적인 핵전하는 +1로 설명되었다. 그런데 쿼크는 양성자 크기보다도 훨씬 작으며 전기량도 +1과 같은 정수 형태가 아니라 양성자의 ⅓ 혹은 ⅔ 쿨롱과 같이 진분수 형태의 크기를 가지는 더 작은 분수의 전하를 가지는 입자이다. 이러한 진분수 형태로 되어 있는 가장 가벼운 두 개의 업 쿼크와 다운 쿼크를 배합하면 양성자가 +1 전하를 가지고 중성자가 0의 전하를 가지고 있다는 것을 계산으로 증명하여 설명할 수 있다. up 쿼크는 전하가 +⅔이며 down 쿼크는 전하가 −⅓이므로 분수 형태의 값을 가지는 두 개의 쿼크를 이용하여 양성자의 전하를 계산하여 같은 결과의 값을 얻을 수 있다. 예를 들면 핵 안의 양성자에는 up 쿼크(+⅔ e 전하)가 2개 있고 down 쿼크(−⅓ e 전하)가 1개 있다고 가정한다.

이들 값을 계산하여 모두 더하면 양성자에서는 up 쿼크는 +⅔ × 2= +4/3의 값이 나오고 down 쿼크는 −⅓ × 1 = −1/3이므로 이를 합하면 (+4/3) + (−1/3) = 3/3, 즉 1이 나오는데 이것이 양성자 핵이 +1 e 전하를 가지게 되는 쿼크를 이용한 계산법이다. 또한 우리는 중성자는 0의 전하로 알고 있는데 이를 쿼크로 설명하기 위하여 +2/3 e 전하를 가지는 up 쿼크 1개와 −1/3 e 전하를 가지는 down 쿼크 2개로 구성되어 있다고 가정한다. 계산해 보면 중성자의 up 쿼크는 모두 +⅔ × 1 = +2/3이고 down은 −⅓ × 2 = −2/3이다. 이것을 합산하면 0이 되므로 중성자의 전하가 계산된다. 이외에도 참 쿼크(+2/3 e 전하), 스트레인지 쿼크(−1/3 e 전하), 톱 쿼크와 버텀 쿼크와 같은 쿼크가 있다. 그러나 up과 down만이 우리가 현재 알고 있는 물질의 구성에 관여하고 있다는 정도만을 이해할 뿐이다. 현대과학으로도 나머지 쿼크와 관련하여 어떻게 쿼크로 물질들이 구성되어 있는지 설명하지 못한 채로 남아 있다.

11.6 빛 개념으로 설명하는 쿼크

우리는 원자를 설명하기 위하여 핵-전자궤도 등을 사용하여 원자를 표시하는데 이것은 쉽게 이해를 돕기 위하여 이미지화된 것이지 실제로 원자의 모습이 그렇게 고정되어 있는 것은 아니다. 슈뢰딩거(Erwin Rudolf Josef Alexander Schrödinger, 1887~1961)의 방정식을 풀어서 전자가 발견될 수 있는 확률과 전자가 머물 수 있는 범위를 그림으로 그린 것이다.

원자를 형성하는 힘은 +와 −의 전하를 가지는 정전기적 인력으로 안정화되면서 원자는 핵의 양전하와 전자의 음전하가 상호작용을 하는 전기적인 힘이 상쇄가 되어 전기력이 없는 것처럼 보인다. 이와 같은 기존의 원자가 가지는 +와 − 두 개의 전기적 성질에 비하여 쿼크는 빛의 삼원색, 즉 빨강과 초록 그리고 파랑의 색깔을 가지는 성질로 비유하여 설명한다. 이 세 가지의 힘들은 각각 반대의 힘이 있어서 빨간색 플러스는 빨간색 마이너스 힘을 동시에 가지고 있고, 초록색 플러스는 초록색 마이너스 그리고 푸른색 플러스 역시 푸른색 마이너스의 힘을 동시에 가지고 있다고 여긴다. 빨간색 플러스 힘은 빨간색 마이너스 힘과 합해지면 서로 상쇄되어 0의 성질을 가지는 쿼크가 된다. 마찬가지로 초록색 플러스는 초록색 마이너스가 상쇄된 것으로 보이고 푸른색 플러스도 마이너스와 상쇄되어 각각 0의 성질을 가지는 입자처럼 보인다. 그러다가 빛의 삼원색인 빨강, 초록, 파랑의 세 가지 색깔이 같이 모여 있어도 완전히 상쇄되어서 색깔이 없는 상태, 즉 숫자적으로 0의 성질을 가지는 것처럼 쿼크는 세 가지 빛의 성질과 같이 모두 합해졌다가도 또 다시 반대 성질 세 개가 모여 보색이 겹쳐져 상쇄되어 색깔이 없어지기도 하는 성질을 가지게 되는 것으로 비유한다.

양성자를 이루는 쿼크의 구조; u(upquark) 2개, d(downquark) 1개로 구성

중성자를 이루는 쿼크의 구조; u (upquark) 1개, d(downquark) 2개로 구성

그림 11-4 양성자와 중성자의 구조

쿼크가 모이는 배열은 두 가지로 나눈다. 메존은 두 개의 쿼크가 모인 것이고 세 개의 쿼크가 모인 것을 바리온이라 한다. 메존(meson, 중간자)은 전자 질량의 270배이고 바리온(baryon)은 더 무겁다. 메존과 바리온을 모두 합하여 하드론이라 한다. 쿼크 성질로 인하여 서로 당겨져서 묶여지는 힘을 강한 핵력이라 한다. 즉 쿼크는 강한 핵력으로 묶여 있다 메존, 바리온이 쿼크이므로 메존, 바리온 역시 강한 핵력에 의하여 쿼크가 만들고 있는 힘이며 하드론 입자도 강한 핵력에 의하여 쿼크가 만들고 있는 힘이다.

11.7 우주를 이루는 입자

유럽원자핵공동연구소(CERN)에서 2008년부터 가동되는 가속기(Large Hadron Collider, LHC)는 지하 100미터에 있으며 둘레가 27 km의 초대형 원형 장치이다.

이 장치를 통하여 빛의 속도의 가까운 속도로 매우 높은 에너지를 가지는 입자를 만들어 원자에 충돌시키는 실험을 수행한다. 그 결과 원자핵 속의 양성자조차도 원자 내의 인력을 견디어 내지 못하고 더 부서지면서 원자 속에서 지금까지 발견되지 않았던 새로운 입자들이 하나둘씩 튀어 나오게 되었는데, 이것을 통틀어 소립자(elementary particle)라고 한다.

우리가 알고 있는 원자는 원자핵뿐만 아니라 전자가 함께 모여 구성된다. 원자핵은 기본 단위인 쿼크를 이용하여 수학적으로 계산되고 원자핵의 외각을 돌고 있는 전자는 쿼크의 이론에서는 전자의 약 200배의 질량을 가지는 입자로 뮤온(muon)이라는 전자와 유사한 소립자를 이용하여 설명한다. 무거운 전자, 즉 뮤온 전자는 렙톤(lepton)에 속하는 기본입자로 물질의 구성요소인 원자를 이루고, 이와 같은 쿼크와 렙톤들이 원자들을 만들고 이러한 원자들이 모여져 물질을 이루고 있다는 것이 쿼크 소립자이론으로 자리 잡게 되었다.

렙톤(lepton, 경입자)은 가볍다는 의미로서 물질의 가장 기본적인 구성요소의 하나이며 가장 대표적인 렙톤은 전자입자를 들 수 있으며 1/2의 스핀값을 가진다. 우리가 알고 있는 물질의 성질과 화학 반응 등에 직접 관여하는 중요한 입자이다. 1세대 전하를 띠는 렙톤은 1897년 톰슨이 발견한 전자와 전자중성미자가 이에 속한다. 2세대 렙톤은 뮤온과 뮤온 중성미자, 그리고 3세대 렙톤은 타우온과 타우 중성미자가 발견되었다. 1세대에서 3세대로 증가할수록 입자들의 질량도 커지는 경향이 있어서 1세대의 전하를 띠는 전자가 가장 가볍다. 렙톤은 전하를 띠는 렙톤, 즉 전자 같은 렙톤(electron-like lepton)이 있고 전하를 띠지 않는 중성미자(neutrino)의 두 종류가 있다. 전하를 띠는 전자 같은 렙톤은 다른 입자들과 결합하여, 원자나 포지트로늄(positronium)과 같은 합성된 입자(composite particle)를 구성한다. 중성미자(neutrino)는 전하를 띠는 렙톤보다 질량이 작고 또한 다른 입자들과 상호작용이 없으며 관찰이 어려운 입자이다.

전자 다음으로 무거운 렙톤은 뮤온(muon)이라고 부른다. 뮤온입자는 붕괴 과정을 통하여 다시 전자로 쪼개어진다. 렙톤 중에 가장 무거운 입자를 타우온(tauon)이라고 한다. 이 역시 붕괴되어 전자와 중성미자로 다시 돌아간다. 결국 렙톤이 붕괴되면 전자의 형태로 되돌아가기 때문에 전자는 우리 생활 주변에서뿐만 아니라 우주에서 가장 풍부하게 존재하지만 뮤온과 타우온은 입자가속기장치 혹은 우주선(cosmic ray)의 강한 에너지의 충격에 의해서만 발견된다.

다시 말해서 세상 만물은 쿼크와 몇 가지 종류의 렙톤의 기본 입자로 구성되어 있으며, 그들 사이에는 서로 상호작용하는 또 다른 게이지 입자가 있어서 이들을 뭉치게 했다가 흩어지게 한다고 물리학자들은 믿고 있다. 이들이 뭉쳐서 큰 뭉치를 이루었을 때는 만유인력의 지배를 받으면서 하늘과 땅 사이에 있는 모든 변화를 일으킨다는 것이다.

쿼크는 무거운 입자에 속하고 렙톤 계열은 가벼운 입자에 속한다. 쿼크와 렙톤을 일컬어 페르미온(fermion)이라고 분류하는데, 이것이 우리가 눈으로 직접 확인하고 우리 주위에 존재하는 물질을 이루는 기본 입자이며 스핀 값은 분수로 되어 있다. 우리가 보고 만질 수 있는 모든 입자는 스핀 값이 분수(1/2)인 페르미온 계열에 속하기 때문에 원자핵이나 양성자 같은 기본입자의 결합물도 페르미온으로 구분될 수 있다.

보존(boson) 역시 입자를 구분하는 중요한 기준이 된다. 페르미온은 1/2, 3/2처럼 정수 값의 반에 해당하는 고유 스핀 값을 가지는 반면에 보존은 0, 1, 2, 3과 같은 정수 값의 고유 스핀을 갖는다는 차이점이 있다. 파울리의 배타 원리(Pauli's principle)를 다시 설명하면, 두 개의 페르미온 입자는 같은 장소에서 결코 발견될 수 없기 때문에 원자는 다른 원자들과 동일한 스핀을 가진 전자들이 한 공간 안에 존재할 수 없다. 따라서 다른 궤도로 이동하는 과정이 화학 반응이다. 이에 비하여 보존은 같은 장소에 있을 수 있다는 차이점이 있다. 보존의 예로는 광자, 즉 빛이 있다. 빛은 다른 빛이 있는 자리를 다시 통과할 수 있기 때문에 같은 상태의 보존을 한데 모을 수 있는 성질이 있다. 이를 이용하여 레이저를 만들고 레이저는 보존을 한곳에 모을 수 있기 때문에 강력한 빛을 발산하게 된다. 쿼크나 전자 같은 기본 입자는 보존에 속하는 것으로도 분류된다. 양자역학 관점에서 보면 모든 입자는 페르미온에도 속하며 보존(boson)에도 속할 수 있다. 표준 중력(standard gravity)을 이루는 힘은 보존이며 그 가운데 힉스(higgs) 입자가 있다. 그래서 힉스 보존(higgs boson)이라는 용어를 쓰기도 한다. 힉스는 우주만물을 이루는 모든 입자에 질량을 부여하는 역할을 한다. 힉스 입자는 빅뱅 때 만들어진 후 곧바로 우주로 사라졌다고 보기 때문에, 우주 어딘가에는 힉스 입자가 존재할 것이며 만약 힉스 입자를 발견한다면 빅뱅 이론으로 설명되는 우주의 탄생을 증명할 수 있을 것이라고 기대되고 있다. 즉 힉스 입자가 우주를 구성하는 물질과 상호작용을 설명하는 우주의 표준모형(standard model)의 결정적인 증거가 되는 마지막 기본 입자라고 생각하고 있는 것이다.

힉스 보존은 질량이 커서 매우 빠르게 붕괴되므로 일상에서는 관찰될 수 없지만 유럽입자물리연구소(CERN)에서는 대형 강입자 충돌기 장치를 이용하여 2013년 3월 14일, CERN에서 힉스 보손을 발견함으로써 힉스 입자의 존재를 증명하였다. 이를 통하여 현재의 우리가 받아들이고 있는 우주이론을 증명하는 데 중요한 계기가 되었다. 렙톤(lepton), 쿼크(quark), 페르미온(fermion), 보존(boson)은 모두 우주

그림 11-5 스위스 쪽에서 본 CERN 연구소 건물 © Wikipedia(CC BY-SA)

를 이루는 입자들의 형태들이다. 이밖에 지금까지 발견된 소립자 수는 수백 종에 이른다.

원자핵을 이루고 있는 것은 양성자나 중성자라고 알려져 있는데 그들 안에는 또 다시 쿼크라고 하는 더 세분화된 입자들이 존재한다는 것이 가속기 실험을 통하여 증명되고 있다. 하지만 지금의 과학기술로는 양성자 안에 깊숙히 있는 쿼크를 분리하여 끄집어내어 직접 확인하려고 하는 시도는 계속 실패를 거듭하고 결실을 거두지 못하고 있다. 그 이유는 현대과학에서의 핵력에 관한 이론 안에서는 쿼크가 원자핵 밖으로 튀어나오려면 에너지의 값이 무한대에 이르러야 하는데 이것이 현재의 기술로는 불가능하기 때문이다. 그러나 지금은 대형 강입자 충돌 가속기를 이용한 실험에서 양성자 속에 있던 쿼크라는 입자가 양성자를 뚫고 나오면서 양성자와 충동한 증거를 확보함으로써 쿼크의 존재를 확인하는 단계에는 접근해 있다. 이로써 현대과학 기술에서 발견되는 새로운 소립자들의 크기로 볼 때 약 10^{-13} cm 정도로 비교적 큰 입자에 속하는 양성자 혹은 더 무거운 중성자는 쿼크(quark)라는 더 작은 기본 입자로 구성되어 있다고 과학자들은 받아들이고 있다. 쿼크를 포함한 수많은 소립자 같은 물질을 다루는 입자물리학을 통하여 빅뱅이 일어났던 그 세계로 돌아가보려고 인간들은 노력하고 있지만 여전히 우주에 대한 우리의 지식은 미미할 뿐이다.

12장
핵 반응

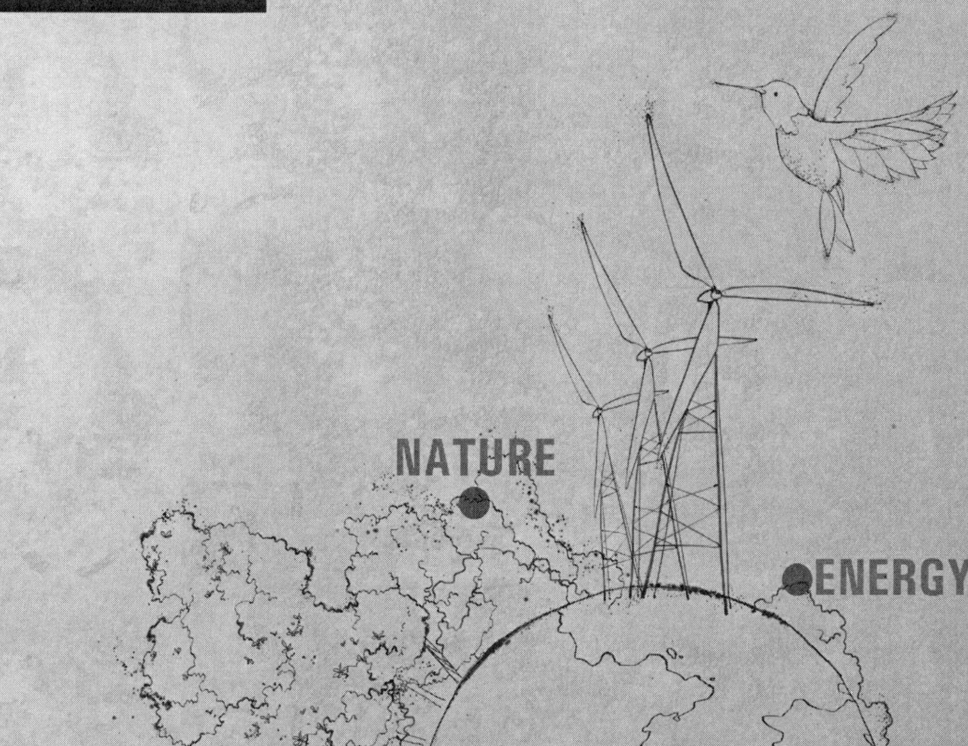

물질의 기본 단위는 원자이다. 그렇다고 원자를 더 세분하게 쪼갤 수 없는 것은 아니다. 원자 속에서 톰슨이 전자를 발견하고 러더포드는 양성자를 발견하고, 채드윅은 중성자를 발견하였듯이 지금도 원자를 쪼개어서 많은 소립자들을 연구되고 있다. 하지만 우리는 눈에 직접 보이지 않는 원자의 가상적인 그림을 그릴 때 크게 원자핵과 전자로 나누어서 쉽게 표현하고 있다. 또한 원자핵 안에는 양성자와 중성자 입자가 있다고 가상적인 그림을 그려서 이해한다. 이러한 원자핵에 충격을 주면 매우 큰 에너지가 발생되는데, 이 반응을 핵반응(nuclear reaction)이라고 하며 크게 핵분열 반응(nuclear fission)과 핵융합 반응(nuclear fusion)으로 나눈다.

일반적인 화학 반응은 핵반응에 비하면 매우 온화한 반응이다. 실험실에서는 화학 반응이 되려면 활성화 에너지(activation energy)의 장벽을 넘어야 하는데 촉매를 사용하거나 온도를 높여 주거나 반응물들 사이의 거리가 가까워질 수 있도록 압력을 가해주는 방법을 사용한다. 이러한 반응 과정에서는 가벼운 전자들이 이동함으로써 반응이 일어난다. 따라서 작은 에너지로도 반응이 쉽게 일어나게 되며, 결과로는 두 개의 반응물들이 만나서 더 큰 분자로 합쳐지거나 반응물보다 더 작은 분자로 분해되는 형태로 생성물이 만들어진다. 핵반응도 넓게 보면 화학 물질이

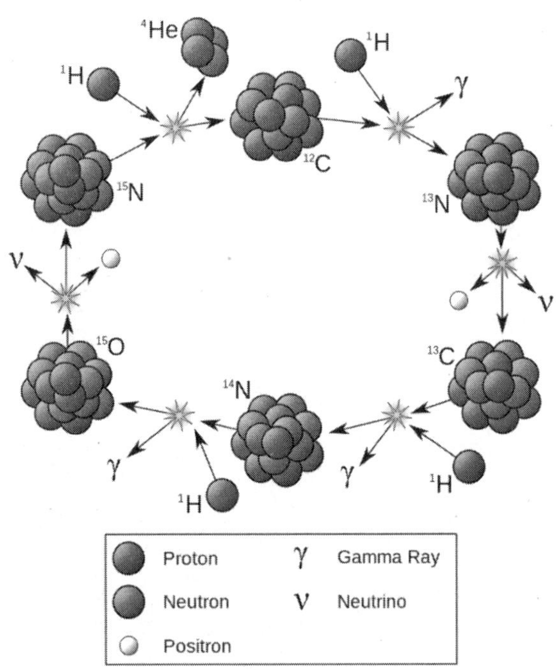

그림 12-1 탄소-질소-산소의 핵분열과 핵융합 반응 사이클
© Wikipedia

반응하는 것이므로 화학 반응이라고 할 수 있지만 반응의 메커니즘을 보면 실험실에서 일반적으로 일어나는 화학 반응과는 다르게 생명체에 매우 치명적이고 위험한 에너지가 수반되므로 조심스럽고 통제된 반응 조건을 유지하여야 한다.

12.1 핵분열 반응

핵분열(nuclear fission)이란 방사성 원소의 원자핵에 중성자로 충격을 가하여 주면 반응이 시작되는데, 통제 조절을 하지 않으면 핵분열은 한 번에 끝나는 것이 아니라 연쇄적인 반응을 계속 일으키게 된다. 한 개의 원자핵이 두 개의 핵으로 쪼개어지면서 나누어지는 것이다. 이렇게 원자핵이 쪼개어는 순간 그 속에 있는 중성자가 튀어나오는데, 이 중성자가 다른 원자핵과 충돌하게 되면 또 다시 핵을 분열시킨다. 이와 같이 한 반응에서 생성된 중성자가 다른 핵에 충격을 가하여 다른 반응을 일으키고 또 다시 튀어나오는 중성자는 다른 핵에 충격을 가하는 과정은 연쇄적으로 일어난다. 이러한 핵분열 과정은 1932년에 채드윅에 의하여 중성자가 발견된 이후 설계가 가능해졌는데, 이러한 핵분열은 원자폭탄이나 원자력 발전에 이용되었다.

핵분열은 무거운 핵을 가지고 있는 불안정한 상태의 원자들에서 잘 일어난다. 예를 들면 질량수 235인 우라늄(uranium)은 매우 불안정하여 중성자를 우라늄 원자핵에 충돌시켜 주면 핵분열이 매우 쉽게 일어나게 되어 질량이 141인 바륨과 질량이 92인 크립톤의 동위 원소들로 쪼개진다. 이때 중성자 3개가 동시에 튀어나오면서 질량 결손(mass defect)이 생기게 된다. 즉 핵분열 이후에 나누어진 질량의 합은 핵분열을 하기 전의 원자의 질량보다 조금 작아진다. 이 과정에서 감소한 질량이 핵에너지로 방출되며 아인슈타인의 유명한 공식 $E = mc^2$(E = 에너지, m = 질량, c = 빛의 속도)로 표시된다. 이 식의 의미는 에너지가 질량과 동등하다는 의미에서 질량 에너지 등가 원리(mass-energy equivalence principal)라고 한다. 질량 에너지 등가 원리에서 질량이 크지 않더라도 빛의 속도(c)는 초속 30만 킬로미터이므로 이것에 제곱을 하면 방출되는 에너지는 엄청난 양으로 증가하게 된다.

중성자를 이용하여 불안정한 우라늄-235 원자에 충격을 주면(1단계) 핵분열이 일어나서 두 개의 원자로 쪼개지면서 새로운 중성자 3개를 방출한다(2단계). 이때 우라늄-238은 중성자를 흡수하지 못하지만 다른 중성자는 우라늄-235와 다시 충돌

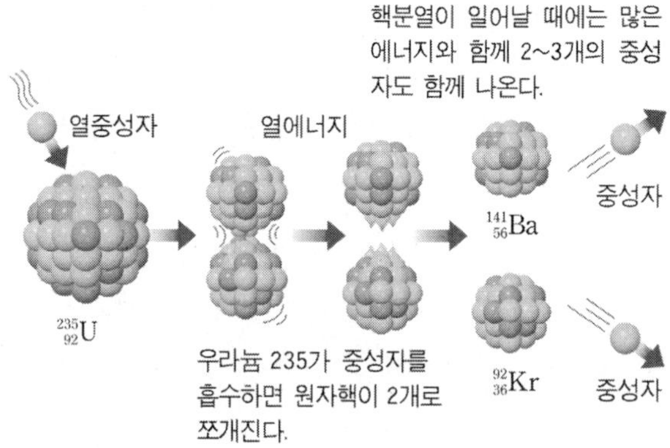

그림 12-2 우라늄-235의 핵분열 연쇄 반응

을 반복하면서(3단계) 반응이 연쇄적으로 일어난다. 중성자는 매우 작은 질량으로 방출되지만 아인슈타인의 공식 $E = mc^2$의 m에 대입하면 핵반응에서 방출되는 에너지는 매우 크게 계산된다. 이 핵분열 반응에서 나오는 에너지를 이용하여 인류를 파괴시키는 무서운 무기인 원자폭탄을 만들거나 반대로 많은 사람들의 생활에 유익한 원자력 발전소를 세우기도 한다.

12.2 핵융합 반응

지구 상의 일상적인 온도에서는 고체, 액체 혹은 기체의 상태로 물질들이 존재하지만 초고온(ultra high temperature)에서는 물질들의 원자핵과 전자들이 인력을 유지하지 못하고 모두가 해체되어 분리되어 버리는 상태가 된다. 이것을 플라즈마(plasma) 상태라고 한다. 초고온의 플라즈마 상태에서 가벼운 두 개의 원자핵들이 합쳐져 무거운 원자핵으로 바뀌는 반응을 핵융합 반응(nuclear fusion)이라고 한다. 예를 들어 초고온 상태에서 가벼운 수소 원자 두 개가 합쳐질 때 수소 원자 안에 있는 핵 하나가 다른 수소 핵과 만나게 되면 수소보다 무거운 새로운 헬륨 원자가 생성된다.

핵융합이나 핵분열 과정 시에는 두 경우 모두에서 질량 결손이 일어나게 되면서 막대한 에너지가 발생된다. 철(Fe)은 지구에서 가장 안정한 원소로 알려져 있다. 질량수가 철보다 무거운 원소들은 핵분열 과정을 통하여 핵을 쪼개어 결국 안정한 철이 되려고 한다. 반대로 질량수가 철보다 가벼운 원소들은 핵끼리 서로 만나서 융합하여 양성자와 중성자와 같은 핵자(nucleon)의 수를 늘려서 안정한 철이 되려고 하는 성질이 있다. 핵융합 반응은 반응 원소들의 반응 전 질량에 비하여 반응 후 생성 입자들의 질량이 감소되면서 엄청난 에너지를 방출한다는 점에서는 핵분열 반응과 공통된 부분이 있다. 그러나 질량의 차이에서 비교하면 핵분열 반응보다는 핵융합 반응에서 질량결손이 훨씬 크게 나타난다. 따라서 아인슈타인의 $E = mc^2$ 공식에 의하여 나타나는 에너지의 방출은 핵분열보다는 핵융합 반응인 경우 훨씬 더 큰 에너지가 발생된다.

핵분열은 무거운 원소가 가볍고 작은 원소들로 분열하는 것이지만 핵융합은 태양이 에너지를 발생하는 원리와 같이 수소와 헬륨과 같은 가벼운 원소가 충돌하여 만나서 핵융합이 일어나게 되면 더 크고 무거운 원소로 바뀐다. 태양의 표면 온도는 섭씨 6,000도 가량이며 내부 온도는 섭씨 15,000,000도 가량으로 높은데, 이러한 엄청난 고온의 조건이 핵과 핵의 융합 반응이 일어날 수 있는 높은 에너지로 사용된다. 고온의 태양 내부에서는 수소가 연소되는 과정에서 핵융합 반응이 일어나게 되고 두 개의 수소의 원자핵이 결합하여 조금 더 커진 형태의 한 개의 안정한 헬륨 원자핵으로 바뀌게 된다. 이러한 핵융합 과정에서 질량이 감소되면서 엄청난 에너지가 나오는데 이것이 태양 에너지의 원천이다. 이와 같이 두 원자가 만나서 큰 분자로 결합되어 만들어지기 전에 원자 자체가 먼저 깨어져 조각이 나게 되면 핵도 양성자와 중성자로 분열이 일어나 다른 양성자와 다른 중성자들이 만날 수 있는 조건이 되어 새로운 원자가 계속 탄생된다. 우주의 원소는 대부분 수소와 헬륨으로 3 : 1의 질량 비율을 유지하고 있다. 우주 속의 태양의 주성분은 대부분 수소이며, 수소는 연소 반응을 일으키면서 오늘도 붉게 타오르고 있으며 지구에 생명을 주고 있다. 이렇게 매우 높은 온도의 태양 내부에서는 핵융합 반응이 연쇄적으로 일어나면서 우리에게 좋은 용도로 쓰이는 것이 핵융합 에너지이지만 핵과 핵을 융합시키는 중성자폭탄은 인류를 파괴시키는 전쟁의 목적으로 사용되기도 하는 두 가지의 얼굴을 가지고 있다.

핵융합 반응을 일으키는 연료는 수소의 동위 원소인 중수소(원자 번호 1, 질량이 2)인데 중수소는 수소의 원자핵에 중성자가 한 개 더 들어 있는 수소이며 중성자가 두 개 더 들어 있으면 삼중수소가 된다. 이 중수소와 삼중수소가 고온에서 만나게 되면 헬륨 원자가 만들어지고 동시에 질량 결손이 생기는데 이것이 에너지로 나타나는 것이 핵융합 에너지이다. 핵융합 반응을 하기 위한 중수소는 지구의 바닷물에서 거의 무한정으로 얻을 수 있으며 가격이 저렴하다. 반면 핵분열로 주로 쓰이는 우라늄의 동위 원소인 우라늄-235는 자연에 지극히 소량 존재하므로 구하기

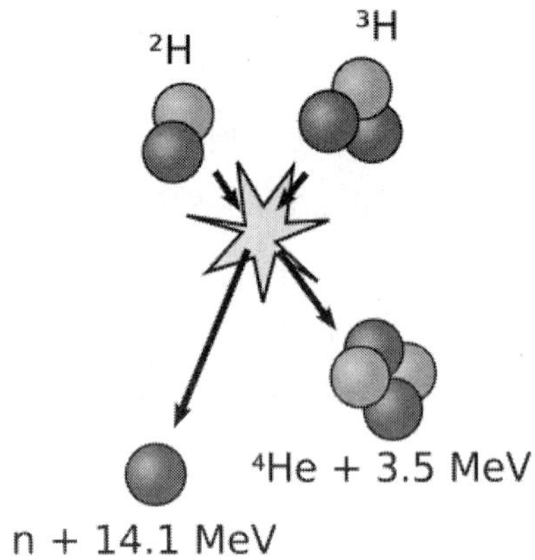

그림 12-3 중수소와 삼중수소(D-T)의 핵융합 반응

가 용이하지 않고 가격도 매우 비싸다. 핵융합 반응 후에 만들어지는 부산물들은 원자 번호 2와 질량수 4를 가지는 헬륨과 같은 비활성 기체의 원소들이므로 매우 안전하지만 반면에 핵분열인 경우에는 반응 후 부산물로 인해 또 다른 방사성 물질(radioactive substance)들이 만들어지므로 안전성의 문제가 있고, 그 처리 비용이 만만치 않다.

핵융합 반응을 시키려면 태양의 온도에 근접하는 고온을 유지해야 하는데 현재의 과학기술로는 이러한 고온을 견디는 설비 제작이 경제성에서 볼 때 실현 가능성이 상대적으로 떨어진다. 핵융합 반응이 핵분열 반응보다 원료가 풍부하고, 방사성 물질이 발생하지 않는 등 여러 가지 장점이 있음에도 현재의 과학기술로는 수백도 정도의 온도에서 일어나는 핵분열과는 달리 핵융합 시에는 수소를 초고온의 조건으로 만드는 어려운 과정을 필요로 하기 때문에 실용화되기가 만만치 않아 보인다.

12.3 토카막 핵융합 장치

경제성에 비추어 보면 핵융합보다는 핵분열 과정이 아직까지 효율적이이다. 하지만 에너지 연료의 확보와 환경적인 안전문제 등을 종합하여 볼 때, 핵융합 반응과

그림 12-4 토카막; KSTAR 한국형핵융합연구로

관련한 과학 기술을 발전시켜 나가야 함은 과학자들의 중요한 사명이 될 수 있다. 핵융합 기술은 국가의 경쟁력을 키우는 중요한 에너지 사업이므로 실용화하기 위해 많은 나라가 치열한 경쟁을 벌이고 있다. 이러한 핵융합 장치로서 초고온 상태의 플라즈마를 자기장으로 이용하여 도넛 모양의 장치 안에 모아두고 핵융합을 저온에서 시킬 수 있는 기술인 토카막(tokamak)을 이용한 장치를 개발하고 있다. 현재 우리나라에서는 KSTAR(Korea Superconducting Tokamak Advanced Research) 프로젝트인 초전도 코일을 사용한 저온 핵융합 장치 개발을 통하여 화석연료 고갈과 환경문제들을 해결할 수 있는 미래형 에너지원 개발을 연구하고 있다. 지구에는 매장된 석유가 한정되어 있고 우리나라는 에너지의 많은 양을 해외에서 수입하고 있다. 이 때문에 핵융합 반응을 통하여 큰 에너지를 얻고 있는 태양의 반응원리를 실험실 안에서 구현 가능하도록 하는 차세대 에너지 연구는 미래를 밝히는 중요한 프로젝트라고 할 수 있다.

13장

고전역학의 한계와 미시세계의 이해

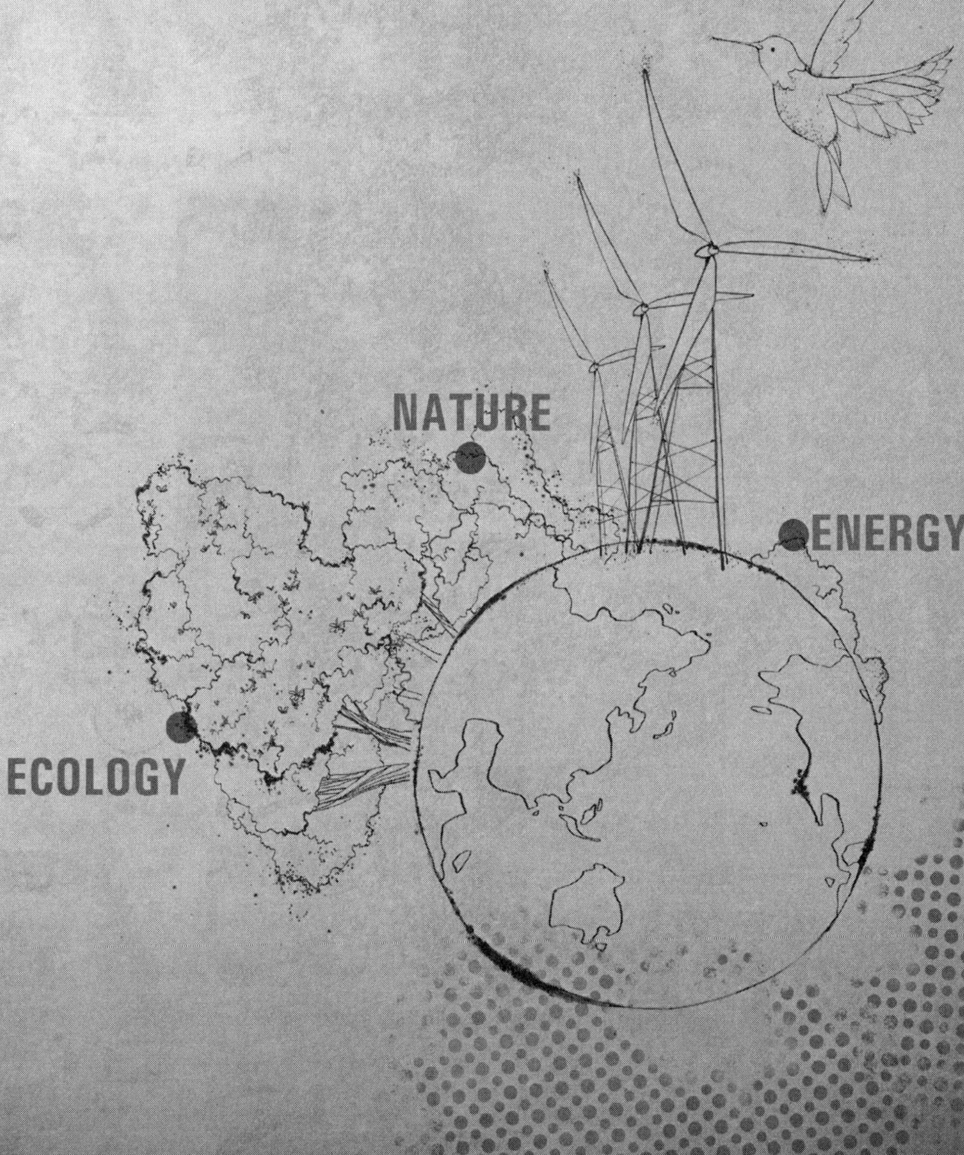

13.1 불연속적 현상과 연속적 현상

고전역학이란 자동차나 야구공의 움직임 그리고 천체의 별들의 움직임과 같이 우리의 일상생활에서 관찰되는 운동들을 방정식으로 사용하여 정확하게 설명할 수 있다. 그러나 우리가 눈으로 직접 확신할 수 없는 원자의 세계와 같은 극히 미시적인 세계에서는 고전역학을 적용할 수 없다. 20세기 현대물리학에서 양자역학은 고전역학으로는 설명할 수 없었던 원자의 미시세계(microscopic world)를 이해하기 위하여 새로운 역학으로 도입되었던 매우 중요한 이론이다. 양자 세계를 이해하기 위해서는 물체의 불연속적(discontinuous) 혹은 연속적(continuous)으로 나타나는 현상에 대한 구분이 필요하다.

우리 생활에서 흔히 볼 수 있는 쌓아 둔 합판들의 공간 사이에는 분명한 선이 있다. 이것을 불연속적이라고 한다. 나무를 베면 나타나는 나이테 역시 불연속적인 선의 형태로 둥글게 퍼져 있다. 그리고 잔잔한 호수에 돌을 던지면 동그란 파장의 무늬들을 남기면서 물결이 퍼져 나간다. 이와 같이 한 부분에서 다른 부분을 가기 전에 분명한 선이 생길 때 이것을 불연속적이라고 표현한다.

불연속적인 형태: 나무 그루터기에서 발견되는 나이테(왼쪽)와 물 표면(오른쪽)에서 발견되는 물결파
© Snowmanradio, Roger McLassus / Wikipedia(CC BY-SA)

연속적인 형태: 미국 알래스카에서 관찰된 쌍무지개
© Eric Rolph / Wikipedia(CC BY-SA)

그림 13-1 불연속력과 연속적인 형태의 예

연속적인 현상으로 나타나는 예는 하늘의 무지개 색깔의 관찰이다. 하늘의 무지개는 빨주노초파남보의 색깔을 보이기는 하나 각 색깔 사이에 분명한 선이 없다. 다른 색깔로 넘어가는 연속적으로 중첩된 부분이 있는데, 이러한 무지개는 연속 스펙트럼(continuous spectrum)의 한 예이다.

우리가 살고 있는 세계에서는 불연속적인 형태와 연속적인 형태를 모두 관찰할 수 있다. 그러나 원자와 같은 소립자(atomic particle)의 세계는 우리 눈으로 확인이 불가능한 미시세계이며 이를 이해하기 위해서는 모든 물리량을 불연속적으로 생각하여야 접근할 수 있다.

원자의 미시세계는 여러 과학자들의 축적된 연구결과가 응용되고 융합되면서 실험적인 증명을 통한 후에야 고전역학을 제치고 20세기 현대과학의 근본으로 자리매김하게 된 양자역학으로 발전하였다. 양자역학이 완성되기까지의 중요한 연구결과들을 발표한 과학자들의 주요업적은 다음과 같다.

- 1918년 플랑크의 흑체 연구
- 1905년 아인슈타인의 광전 효과
- 1913년 보어의 수소 선 스펙트럼 연구
- 1924년 드 브로이의 파장과 진동에 관한 물질파의 개념
- 1926년 슈뢰딩거의 양자역학을 총정리하는 방정식
- 1927년 하이젠베르크의 불확정성 원리 등의 이론

양자역학을 이해하기 위해서는 이러한 과학자들의 연구 과정과 내용들을 살펴보는 것이 중요하다. 이들의 연구는 빛의 본질에 대한 탐구를 통하여 고전역학의 한계를 벗어나고 새로운 역학으로 가기 위한 중요한 발판들을 만들어냈다.

13.2 흑체의 이해

주위의 모든 빛을 100 % 흡수하기만 하고 그 빛을 반사시키지 않는 이상적인 물체를 흑체(blackbody)라고 한다. 흑체는 실존하지 않지만 이와 매우 근접한 가상의 물체를 흑체라고 한다. 흑체의 색깔은 검정이다. 숯이 검은 색을 띠는 이유는 모든 진동수(number of vibration)의 빛들을 흡수하기만 하고, 반사광(reflected light)이

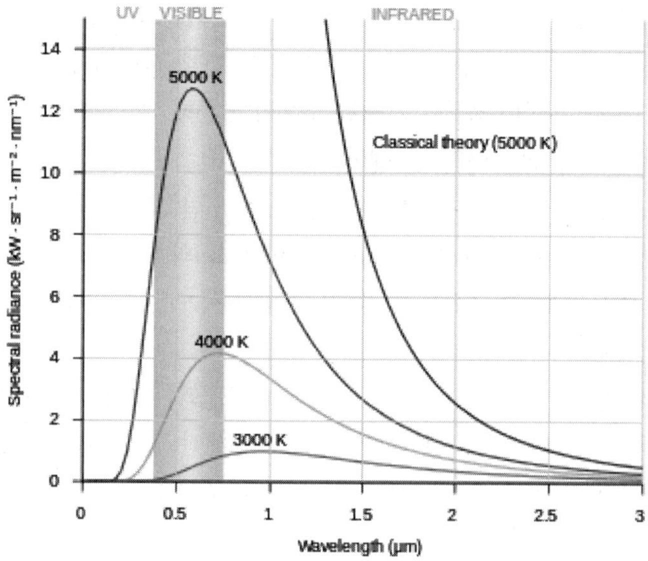

그림 13-2 온도와 파장에 따른 흑체 복사 그래프

거의 없기 때문이다. 석탄 역시 반사되는 빛이 없기 때문에 검은색을 띠게 된다. 숯과 석탄과 같은 검정색을 가진 물질들은 차가운 상태에서는 반사되는 빛이 나오지 못하지만 온도가 올라가서 뜨겁게 달구어지게 되면 붉은색의 빛의 형태를 방출하는 것을 볼 수 있다. 가상적인 흑체는 열을 내는 데 있어서 밝기가 매우 효율적인 물체이다. 우리가 보는 우주의 대부분의 별, 즉 항성(star)과 소행성(small planet, astraid)들은 완전한 흑체는 아니지만 흑체와 매우 가깝다. 그것들은 완전한 열스펙트럼에 매우 근접한 스펙트럼을 만들어 낸다. 온도가 높아졌을 때 빛을 내는 것을 복사광(radiant light)이라고 한다. 복사광을 미시세계로 들어가서 관찰한다고 가정하면 숯과 같이 검은색의 물체를 구성하는 입자들은 온도가 올라가면서 원자나 분자들의 운동이 활발해질 것이다. 이러한 원자와 분자들의 활발한 운동이 우리 눈에는 숯불이 빨갛게 달궈지는 것으로 비춰진다. 흑체의 온도가 높아질수록 나오는 빛의 세기도 강렬해진다. 즉 온도가 감소되면 흑체 복사 그래프의 최고 정점도 감소되고 파장(wavelength) 또한 길어지는 쪽으로 이동한다.

13.3 빛과 열

양자역학의 기본이 되는 양자를 이해하기 위해서는 빛(light)과 열(heat)이 밀접한 관계가 있음을 이해해야 한다. 우리가 살아가면서 매일 느끼고 있는 태양과 같이 뜨거운 물체는 열을 주위에 방출한다. 이때 빛도 함께 발산된다. 빛은 전자기파(electromagnetic wave) 형태로 우리에게 다가오는데, 밝음은 물론이고 따뜻함을 함께 느끼게 된다. 마찬가지로 깜깜한 밤에 깊은 산중에서 모닥불을 피우면 그 모닥불은 열을 우리에게 주기도 하지만 주위를 환히 밝히는 빛도 제공하여 준다. 모닥불이 따뜻하게 느껴지는 것은 나무가 타면서 불빛을 내놓음과 동시에 전자기파를 함께 방출하는 과정을 통하여 열이 우리에게 전달되는 것이다. 이 과정을 열복사(thermal radiation)라고 한다. 즉 열은 전자기파의 모습으로 우리에게 다가오면서 따뜻함을 느낀다. 또한 열은 열복사 이외에도 열전도(heat conduction), 열대류(heat convection)를 통하여 전달이 가능하다. 물체의 빛은 반사광(reflective light)과 복사광(radiant light)의 두 가지 형태로 우리 눈에 들어온다. 빛의 형태로 지구에 도달하게 되는 태양과 같은 광원으로부터 오는 강한 열은 전형적인 복사광의 형태이며 열복사의 한 예이다. 또한 태양의 빛이 지구에 도착하면 지구는 태양빛을 통과시키거나 반사시키게 되면 가까이에 있는 달의 형체를 관찰할 수 있다. 이것이 반사광의 결과이다. 태양과 같이 스스로 빛과 열을 내면서 제자리에 있는 별, 즉 항성과 같이 연속된 스펙트럼이 나오듯이 뜨거운 고체 혹은 밀도가 높은 뜨거운 액체로부터 연속된 스펙트럼들이 나온다. 이런 종류의 스펙트럼을 열스펙트럼이라고 한다.

13.4 빛의 색깔과 파장

사람들은 그림을 그릴 때 푸른색으로 차가움과 시원함을, 붉은색으로 뜨거움과 더움을 상징하곤 한다. 그러나 과학적인 관점에서 빨간색의 빛과 푸른색의 빛을 파장측정기(optical wavelength meter)로 측정하여 보면 온도가 낮은 불꽃에서는 빨간색의 빛(625 ~ 740 nm)의 파장이 주로 많이 발산되며, 반면에 온도가 올라가서 뜨거운 물체가 되면 푸른빛(440 ~ 500 nm)이 많이 발산되어 우리 눈에 들어온다. 푸른색과 빨간색을 파장과 진동수 관점에서 비교하면 파란색 빛의 파장은 짧고 진동수가 많은 빛이며 빨간색 빛은 파장이 푸른색보다 길고 진동수가 적다. 영국의 레일리(J. W. S. Rayleigh, 1842 ~ 1919)와 진스(J. Jeans, 1877 ~ 1946)는 복사광의 빛의 파장이 오직 온도에만 의존하고 있음을 알아내고 다음과 같이 연구결과를 기록하고 있다.

(a) 낮은 온도 3,000 K(2,727 °C)에서 나타나는 빛 색깔은 빨간색(파장 = 625 ~ 740 nm)을 띠며 높은 온도 5,000 K(4,727 °C)에서 나타나는 빛 색깔은 푸른색(500 nm)을 띤다. 즉 차가운 물체일수록 붉은색 또는 오렌지색을, 뜨거운 물체일수록 노란색 또는 흰색을 나타내며, 매우 뜨거운 물체는 파란색을 넘어서 보라색을 나타낸다.

(b) 서로 다른 온도에서 측정된 흑체가 내는 빛의 세기와 파장은 연속적인 복사 스펙트럼의 형태로 나타난다.

이러한 스펙트럼의 곡선을 응용해 보면 수백에서 수천 도의 뜨거운 숯은 빨간색의 파장을 가지는 빛을 내는 것을 관찰할 수 있다. 인간의 체온은 섭씨 38도 정도로 높지 않지만 인간이 체온으로 방출하는 복사광도 분명히 있다. 다만 눈으로 확인할 수 있는 가시광선(visible light) 영역의 색상이 아니기 때문에 색깔로 관찰할 수는 없지만 적외선 탐지기(infrared detector)를 사용하면 인간의 체온에서 발산하는 열기를 확인할 수 있다. 즉 실온 정도까지 낮은 물체들은 가시광선이 아닌 다른 전자파 영역인 적외선에 해당하는 빛을 방출한다.

하늘의 무지개를 관찰하면 빨강, 주황, 노랑, 초록, 파랑, 남색, 보라의 7가지 색깔을 보이기는 하지만 색깔의 경계면은 중첩되어 있다. 이때 무지개 색깔은 전형적인 연속 스펙트럼의 한 예이다. 1850년 후반의 과학적 수준에서 보면 왜 흑체의 복사 스펙트럼이 연속적으로 나타나는지에 대한 이유까지 알 필요는 없었다. 더욱이 불연속적으로 생각해야 하는 양자역학은 더욱 더 이해할 필요가 없었던 시절이었지만 흑체에 관한 빛의 연구는 근대과학으로 발전되어 나가는 양자역학의 중요한 뿌리 역할을 제공하였음에는 분명하다.

열스펙트럼이란 온도에 의하여 나타나는 매우 원시적으로 관찰되는 스펙트럼이라고 할 수 있다. 비슷한 시기에 빈(W. wien, 1864 ~ 1928)은 최대 강도를 가지는 열스펙트럼의 파장(λ)과 온도(K)와의 관계를 다음의 식으로 정리하였다. 여기에서 물체의 온도가 올라감에 따라 열스펙트럼의 최대 강도는 파장이 짧아진다는 빈의 법칙(Wien's law)을 발표하였다.

$$\lambda_{peak} = 2.9 * 10^6 / T \ (T = \text{온도})$$

이러한 열스펙트럼의 연구결과는 현대과학으로 전환되는 데 있어서 중요한 기반이 되었다. 열스펙트럼은 흑체의 연구로부터 시작되었으므로 흑체 스펙트럼이란 용어를 쓰기도 한다.

13.5 플랑크의 흑체 연구

독일의 베를린 대학에서 플랑크(M. Plank, 1858 ~ 1947)가 연구하던 1880년 무렵에는 물질이 뜨거워지면 특정한 온도(K)에서 방출되는 복사 에너지의 양은 복사선의 파장(λ)에 의존한다는 것이 실험 결과로 관찰되어 잘 알려져 있었다. 이에 대한 해석을 하기 위하여 당시의 파동 이론과 열역학 법칙을 적용하여 온도와 파장의 관계를 설명하였는데 어떤 경우는 짧은 파장에서 잘 적용되었으나 긴 파장에서는 맞지 않는 등 고전물리학의 지식으로는 무엇인가 모순점이 많고 납득이 안 가는 부분이 많았다.

그림 13-3 플랑크

플랑크는 이러한 모순점을 해결하고자 획기적이고도 새로운 개념으로 접근하여야 한다는 것을 직감하였다. 결국 플랑크는 흑체 복사광에서 나타나는 현상이 우리 눈에는 연속적인 것처럼 보이나 실제로는 그렇지 않을 것이라고 생각하였다. 그래서 그는 미시세계에서 일어나는 현상에서의 에너지는 불연속적일 것이라고 가정하였다. 그 당시의 불연속적인 에너지의 개념은 백여 년이 훨씬 지난 현재의 양자(quantum)의 개념과 정확히 일치하는 것이며, 이는 플랑크 시대에서 보면 매우 통찰력 있는 아이디어였음이 분명하다. 그렇게 플랑크는 에너지가 불연속적인 값을 갖는다는 개념을 흑체 스펙트럼에도 적용하여 증명에 성공하였다.

플랑크는 역사에 남을 두 가지 가정을 하였다. 첫째, 에너지의 기본 단위는 양자

(quantum)이며 기본 단위의 정수(whole number)배에 해당하는 값만이 에너지의 값이 된다. 둘째, 양자의 에너지는 진동수(number of vibration)에 비례하여 진동수가 증가하면 에너지 값도 커지고 진동수가 작아지면 에너지 값도 작아진다. 이 두 가지의 가정을 통하여 다음과 같은 유명한 에너지에 관한 식을 만들었다.

$$E = h\upsilon \tag{1}$$

이 식에서 h는 자신의 이름을 따서 플랑크 상수로 명명하고 6.626×10^{-34} J · s의 값을 유도하여 계산하였고 υ는 복사되는 빛의 진동수 값임을 유도하여 식을 완성하였다. 이때 에너지(E)는 1 $h\upsilon$, 2 $h\upsilon$, 3 $h\upsilon$와 같이 정수배로 방출되는 것이지 1.5 $h\upsilon$ 혹은 2.3 $h\upsilon$ 등과 같이 정수배가 아닌 형태로 방출될 수는 없다고 가정하였다. 플랑크의 이러한 가설에서 만든 식은 고체들의 복사선 방출 실험 자료에 적용되는 모든 파장에서 정확하게 잘 들어맞아서 플랑크의 양자론은 과학계에서 널리 인정받기 시작하였다.

생물체에서도 양자화되는 개념의 형태를 확인할 수 있는데 동물들이 출산을 할 때 1, 2, 3마리와 같이 정수배로 새끼를 출산하는 것이지 1.5, 2.3마리와 같이 출산할 수는 없는 것에 비유된다. 이와 같이 에너지에서는 정수배에 해당하는 값만이 에너지의 값이 되므로 에너지는 불연속적이 될 수밖에 없다. 이와 같이 에너지를 양자(quantum) 개념을 도입하여 설명한 최초의 연구결과로 플랑크는 양자역학(quantum mechanics)의 초석을 세운 공로로 1918년 노벨 물리학상을 수상하였다. 이로써 복사 실험 결과에 대한 흑체가 가지는 에너지의 비밀은 빛의 양자화 가설로 깔끔하게 정리되었으며, 플랑크 식을 바탕으로 하여 세상의 모든 물질의 본질을 양자화된 새로운 개념에서 접근하면서 현대과학으로 도약하는 중요한 계기를 맞았다.

13.6 아인슈타인의 광자이론

아인슈타인(A. Einstein, 1879 ~ 1955)은 광전 효과 실험(광전자 실험, 그림 13-5)에 대한 해석을 양자역학을 기반으로 접근하여 연구한 결과를 1905년에 발표하였다.

아인슈타인은 그 당시에 풀지 못했던 광전 효과(photoelectric effect)의 명쾌한 과학적 해석을 풀기 위하여 양자론을 도입하였다. 그 당시에 실험했던 광전 효과 현상이란 금속에 빛을 특정한 금속 표면에 비추었을 때 금속판에 있는 수많은 전자 중 일부가 방출되어 튕겨나가는데 − 전하를 가지는 전자가 튀어나가면 +극으로 이동되어 전원에 전류가 들어와서 검출되는 현상이다.

광전 효과 실험은 비교적 간단한 실험이었지만 실상은 광전 효과를 해석하는 데 있어서 과학자들의 고민이 많았다. 1801년경, 고전 과학의 선두를 달리던 영(T. Young, 1773 ~ 1829)은 이중 슬릿 실험(double slit experiment)에서 최종 스크린에 찍힌 형상이 물결무늬 형태로 우리 눈에 비추어지는 것을 관찰하였다(그림 13-6). 이는 두 개의 좁은 구멍을 각각 통과한 빛의 파동이 서

그림 13-4 오렌 J. 터너가 1947년에 찍은 아인슈타인의 사진

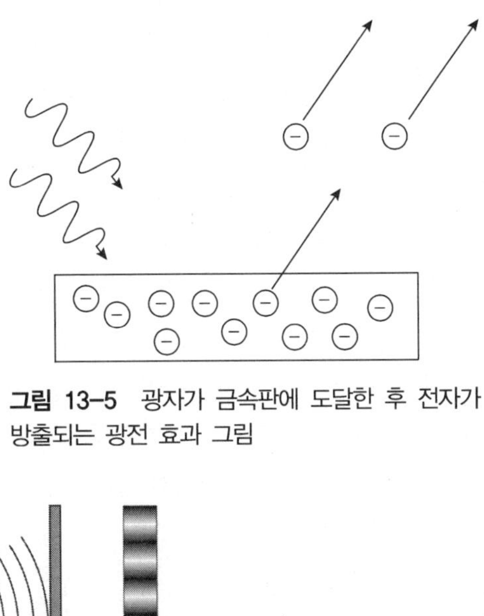

그림 13-5 광자가 금속판에 도달한 후 전자가 방출되는 광전 효과 그림

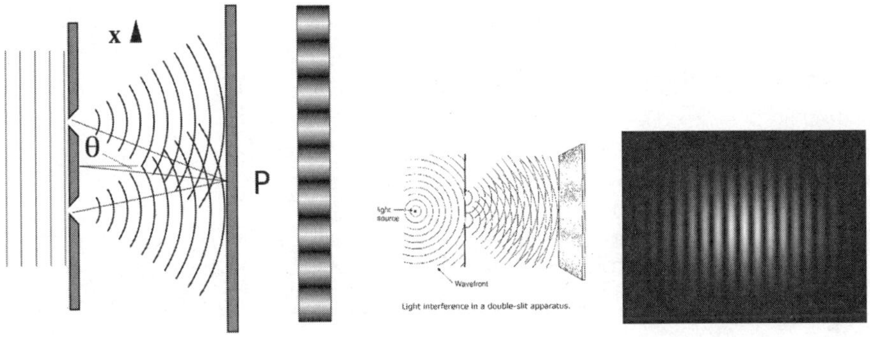

그림 13-6 영(T. Young)의 이중 슬릿 실험에서 두 개의 좁은 틈을 지난 빛이 서로 간섭을 일으켜 오른쪽 스크린에 파동 무늬가 관찰되는 모습 © Wikipedia(CC BY-SA)

로 간섭작용을 일으킨 결과이다. 즉 그 당시에는 빛이 파동이라고 생각하였다.

또 다른 실험인 광전 효과 실험에서는 빛의 파동을 가지는 에너지가 금속판 전자에 전달되어 전자가 튀어나오는 것을 누구나 인정하였으며 또한 금속에 빛의 세기를 강하게 변화를 주었더니 보니 방출되는 전류의 세기도 강하게 나왔기 때문에 실험 결과 내용의 해석에 큰 무리가 없었다. 그런데 당시의 빛의 파동 에너지의 공식에 의하면 진동수와 빛의 세기는 비례하기 때문에 빛의 진동수를 증가시키면 당연히 빛의 세기도 증가하여야 하고 진동수가 낮아도 빛의 세기가 충분히 크다면 금속판의 전자는 떨어질 것이라고 확신하였다. 그러나 예상 밖으로 광전 효과 실험에서는 진동수가 낮으면 빛의 세기가 아무리 세다고 하더라도 전자는 튀어나오지 않고 전류가 흐르지 않았다. 또한 고전적 과학에서는 설령 빛의 세기가 약할지라도 금속판에 빛 에너지를 충분한 시간 동안 쪼여 주면 이때 에너지가 전달되고 바로 전자가 금속판에서 방출될 것이라고 예측하였으나, 실험 결과는 뜻밖에도 아주 낮은 세기의 빛에서도 거의 순간적으로 전자가 튀어나가 방출되는 결과를 얻었다. 빛을 파동으로만 보고 해석해서는 광전 효과 실험을 설명할 수 없는 상황이 발생한 것이다.

그때 아인슈타인은 광전 효과의 실험 결과들을 해석하기 위해서는 플랑크가 제시한 양자의 개념을 빛에 적용해야 함을 인지하고 빛을 광자라는 입자로 생각하여야 설명할 수 있음을 깨달았다. 그래서 빛의 본질은 입자라고 가정하고 이를 광자(photon)라고 명명하였다. 결국 광전 효과를 설명하기 위해서는 빛이 파동의 성질을 가지는 관점에서 해석할 수 있지만, 때에 따라서는 빛을 입자, 즉 광자로도 생각하여야 설명이 가능하다는 것을 인지하기 시작한 것이다. 빛의 이중성 개념, 즉 빛의 파동성과 입자성은 동시에 적용하여 해석해야 한다는 광전자 효과 실험의 결론이 나오고 몇 년이 지난 후 드 브로이는 빛이 파동성과 입자성을 동시에 가진다면 모든 물질들도 파동성과 입자성을 가질 것이며 원자를 이루는 전자 역시 입자이므로 파동성과 입자성을 가질 것이라고 가정함으로써 원자의 성질을 더 분명하게 밝히는 데 커다란 기여를 하게 되었다.

13.7 맥스웰 방정식

1680년경 뉴턴은 빛이 직진하고 반사하므로 빛은 날아가는 야구공이나 총알과 같이 어떤 입자로 되어 있을 것이라고 생각하였다. 1803년 영은 빛이 호수의 물결과도 같이 서로 간섭을 일으킨다는 정도의 실험만을 하다가 맥스웰(J. C. Maxwell, 1831 ~ 1879)이 등장하면서 빛의 본질에 대한 수수께끼가 풀리기 시작하였다. 아인슈타인은 상대성 이론을 세상에 소개한 것으로 널리 알려져 있는데, 이러한 천재 물리학자 아인슈타인에게 가장 영향을 끼쳤던 학자는 바로 맥스웰이었다. 그 이유는 상대성 이론은 빛의 본질을 알아야 풀어나갈 수 있었는데, 맥스웰 방정식은 그러한 빛의 본질을 자세하게 가르쳐 주고 있었기 때문이다.

그림 13–7 맥스웰

아인슈타인은 빛의 성질을 이용하여 광전자 효과의 실험 결과의 해석을 통하여 빛은 입자, 즉 광자(photon)였음을 증명하였지만 이러한 결과가 있기까지 과학적인 토대를 제공한 과학자는 맥스웰이었다. 맥스웰은 수학에 능통하여 전기와 자기를 단일한 힘으로 통합하는 전자기 이론을 4개의 맥스웰 방정식으로 요약 정리함으로써 19세기 중반부터 21세기에 이르기까지 많은 학자들에게 큰 영향을 끼쳤다. 영국 BBC 방송에서는 아인슈타인, 뉴턴과 더불어 맥스웰을 세기를 빛낸 과학계의 3인방에 넣어 방영할 정도로 맥스웰의 업적은 높게 평가된다.

맥스웰의 방정식에서는 교류전류(alternating current)가 전선을 따라 흐르게 되면 전선 주위에서 진동하는 전기장(electrical field)과 자기장(magnetic field)이 동시에 형성됨을 발견하고 전기력과 자기력의 관계를 나타내면서 장(field)이라는 개념을 만들었다. 맥스웰은 물체가 전기나 자기를 띠고 있으면 그 주위에 전자기장(electromagnetic field)이 존재한다고 가정하였고 이 전자기장은 에너지를 가지고 있다고 주장하였다.

맥스웰 방정식들은 전자기학의 기본이 되는 미분 방정식을 이용한 것으로서

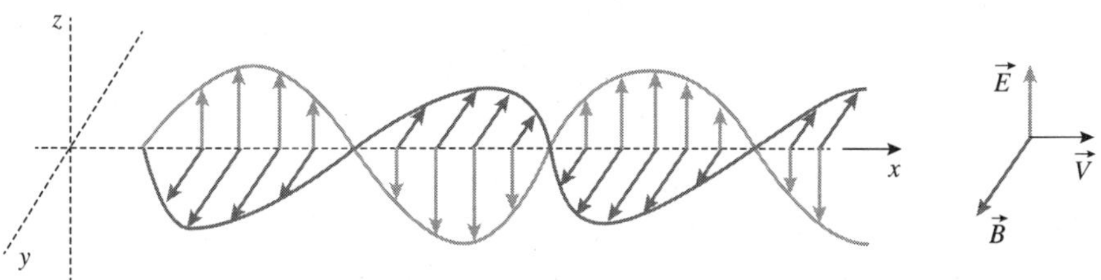

그림 13–8 전자기파; 전기장은 수직 평면에서 진동하고 자기장은 수평 평면에서 진동한다. 전자기파에서 전기장과 자기장은 위상이 같고 서로 90°를 이룬다.

암페어 법칙, 패러데이와 로렌츠 법칙, 가우스와 쿨롱의 법칙, 비오 및 사바르 법칙 등의 식으로 이루어져 있어서 물리학 혹은 전기공학 전공자들만 다루는 고급 내용을 포함하며 볼츠만의 통계역학과 더불어 19세기 물리학의 결과 중 가장 유명한 방정식 중의 하나로 손꼽힌다.

맥스웰 방정식을 쉽게 요약하면 변화하는 전기력(electric force)이 발생하면 항상 그에 수직하는 자기력(magnetic force)이 발생하고 그와 반대로 자기력이 발생하여도 전기력이 수직으로 발생한다. 즉 변화하는 전기력과 자기력은 항상 쌍으로 존재하면서 전하가 존재하면 그 양에 비례하는 전기력선이 발생한다. 닫힌 부피의 표면을 관통하는 자기력선의 합은 항상 닫힌 회로(closed-loop)를 이루게 되어 항상 0이다. 또한 이 식은 전기와 자기가 합쳐진 전자기는 특정한 파장을 가지는 파동 방정식 형태로 되어 있는 파의 일종이라는 중요한 사실을 말해 주고 있다. 이때 전자기파의 속도를 계산하여 보니 초속 30만 km가 나왔다. 이렇게 계산된 전자기파의 속도는 그 당시 알고 있던 빛의 속도와 일치한다는 중요한 사실을 알게 되면서 맥스웰은 “모든 빛은 전자기파의 형태로 되어 있다”라는 중요한 결론을 내리게 되었다.

요즘의 전자파, 전파, 전자기파와 같이 끝부분에 파를 붙이는 이유는 전자기가 파동 형태이기 때문이다. 높은 빌딩 위에 설치된 방송국의 대형 안테나에서는 전자기파를 계속 발생시키는데 이러한 전파는 주위의 공간에 퍼져나가면서 전자기장을 만들어 낸다. 방송국에서 보낸 전자기파는 에너지를 가지고 있기 때문에 TV나 라디오의 안테나에 도착하여 수신이 되면 에너지에 의하여 안테나 속의 전자가 진동을 일으키게 되면서 전류를 만들게 된다. 이로 인해 TV를 시청하거나 라디오를 청취할 수 있는데 수많은 안테나를 타고 수많은 사람들에게 동시에 전달될 수 있다. 이것이 전자기파의 위력이다. TV나 라디오의 송신 안테나에서 전자기파를 발생하여 주변의 공간에 퍼져나가는 전자기장의 모습은 다음과 같다.

태양에서 발산해서 우리 눈에 들어오는 빛 역시 전자기파의 형태이며, 우리 주위의 모든 공간으로 퍼져나가서 공간에 가득 차 있다. 전자기파가 에너지이듯 빛도 에너지인 것이다. 맥스웰은 전자기파의 속도는 초속 30만 km(300,000,000 m/s)로

일정한 상수값을 가지는 것으로 방정식에서 계산하였다. 이는 아인슈타인으로 하여금 어떠한 상황에서도 빛의 속도는 변하지 않는다는 점을 가정하여 특수상대성 이론을 만드는 계기가 되었다. 맥스웰의 전자기파 이론은, 이후에도 헤르츠(Hertz, 1857~1894, 독일 물리학자)와 뢴트겐(Röntgen, 1845~1923)이 전자기파에 대한 실험적인 연구를 계속하여 확인하면서 빛의 파동의 형태가 전자기파임을 증명하게 되었다.

13.8 보어의 수소 스펙트럼

그림 13-9 보어

아인슈타인과 비슷한 시기에 보어(N. H. D. Bohr, 1885 ~ 1962, 덴마크 물리학자)는 원자에서 양성자의 존재를 처음으로 실험적으로 증명한 영국 맨체스터 대학(Manchester University)의 노벨상 수상자 러더퍼드의 수제자이었다. 보어는 수소의 스펙트럼을 분석하여 그 당시까지의 고전 물리학으로 풀 수 없는 원자의 새로운 모델에 관한 논문을 1913년에 발표하였다.

보어의 실험에서는 진공 상태로 만든 유리관 안에 수소를 주입하고 전압을 걸어주면 전자가 유리관 내부의 음극에서 양극으로 이동하면서 유리관 안의 수소 기체 분자와 부딪히게 되고 이 충돌로 인하여 유리관 안은 수소 기체에서 튕겨나온 전자들과 수소 양이온이 함께 혼합되어 있는 플라즈마 상태로 채워지게 된다. 이때 관찰되는 빛을 프리즘을 통하여 보니 검출기에는 불연속적인 일련의 선들이 발견되었다. 이것이 최초로 관찰된 보어의 수소의 선 스펙트럼(line spectrum)이었다(그림 13-10).

보어의 시절에는 맥스웰과 로렌츠에 의한 고전 전자기학만 정립되어 있었으므로 불연속적인 띠의 형태로 나타나는 스펙트럼의 현상을 확인하고 매우 놀랐다. 보어는 이러한 불연속적인 선스펙트럼의 결과에 대하여 안정한 원자 상태에서는 전자가 일정한 궤도 안에서 운동하다가 전자가 에너지를 흡수하거나 방출하면 불연속적인 다른 궤도로 전이하게 된다. 이에 전자가 전이할 수 있는 궤도는 플랑크 상수의 정수배에 해당하는 궤도에서만 가능하므로 불연속적으로 빛에너지가 방출되는 것이라고 해석하였다. 그래서 보어는 자신의 스승인 러더포드가 이미 제시하였던

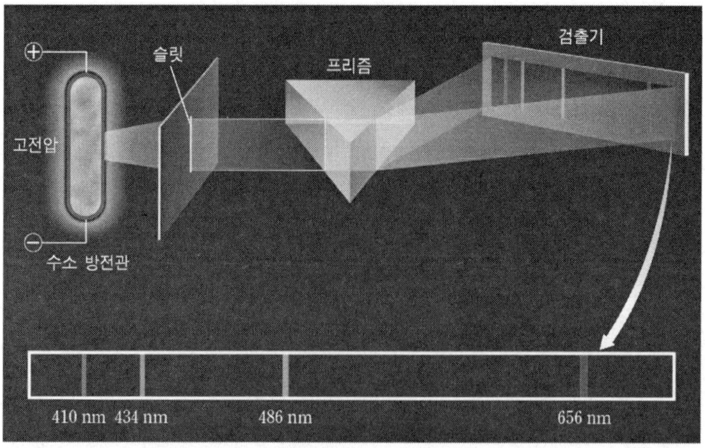

그림 13-10 수소원자의 선 스펙트럼

원자 구조 모형에 플랑크의 양자 개념을 접목시켜 원자 속의 전자들이 어떻게 행동하는지에 대한 좀 더 구체적인 이미지의 원자 구조를 1913년에 발표하게 된다. 보어는 원자핵 속에 양의 전하를 띤 양성자 주위를 음의 전하를 그린 전자들이 불연속적인 원궤도를 돌면서 존재한다고 가정하였다. 보아의 원자 모형에서는 전자는 안정한 상태에서는 궤도를 이탈하지 않고 핵 주위를 돌고 있다가 외부의 에너지를 가해 주면 전자는 에너지를 흡수하여 낮은 에너지 상태에서 높은 에너지 상태로 전이(transition)될 수 있고 그와 반대로 불안정한 높은 에너지 궤도에서 안정한 낮은 에너지 궤도로 다시 돌아올 때는 에너지를 방출한다고 주장하였다. 이러한 에너지 흡수 과정에서 나타나는 수소의 흡수 스펙트럼과 에너지를 방출하는 과정에서 나타나는 수소의 방출 스펙트럼의 구조는 같은 형태를 보였다그림 13-11).

또한 보어는 전자가 도는 궤도는 플랑크 상수의 정수배(궤도1, 궤도2)의 궤도 안에만 머무르게 되는 것이라고 주장하였다. 즉 궤도는 불연속적이며 이를 양자화되어 있다고 표현하였으며 이것이 양자 이론의 중요한 기반이 되었다. 보아의 원자

그림 13-11 스펙트럼의 종류

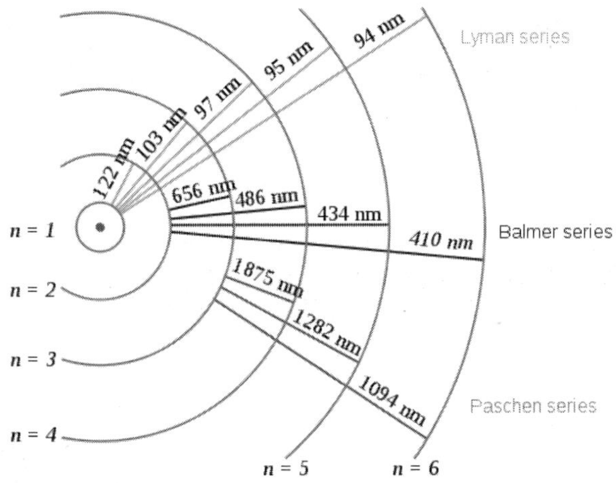

그림 13-12 수소의 전자 전이를 나타내는 라이먼, 발머, 파센과 브라켓 계열의 파장값 © Wikipedia(CC BY-SA)

모형을 통하여 수소 원자의 선 스펙트럼 해석은 에너지가 높은 궤도(n = 2, 3, 4.. 등)에 있는 전자가 가장 낮은 에너지 상태의 궤도(n = 1)로 전이(transition)될 때를 라이먼 계열(자외선 영역으로 에너지가 가장 높은 상태)로 명명하고, 궤도(n = 2)로 전이되는 것을 발머 계열(가시광선 영역), n = 3으로 전이되는 것을 파센 계열(에너지가 가장 낮은 상태) 등으로 이루어져 있음이 후속연구로 발표되었다(그림 13-12).

이 중에서 발머 계열은 가시광선의 영역에 속하는 에너지를 방출하므로 눈으로 직접 관찰되었는데, 1885년에 발머(J. J. Balmer, 1825 ~ 1898, 스위스의 고등학교 교사)가 제일 먼저 발견하여 그의 이름을 따서 발머 계열이라고 명명하였다. 그 당시 보어의 원자 모형은 수소 원자의 경우에 불연속적인 양자의 개념만으로 잘 설명되었다. 그러나 수소 이외에 전자를 많이 가지고 있는 원자량이 큰 다른 원소들인 경우 실험을 해 보면 엉뚱하게 나왔기 때문에 보편화시킬 수 없는 딜레마에 빠지게 되었다. 따라서 이를 보완시켜야 할 새로운 이론들이 필요하게 되었다. 그것을 해결하는 과정에서 빛을 포함하는 모든 물질들이 파동 성질과 입자의 이중 성질(wave-particle duality)을 동시에 가지고 있다는 드 브로이의 가설이 등장하게 된 것이 결정적인 계기가 되었다. 이러한 물질의 이중성은 원자의 성질을 밝히는데 중요한 기여를 하게 되었다. 결론적으로 보면 보어의 원자 모형은 수소 원자에만 적용되고 일반화될 수 없어서 현대과학에서는 더 이상 받아들이지 않는 틀린 모형이다. 하지만 그 당시의 고전 역학으로는 도저히 해석될 수 없었던 양자의 세계를 미시 원자에 적용하여 현대의 양자역학에 매우 가깝게 다가설 수 있는 중요한 실험 결과를 제시하였다는 점에서 과학계에서는 높이 평가하고 있다.

13.9 드 브로이의 물질파

그림 13-13 드 브로이

보어가 제시한 원자 모형 이론에서는 음전하를 가지는 전자는 양전하를 가지는 핵 속으로 인력으로 빨려 들어가 붙어야 되는 것이 당연한데 왜 거리를 유지하고 궤도를 돌게 되는지에 대한 답을 줄 수 없었다. 또한 전기장이나 자기장 변화 상황에서 선 스펙트럼들이 여러 개의 형태로 갈라지는 등에 대한 해석이 항상 의문점으로 남아 있었다. 그러다가 1924년에 드 브로이는 모든 물질은 파장과 진동을 가지고 있다는 물질파의 개념을 발표하였다. 이를 계기로 보어의 선 스펙트럼 해석에 대한 궁금증들이 풀리고 논리적인 해석으로 인하여 과학의 발전은 급물살을 타게 되었다.

빛이 파동의 성질을 가지고 있다는 의미는 빛이 반사(reflection)되고, 굴절(refraction)되고, 회절(diffraction)되는 성질에서도 잘 적용될 수 있으며 또한 아인슈타인의 광전 효과 실험을 통하여 빛을 양자화된 에너지를 가진 입자(광자)로 봄으로써 빛이 입자의 성질도 가진다고 했으므로, 종합하면 빛은 파동과 입자의 양면성을 가지고 있다고 인식하기 시작하였다. 이러한 과학적 지식을 기반으로 1924년 프랑스의 이론 물리학자인 드 브로이(L. V. de Brogli, 1892 ~ 1982, 프랑스 물리학자)는 빛이 파동과 입자의 성질을 모두 가지고 있다면 물질들을 이루고 있는 다른 모든 미세한 입자들 역시 파동과 입자의 이중성을 가질 것이다. 따라서 전자도 입자이므로 전자도 파동을 가지고 운동을 할 것이며 또한 전자는 입자가 가지는 운동도 동시에 할 것이다라는 내용의 물질파 이론(matter wave theory)을 발표하였다. 드 브로이의 물질파 이론에 의하면 질량을 가지고 운동하는 모든 물질은 파장을 가지고 운동한다. 공을 던지면 그 공은 아무런 파장을 가지지 않고 날아가는 것처럼 보이지만 역시 파장을 가지고 움직인다. 다만 파장이 너무 짧기 때문에 거시세계에서 회절이나 간섭 현상 등의 파동의 성질을 관찰할 수 없다. 그러나 공보다 훨씬 작은 질량을 가지는 미시세계에 있는 전자가 빛과 같이 매우 빠른 속도로 움직일 때는 전자의 파동성을 관측할 수 있다.

파동과 입자의 성질을 동시에 보인다는 의미는 전자의 행동은 파동의 성질이 강할 때 파동의 성질로 설명하고 입자의 성질이 강하면 입자의 성질로 설명할 수 있는 서로 다른 측면에서 볼 수 있다는 의미이다. 드 브로이는 입자는 질량을 가지는 것으로 보고 운동량을 가지는 전자 입자에 대한 물리량과 파장 사이에는 반비례의 관계가 있다고 생각하고 전자가 파동임을 증명하는 유명한 식을 유도하였다.

$$\lambda = h/\mathrm{mv}$$

여기에서 λ는 입자의 파장을 나타내며, h는 플랑크(plank) 상수(6.626×10^{-34} J·s)이며, m은 입자의 질량, v는 입자의 운동 속도이다. 드 브로이가 파동과 관련된 식을 밝힌 후 1927년 미국의 데이비슨(C. J. Davisson, 1881 ~ 1937), 저머(L. H. Germer, 1896 ~ 1971) 는 금속판에 전자를 쏘여 반사되는 전자의 파장에 의한 회절 현상을 스크린에서 관찰하였다. 영국의 톰슨(G. P. Thomson, 1892 ~ 1975)은 X선을 이용하여 그 당시 알려져 있던 회절 사진과 전자의 파장에 의한 회절 사진이 동일하게 관찰되어 놀라움을 금치 못하여 계산하여 보니 플랑크 상수 h에 매우 가까운 값으로 일치됨을 확인하였고 전자가 파동의 성질을 가지고 있음을 실험적으로 입증하여 노벨상을 수상하였다. 이는 드 브로이의 물질파 이론을 증명하는 중요한 실험이 증명되는 것이므로 드 브로이 역시 1929년에 노벨 물리학상을 수상하는 영광을 얻게 되었다.

13.10 슈뢰딩거의 파동 방정식

전자와 같은 미시세계에 대한 드 브로이의 물질파 이론에 대한 실험이 세상에 알려지자 1926년 이론 물리학자인 슈뢰딩거(E. Schrödinger, 1887 ~ 1961, 오스트리아 물리학자)는 물질의 파동 이론과 양자역학의 성립에 큰 기여를 하게 되는 새로운 파동 방정식을 유도하게 된다. 이 수학방정식을 이용하여 미시세계의 입자들의 움직임을 요약할 수 있게 되었는데 파동 함수의 제곱(프사이 제곱)은 전자가 발견되는 확률을 의미하면서 기존의 원자 모형을 바꾸게 된다. 전자가 발견될 수 있는 확률의 개념은 새로운 양자역학을 총정리하게 되는 중요한 식이 되었는데 이것이 슈뢰딩거 방정식이다. 보어가 수소 원자에 적용하였던 것을 고전양자론이라고 한다면 슈뢰딩거가 전자가 발견되는 확률의 개념에서 접근한 파동역학으로부터 양자역학이라는 새로운 역학이 탄생하게 된 것이다.

그림 13-14 슈뢰딩거

슈뢰딩거의 파동 함수식으로부터 입자의 에너지, 위치 그리고 운동량 등에 관한 입자의 상태를 알 수 있다. 여기서 입자라고 함은 전자도 포함된다. 결국 이 식을 이용하여 보어의 실험에서 원자핵 주위의 전자 궤도 반지름이나 전자가 불연속적인 에너지 값을 가지게 되는 것에 대한 설명이 가능하게 되었다. 비록 슈뢰딩거의 방정식이 가장 간단한 수소 원자의 경우에만 정확한 해를 구할 수 있었으나 다른 더 큰 원자들의 위치와 형태들에 있어서도 유사하게 적용할 수 있는 새로운 원자 이론 체계를 세웠으므로 1933년에 노벨 물리학상을 수상하게 되었다.

슈뢰딩거와 비슷한 시기에 1929년 하이젠베르크(Heisenberg, 1901 ~ 1976, 독일 물리학자)도 자연계의 모든 물체는 입자의 성질과 파동의 성질을 함께 가지고 있기 때문에 파동의 위치를 정확히 알 수 없다면 입자의 위치도 정확하게 알 수 없다고 하는 불확정성 원리(uncertainty principle)를 제시하게 된다. 여기에서 전자의 위치와 파동과 같은 운동량을 동시에 정확하게 측정할 수 없다는 결론을 내리게 된다. 그래서 미시세계는 슈뢰딩거의 방정식에서 나오듯이 전자가 발견되는 위치는 정확하게 알 수 없으나 확률적인 범위 공간에 존재한다는 개념으로 다루어야 한다고 주장하였다.

슈뢰딩거의 방정식을 수학적으로 풀어 유도하면 하나의 전자가 원자 내 어떤 오비탈에 어떤 상태로 있는지를 알려주는 4개의 양자수를 얻을 수 있는데 이것을 주양자수(n), 각운동량양자수(l), 자기양자수(m), 스핀양자수(ms)라고 한다. 이는 수소 원자 혹은 다른 원자들의 전자들이 어느 궤도에 어떠한 형태의 모습으로 어떻게 움직이며 존재하고 있는가를 설명한다. 양자역학을 정리하여 보면 양자역학은 원자 내에서 전자의 위치를 정확히 지적해 줄 수는 없지만 주어진 시간에 전자가 있을 만한 영역을 정의해 줄 수는 있다. 이때 전자 밀도란 개념이 사용되는데 원자의 어떤 특별한 영역에서 전자가 발견될 확률을 뜻한다. 파동 함수의 제곱은 핵 주위의 3차원적 공간에서의 전자 밀도의 분포를 정해 준다.

초기의 원자 모형을 제시한 보어는 원자를 구성하는 전자를 불연속적인 에너지의 양자화로 잘 설명하였으나 전자의 움직임까지는 설명할 수 없었다. 이 때문에 헬륨이나 리튬과 같이 두 개 이상의 전자들을 가지는 원자들의 방출 스펙트럼에 대한 설명을 못하였다. 드 브로이는 전자가 파동 형태의 운동을 할 때 파동은 공간에 퍼져나가기 때문에 파동의 정확한 위치를 정의할 수 없으므로, 원자 내의 전자의 위치를 결정하는 데에 대한 해답을 찾지 못하였다. 그러나 슈뢰딩거의 파동 함수와 하이젠베르크의 불확정성 원리가 밝혀진 이후 지금까지 설명하지 못하였던 원자 내의 전자의 거동에 대한 해답을 찾게 되어 현대 양자역학의 시대를 맞이하게 되었다.

14장
생명의 이해

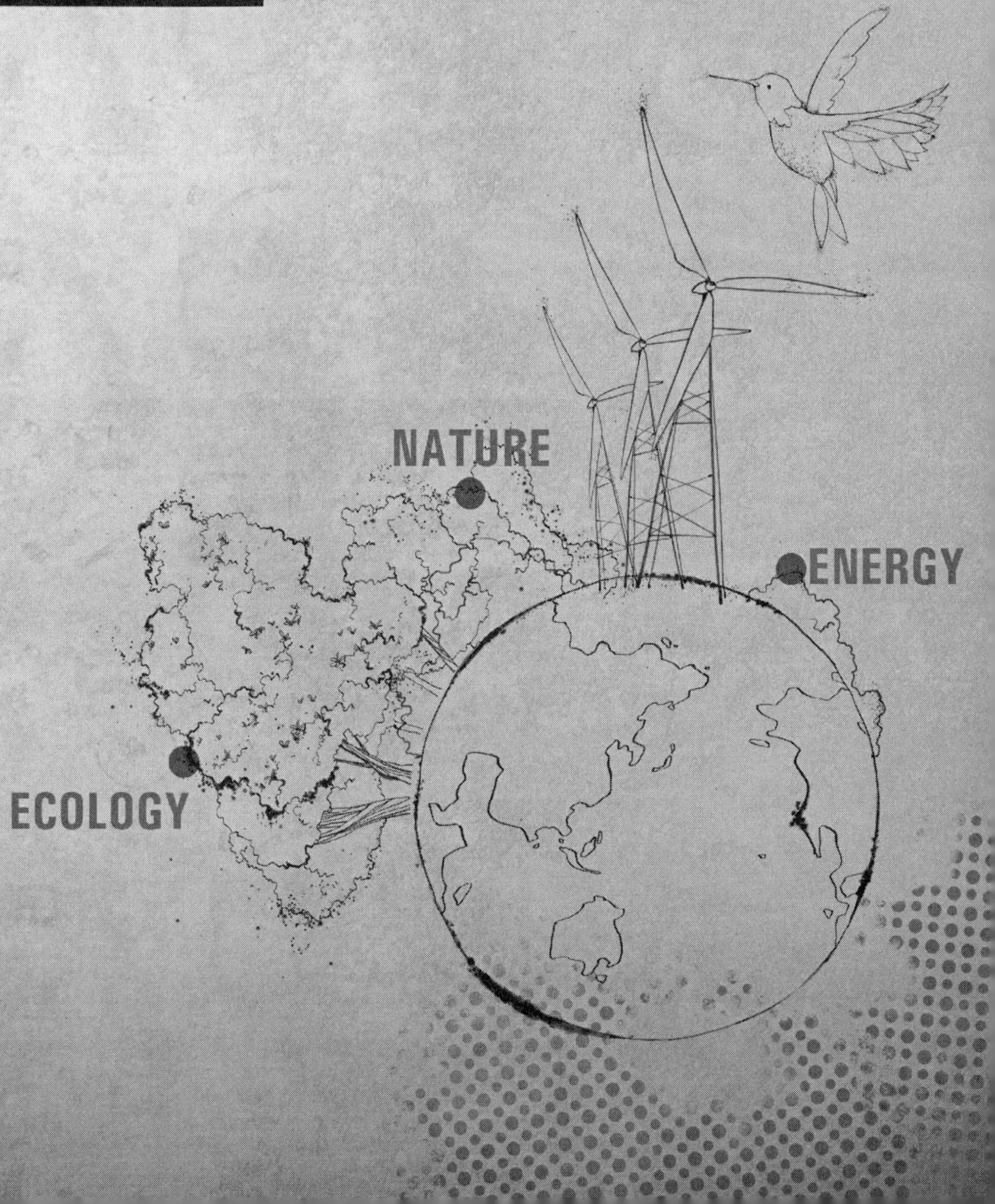

생명체들이 언제 어떠한 과정을 거쳐서 지구에 처음 탄생했는가라는 수수께끼는 역사적 기록이 없으므로 정확히 알 수 없다. 신학적인 접근 혹은 철학적인 해석으로 설명을 하기도 하고 학계에서는 화석 등의 증거를 수집하여 과학적으로 추정하기도 하지만 쉽게 단정할 수 없는 문제이다. 그럼에도 불구하고 생명체의 기원에 대한 다양한 주장들이 고대부터 지금까지 제기되어 오고 있다.

고대 그리스의 아낙사고라스는 '물고기가 사람의 조상이다'라고 주장하였고 그리스 철학자였던 아리스토텔레스는 생명체는 자연 환경 속에서 저절로 발생했다고 주장하였다. 종교적인 측면에서는 조물주가 이 세상 만물을 창조했다고 믿고 있다. 그러나 과학기술이 발전하면서 수많은 실험을 통하여 새로운 결과들이 모이면서 새로운 과학적 가설들이 나오기 시작하였다. 현대의 과학자들은 생물이 무기물에서 출발하여 오랜 시간들을 거치면서 생명이 없는 단순한 유기 물질 분자로 전환된 후 만들어졌다고 주장한다. 지구 상의 초기의 유기 물질들은 바닷속의 점토 바닥에 붙어 오랜 세월 동안 천천히 반응하여 더 복잡한 단백질이나 핵산과 같이 생명체에 필요한 유기물로 자연적인 합성이 이루어졌으며 이러한 과정을 거쳐서 결국 유기 물질이 생물로 진화되어 생명이 탄생하였다는 가설을 과학자들은 가장 신빙성 있는 가설로 받아들이고 있다. 이 가설에는 진화의 개념이 포함되어 있다.

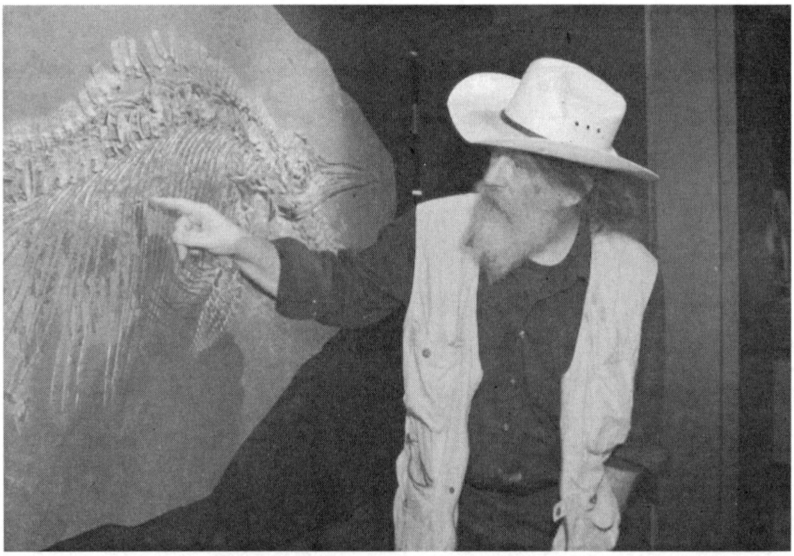

그림 14-1 휴스턴 자연사 박물관에 전시된 어룡 화석을 설명하는 바커 박사(고생물학자). © Ed Schipul / Wikipedia(CC BY-SA)

14.1 진화

프랑스의 생물학자인 라마르크(J. B. Lamarck, 1744 ~ 1829, 프랑스 생물학자)는 태초의 생물들은 자연적으로 발생된 것이며 이로부터 고등생물들의 탄생으로 이어진다는 진화론을 자신의 저서인 "동물철학"에서 처음으로 주장하였다. 이 책에서 라마르크는 생활하면서 계속 사용하고 있는 기관들은 발달하여 커지게 되고 반대로 쓰지 않는 기관들은 퇴화한다는 의미의 용불용설(Lamarckism)을 제시하였다. 또한 자신들이 받은 형질은 자손에게 그대로 이어진다고 주장하였다. 예를 들면 현대에서 관찰되는 기린의 목은 처음에는 짧은 모습이었는데 태초에 생존하기 위하여 높은 곳에 있는 나무의 열매를 먹으려고 노력하다 보니 점차 길어진 것이라고 주장하였다. 이러한 라마르크의 진화론을 지지하는 과학자도 있었지만 퀴비에(G. Cuvier, 1769 ~ 1832, 프랑스 해부학자) 같은 라마르크의 진화론을 반대하는 사람들은 세상에 존재하는 생물들의 종에 변화가 없다는 주장을 하기도 하였다.

다윈(C. R. Darwin, 1809~1882, 영국 생물학자)은 진화론의 대가이었다. 다윈은 라마르크의 용불용설에 무게를 두어 새로운 종이 어떻게 만들어졌는가를 설명하는 '종의 기원'이라는 책에서 생물들은 자연선택설로 진화하였음을 제시하는 진화론을 분명히 언급하였다. 다윈은 한 가지 종이 가지는 정보는 주변 환경들의 변화 때문에 다음 세대에 그대로 무조건 이어지지 않으며 환경변화에 생존하기 위한 필수적 변화에 의존하여 이어진다고 주장하였다. 즉 지구 상에서는 생존을 위한 조건이 지극히 제한되어 있으므로 환경의 변화에 적응하고 생존하기 위하여 생명체에 변

그림 14-2 라마르크

그림 14-3 찰스 다윈

화들이 나타나는 것은 지극히 자연스러운 것이라고 주장하였다. 최초의 생명체가 만들어진 후 여러 종들 사이의 상호 간의 경쟁은 불가피하게 발생되어 수많은 종들이 발생과 멸종을 반복하였고 인간들 역시 다른 종들과 상호 공존을 통하여 지구환경의 변화에 적응하면서 힘이 세고 적응과 공존에 강한 종이 결국 살아남으면서 진화가 이루어진 것이라고 주장하였다.

최초의 단세포, 그리고 다세포의 생명체에서부터 현재 우리가 볼 수 있는 고등생물들이 탄생하게 되는 과정 속에서 지금까지 존재하는 종과 멸종된 것들을 제외하더라도 현재 동, 식물들을 합한 약 150만 종보다 훨씬 더 많은 종이 보고되고 있다. 이러한 생물들은 서로 비슷하거나 매우 다른 형태의 고등생물 혹은 하등생물들이 진화(evolution)한 것이라고 하는 진화론을 받아들이고 있다. 다양한 곳에서 발견되는 화석이나 지층의 증거들을 종합하여 보면 생물이 어떻게 변화하고 진화하였는가를 추정할 수 있다. 발생학(embryology)에서는 생물들의 종은 다르지만 소나 말의 앞다리 구조와 새 날개의 골격과 같이 한 기관에서 원천적으로는 같은 곳에서 시작하여 여러 세대를 거치는 과정에서 구조가 변형된 기관을 상동기관(homologous organ)이라고 하는데, 이들의 화석을 통하여 생물들이 한 조상에서 갈라져 나왔다고 주장하지만 증거가 많이 부족하다. 다윈은 남미대륙에서 건너온 한 방울새가 여러 군데의 갈라파고스 섬들에서 다양한 모습으로 살고 있는 방울새들을 관찰하고 이들이 생태환경에 따라 각각 다르게 진화한 것으로 설명하였다.

14.2 오파린 가설

138억 년 전 빅뱅과 동시에 초고온의 높은 에너지로부터 쿼크와 렙톤과 같은 기본입자들이 만들어졌다가 약 1/1,000,000초의 짧은 시간 동안 10조 K의 초고온 상태에서 중성자와 양성자가 형성되었다. 양성자와 중성자는 서로 융합하여 수소와 헬륨과 같은 가벼운 원자핵을 만들어 내고 그 후 리튬, 베릴륨 원소를 이루는 가벼운 원자핵들이 만들어졌다. 빅뱅 초기 우주는 태초에 수소와 헬륨의 질량비가 3 : 1인 상태로 태양계를 형성하기 시작하였으며 그 후 시간이 지나면서 약 45억 년 전 지구가 처음 형성되었다. 그 당시 지구 대기에는 산소가 없었으므로 과학용어로는 환원성 대기(reducing atmosphere)라는 표현을 쓴다. 그때에는 생명체를 이루는 유기물질조차 없던 환경이었다. 생명의 기원에 대하여서는 많은 학자들이 다양한 주장을 내어 놓았는데 그중에서 1936년에 오파린(A. I. Oparin, 1894 ~ 1980, 러시아)은 지구에서 생명이 발생한 배경에 대하여 무기물로부터 유기물이 생겨났다는 가설을 처음 제안하였다.

오파린은 지구 상에서는 오랜 세월에 걸쳐 무기물로부터 유기물이 생겨났고 다시 수많은 시간이 흐르면서 최초의 원시 생물이 만들어졌을 것이라는 생물 출현의 기원을 최초로 제시하였다. 인간을 비롯한 다양한 생물들도 유기 물질에 속하였으므로 인간의 기원도 당연히 무기물이었을 것이라는 주장을 하게 된다. 즉 생명의 기원은 태초 지구가 형성되었을 때 수소 등과 같은 무기 물질에서 자연히 발생하였다는 것이 오파린의 가설이다.

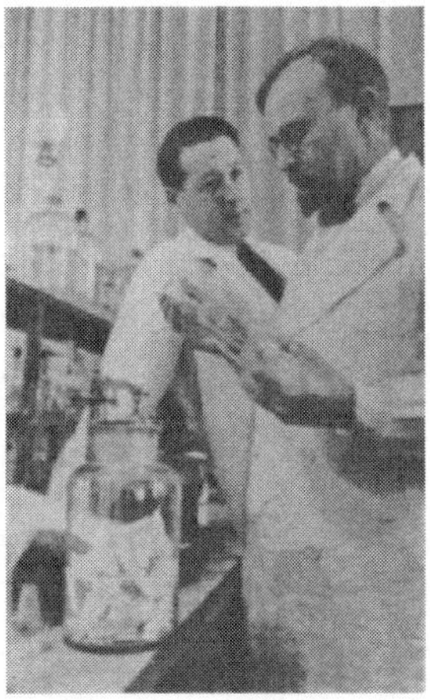

그림 14-4 오파린(오른쪽)의 실험실 연구 모습

14.3 유리-밀러의 화학적 진화론

오파린의 가설이 나오던 비슷한 시기에 원시 지구의 대기는 환원성이었다고 주장하는 유리(H. C. Urey, 1893 ~ 1981) 교수와 그의 수제자이었던 밀러(S. Ll. Miller, 1930 ~ 2006, 미국 화학자) 역시 지구와 생명의 기원에 관심이 많았다. 유리와 밀러는 오파린의 가설을 실험적으로 증명하기 위하여 실험실 유리 기구 장치 안에서 무기 물질로부터 생명의 원천이 되는 유기 물질 분자들을 합성하기 시작하였다. 태양계에서는 지구에만 물이 존재하고 또한 탄소, 산소, 질소등과 같은 생명의 원소들이 많이 존재하며 유일하게 생명체가 존재하는 행성이다. 이에 밀러는 생명의 기원을 밝힐 수 있는 중요한 실험 장치를 고안하게 된다(그림 14-5). 밀러는 자신의 실험실 안에 지구가 태초에 형성되었을 때의 대기 속에 포함되어 있었다고 생각되는 수소(H_2), 암모니아(NH_3), 메테인(CH_4), 수증기(H_2O)와 같은 기체 형태의 무기물들을 혼합하여 넣고 여기에 당시 지구의 원시 대기에서 자연적으로 발생하는 번개 대신에 전기 방전장치를 연결시켜서 혼합 기체에 에너지 충격을 주는 실험을 1953년에 수행하였다. 놀랍게도 실험 플라스크 안에서는 생명체를 이룰 수 있는 기본적인 유기 화합물 형태의 분자들인 사이안화수소, 메탄알, 폼산, 아세트

산, 유레아 등의 혼합물을 얻을 수 있었다. 그 후 이 장치를 통하여 생명체의 필수 유기 아미노산 분자들인 글라이신(glycine), 글루타믹산(glutamic acid), 아스파르트산(aspartic acid)이 만들어졌으며, 인간을 비롯한 생물체들의 대사와 DNA 및 RNA의 형성에 직접적으로 관여하는 푸린 계열의 핵염기인 아데닌(adenine)도 만들어지는 놀라운 결과를 얻었다. 단백질 분자와 아데닌 분자는 인간의 DNA의 핵산을 이루고 있는 매우 중요한 4가지의 염기 중의 하나이며 탄소를 포함하므로 유기 화합물에 속한다. 이와 같이 수소, 암모니아와 같은 무기물로부터 유기 화합물이 만들어지는 유리-밀러의 실험을 통해 물이 생명체 탄생에 얼마나 중요한 역할을 하는지 함께 보여 주고 있다. 유리-밀러는 이 실험에서 새로운 생명체를 이루는 분자들이 형성된 것으로 보아 "생명의 기원은 화학적 진화(chemical evolution)의 결과이다"라는 가설을 세웠는데 관련된 실험 장치를 고안하여 시도한 최초의 과학자이었으므로 매우 큰 의미를 가지고 있다.

즉 원시 대기의 이산화 탄소(CO_2)는 일산화 탄소(CO)와 원자 상태의 산소로 분해되고 대기 중의 메테인(CH_4)은 산소와 결합하여 가장 간단한 유기 화합 물질 일종인 폼알데하이드와 물을 형성시킨다. 대기 중의 암모니아가 일산화 탄소와 반응하거나 메테인과 암모니아가 반응하면 역시 HCN이 합성된다.

CO_2 (이산화 탄소) → CO (일산화 탄소) + [O] (산소 원자)
CH_4 (메테인) + 2[O] → CH_2O (폼알데하이드) + H_2O (물)
CO (일산화 탄소) + NH_3 (암모니아) → HCN (사이안화수소) + H_2O (물)
CH_4 (메테인) + NH_3(암모니아) → HCN (사이안화수소) + $3H_2$ (수소)

폼알데하이드, HCN과 암모니아를 동시에 섞은 후 CN 가수 분해 반응을 시키면 가장 간단한 글라이신이 만들어지는데 이 합성법을 스트렉커 합성(Strecker synthesis)이라고 한다.

CH_2O(폼알데하이드) + HCN(폼알데하이드) + NH_3 → NH_2-CH_2-CN + H_2O
NH_2-CH_2-CN + $2H_2O$ → NH_3 (암모니아) + NH_2-CH_2-COOH (glycine)

이러한 글라이신은 생체를 이루는 기본적인 아미노산의 구조이며 이러한 단분자들은 펩타이드 결합을 통하여 생화학적으로 중요한 다른 거대 분자들로 합성전환이 가능하다. 그리고 이러한 것들이 생체 속에서 세포를 이루고 효소, 촉매 분자들의 형태를 이루게 된다. 폼알데하이드는 물과 반응하면 물과 폼알데하이드는 설탕

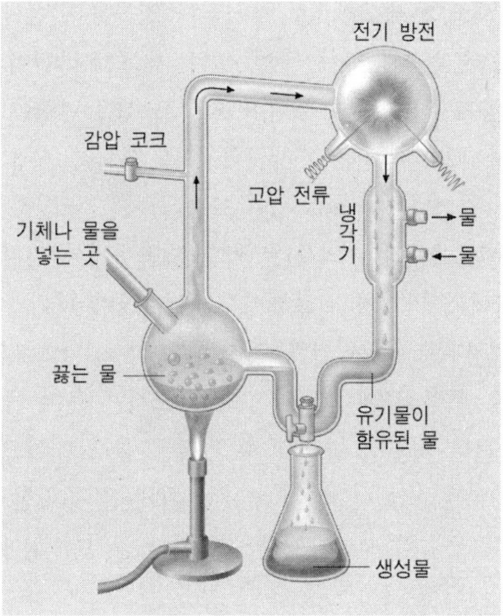

그림 14-5 밀러 유레이 실험장치 © Wikipedia(CC BY-SA)

과 리보스 등으로 전환이 가능함을 보여 주고 있다. 밀러는 2006년에 세상을 떠났지만 과학자들은 밀러의 실험 결과로부터 20개가 넘는 다른 아미노산들을 계속 합성함으로써 유리-밀러가 주장한 생물체들의 화학적 진화에 대한 신빙성을 계속 이어가고 있다.

14.4 생명의 자연발생설과 몰락

암수의 생식세포가 결합하는 수정(fertilization)이라는 과학적 개념과 지식이 전혀 없었던 시대에는 사람이 아이를 낳는 것은 자연히 발생한 것이고 썩은 고기에서 구더기가 탄생한 것 역시 자연히 발생한 것이라고 생각하였다. 그러나 얀센 형제가 1590년 처음으로 현미경을 제작한 이후에는 눈에 보이지 않던 생물체들의 미세 부분들을 볼 수 있게 되고, 생물체들의 변환되는 중간 과정까지 관찰할 수 있게 되면서 생물들은 자연적으로 발생한 것이라는 주장에 의문을 가지기 시작하였다.

1665년 후크(R. Hooke, 1635 ~ 1703, 영국 물리-생물학자)는 코르크를 현미경으로 관찰하여 보니 세포와 세포막으로 구성되어 있음을 발견하고 최초로 식물의 세포(cell)라는 용어를 처음 사용하기 시작하였다. 세포란 라틴어의 켈라(cella)에서 유래하였는데 작은 방을 의미한다. 수년이 지나고 1673년경에 레벤후크(A. van Leewenhoek, 1632 ~ 1723, 네델란드 생물학자)는 자신이 직접 제작한 현미경을 이용하여 박테리아와 원생동물(protozoa)의 모습을 처음 관찰하였다. 이어서 레디(F. Redi, 1626 ~ 1697, 이탈리아 의사)는 썩은 생명체에서 생겨난 구더기는 자연스럽게 나온 것이 아니라 파리의 알로부터 나온 것이며 파리가 접촉하지 않으면 구더기도 나오지 않는다는 것을 실험 관찰을 통하여 알아내었다. 파스퇴르(L. Pasteur, 1822 ~ 1895, 프랑스 화학자)는 공기는 있지만 균이 들어가기 힘든 조건을 만들었을 때 세균들은 자연히 발생할 수 없다는 결과를 얻고 다양한 실험들을 통하여 자연발생설을 부정하였고 그 밖의 다른 결과들을 종합한 결과 결국 우주에서 왔다는 기원설이나 생물의 자연발생설은 완전히 근거를 잃게 되었다.

14.5 생명의 물질진화론과 발생학

생명의 기원과 관련하여 받아들이고 있는 가장 신빙성 있는 제안은 지구에서의 유기 화합 물질이 진화하였다는 것이다. 1936년 오파린은 무기물에서 유기물이 합성되고 이러한 유기물이 원시해양에서 처음으로 일정한 모습을 갖추었다고 하는 생명기원설을 주장하였다. 오파린의 생명기원설을 증명하기 위한 모델 실험으로 1953년 밀러의 원시지구의 화학적 환경과 흡사한 환경조건에서 무기 분자들이 유기 화합물 분자로 전환된다는 것이 증명되었고 유기 화합물들이 모여서 생명체를 이루는 간단한 분자들이 합성될 수 있다는 과정까지 실험으로 증명되었다. 즉 원시지구의 대기권에 있었던 메테인, 암모니아, 물, 수소와 같은 가상 혼합기체를 유리관 속에 넣고 봉한 후, 전극을 통하게 하여 대기에서 번개를 칠 때 나오는 에너지 효과를 내는 실험을 몇 주간에 걸쳐 진행하였는데 유리관 안에는 방전에 의해 생성된 여러 형태의 간단한 유기 분자가 기체상에서 분리되어 발견되었다. 이들 중에는 생명을 이루는 데 직접적으로 관련이 있는 아미노산 유기 물질도 만들어져 있었기 때문에 여기에서 생명이 탄생되었을 것이라고 추정하게 되었다. 그렇지만 무기물에서 만들어진 유기 화합물 분자들로부터 물질대사와 세포를 통한 자기복제 능력을 가지는 생명체가 탄생하게 되는 중간 과정들을 설명하기 위한 어떠한 명확한 실험적 사례가 없기 때문에 생명체 탄생의 비밀을 풀기 위한 연구는 지금도 계속되고 있다.

과학자들은 생명이 처음으로 탄생한 것은 약 35억 년 전의 지구의 바다에서 시작된 것으로 보고 있고 지금까지 발견된 화석들을 관찰한 결과, 최초의 생물은 단세포와 박테리아 같은 매우 단순한 형태이었음을 알게 되었다. 또한 원시 지구의 대기는 수소가 가장 많았는데 번개나 태양의 에너지로부터 수소 분자가 분해되었고 다시 다른 원소들과 반응을 일으켜 좀 더 큰 분자들로 전환되었다가 기체 상태로 대기로 날아가거나 바닷물 속에 녹아들었을 것으로 추정했다. 물속의 박테리아 등은 엽록소와 빛과 의해 이산화 탄소를 동화시켜 산소를 만들 수 있는 녹색식물로 진화하였을 것이며 그 후 산소에 의하여 에너지를 얻는 동물들이 발생했다고 가정하였다. 녹색식물에서 나오는 산소는 지구의 대기를 변화시키기 시작하였고 바다 깊은 곳에도 녹색식물이 많아져서 수소들은 대기 밖으로 밀어내고 그 대신 산소가 지구 대기의 많은 부분에서 주성분을 이루면서 지구에 존재하는 많은 유기화합 물질의 분자들을 산화시키거나 분해시키기 시작하였다. 이때 산소를 필요로 하는 생명체들만 살아남게 되고 산소를 받아들이지 못하는 생물은 멸종되었다고 가정하였다. 이렇게 산소가 방출되어 대기 속에 많아지게 되자 동물들은 호흡을 할 수 있게 되었다고 설명하고 있다. 최근 오스트레일리아에서는 6~7억 년 전의 선캄브리아(precambrian) 지층에서 수많은 무척추동물들의 화석이 발견되었는데 선캄브리아 말기에 동물이 출현하였다는 중요한 증거이다. 산소가 존재함으로 인하여 지구 상의 식물과 동물들은 현재 인류가 지배하는 세계를 형성하게 되었다는 것이 현재 받아들여지고 있는 생명의 탄생 과정이다.

생명체는 물의 존재를 필수조건으로 한다. 지구는 대양을 통하여 대단히 많은 양의 물이 존재하므로 생명체가 존재할 수 있는 좋은 환경조건이다. 가이아 가설(Gaia hypothesis)에 의하면 지구가 처음 형성되었을 때는 이산화 탄소의 양이 금성이나 화성과 비슷했던 것으로 추정하는데, 지구에 첫 생명체들이 탄생하고 그 생명체들이 지구의 환경변화를 스스로 조절하고 변화시키고 있다고 주장한다. 즉 녹색식물들은 햇빛, 이산화 탄소, 물을 탄수화물로 전환시키고 이때 산소가 부산물로 나오면서 동물이 호흡할 수 있도록 해주며 식물이 죽어서 부패하면 식물 조직 속의 탄소는 대기의 산소와 반응하여 이산화 탄소를 다시 생성하게 되는 과정을 반복한다. 지구 대기 주위에 이산화 탄소는 태양복사열을 흡수하여 온도를 따뜻하게 유지하는 역할을 한다. 생명체가 살지 않지 않는 금성(Venus)은 이산화 탄소가 너무 많고 태양과도 가까워 금성의 대기 온도가 470 °C까지 올라가고 화성(Mars)의 경우 대기 중에 이산화 탄소가 거의 없기 때문에 화성이 가지는 열에너지를 모두 우주로 내보내기 때문에 온도는 영하 65 °C로 떨어지는 차가운 행성이지만 지구에서는 생명체들이 자신들이 살아남기 위하여 이산화 탄소 기체를 이용하여 지구의 환경변화에 적응하며 스스로 환경변화를 조절하여 왔다는 것이 가이아 가설이다. 이는 지구에서 생물이 어떻게 진화하게 되었느냐에 대한 새로운 주장으로 지구의 생리 현상을 설명하고 있다.

14.6 세포의 발견

세포(cell)는 지구에 존재하는 유기 생명체들의 기본 구조 및 활동 단위이다. 모든 생명체는 세포로 구성되어 있고 인간의 경우 약 100조 개 이상의 세포로 구성되어 있으며 세포의 작용으로 생명을 유지하고 있다. 단 하나의 세포, 즉 단백질로 이루어진 아메바(ameba) 역시 생물로 분류된다. 생물체 내의 모든 물질대사는 효소(enzyme)에 의하여 이루어진다. 이러한 효소의 성분은 단백질이므로 불충분한 점이 있기는 하지만 단백질이 생명의 주체가 되는 것이라고 주장하는 학자도 있었다. 박테리아(bacteria)는 하나의 세포로만 이루어진 단세포 형태의 유기 생명체(unicellular organism)에 속하지만 인간을 포함한 다른 생명체들은 다세포 유기 생명체(multicellular organism)들의 종류에 속한다.

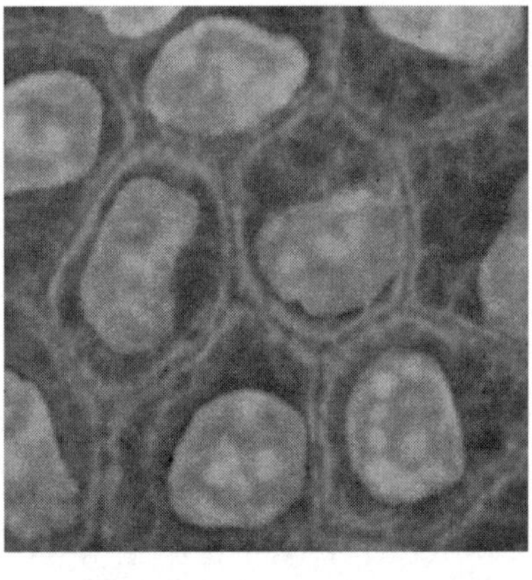

그림 14-6 배양 중인 세포. 각질은 붉은색, DNA는 녹색으로 염색되어 있다.
© John Schmidt/Wikipedia(CC BY-SA)

1590년 얀센 형제에 의하여 등장한 현미경은 오늘날의 컴퓨터의 등장과 맞먹는 획기적인 사건이었다. 현미경을 이용한 수많은 연구 성과물들은 곧 과학의 발전으로 이어졌다. 스팔란자니(L. Spallanzani, 1729 ~ 1799, 이탈리아 신부, 생물학자)는 현미경을 이용하여 개구리의 기관들의 변화들을 관찰하였다. 그는 개구리 난자를 분리한 후 정자를 주입시켜서 수정란을 관찰한 결과 이 수정란으로부터 새로운 생명체가 탄생한다는 사실을 관찰하여 생명 탄생에 있어서 처음으로 난자와 정자를 언급하였다. 또한 1831년 브라운(R. Brown, 1773 ~ 1858, 스코틀랜드 식물학자)은 현미경을 이용하여 식물 세포를 관찰한 결과 그 안에서 처음으로 핵(nucleus)을 발견하였다. 세포는 핵이 있느냐 없느냐에 따라 진핵세포와 원핵세포로 구분한다. 현미경으로 핵이 관찰되는 세포는 진핵 세포(eukaryote)라고 하였고 관찰이 불가능한 세포를 원핵 세포(prokaryote)로 분류하였다. 식물이나 동물들의 세포를 현미경으로 관찰하여 보면 모두 세포 안에 핵을 볼 수 있으므로 일반적으로 진핵세포로 분류된다.

슐라이덴(M. J. Schleiden, 1804 ~ 1881, 독일 식물학자)은 식물을 구성하는 기본 단위가 세포임을 밝혀냈고 그 세포는 세포막과 핵 등의 세포 소기관(organelle)들을 포함하고 있음을 현미경으로 관찰하였다. 슈반(T. Schwann, 1810 ~ 1882, 독일 생물학자)은 식물뿐만 아니라 동물들 역시 세포라는 기본 단위를 가지고 있음을 관찰하고 세포에 대한 개념을 확장시키는 데에 기여하였다. 그들은 모든 유기체는 하나 이상의 세포로 구성되며 생명 활동을 하며 다음 세대를 위한 정보를 이어주기 위한 유전정보를 가진다고 가정하였다. 비슷한 시기에 비르코프(R. Virchow, 1821 ~ 1902, 독일 의사, 병리학자)는 생명체의 기본 단위인 세포는 세포로부터 분열되어 형성된다는 것을 관찰하여 발표하였다.

14.7 세포의 소기관

동식물을 이루는 기본 단위인 세포는 핵(nucleus), 소포체(endoplasmic reticulum), 골지체(Golgi apparatus), 라이소좀(lysosome), 미토콘드리아(mitochondria), 리보솜(ribosome), 생체막(biological membrane) 등과 같은 세포 소기관(organelle)으로 구성되어 있다.

세포의 소기관 중의 하나인 핵은 대부분 구형으로 되어 있고 현미경을 통하여 보면 세포에서 가장 뚜렷하게 관찰된다. 핵 안에는 유전정보를 가지는 물질을 포함하고 있다. 핵은 핵막에 의하여 덮여 있고 다른 세포질과 구분된다. 핵 안에는 실과 같은 물질이 있는데 염료를 이용하면 염색이 되므로 염색체(chromosome)라고 부른다. 염색체들은 세포가 분열할 때 중앙에 있다가 양쪽 끝에 나오는 실에 의하여 양쪽으로 끌려가는 유사분열(mitosis)을 하는데 2배수의 염색체를 가지며 체세포에서 일어나는 과정이다.

정자와 난자 같은 생식세포는 체세포의 염색체 수의 절반을 가지며 감수분열(meiosis) 과정을 거쳐 1배수의 염색체를 갖는다. 수정을 하면 2배수의 염색체로 되면서 난자가 성숙된다. 세포 전체의 특징을 결정하는 유전자는 핵 속의 DNA 안에 있다. DNA는 유전정보를 포함하고 있어서 유전현상을 전달하면서 세포의 생명활동을 조절하게 된다. DNA로부터 전령 RNA(mRNA)가 만들어지면 핵막을 빠져나와 세포질에 있는 리보솜에서 단백질이 만들어지는 역할을 도와준다.

이렇게 세포에서 만들어진 단백질은 소포체에서 당과 인산 등과 반응하여 변환되어 골지체를 통하여 여러 세포 쪽으로 전달된다. 소포체에 리보솜이 붙어 있으면

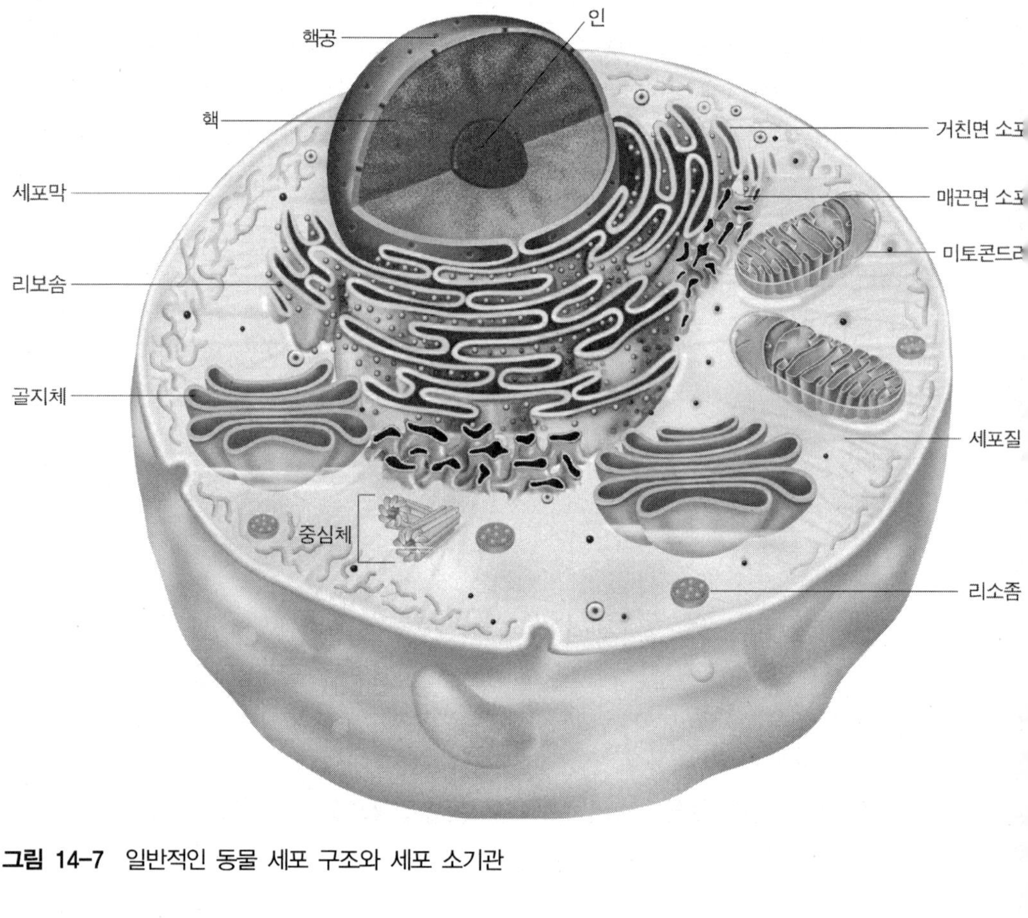

그림 14-7 일반적인 동물 세포 구조와 세포 소기관

표면이 거칠어진 조면소포체(rough ER)라고 하고, 리보솜이 붙어 있지 않은 부드러운 소포체는 활면소포체(smooth ER)라고 한다. 만들어진 단백질이나 핵산 등은 라이소좀에서 분비하는 가수 분해 효소에 의하여 분해되고 소화된다.

세포질에 있으면서 여러 종류의 효소를 가지고 있는 미토콘드리아에서는 탄수화물, 지방 또한 단백질과 같은 유기물을 분해하여 생명체들이 살아나가는 데 필요한 힘인 아데노신삼인산(adenosine triphosphate, ATP)을 생산해 내는 동력기관이라고 할 수 있다. 미토콘드리아는 둥근 막대 모양이며 내막과 외막의 2중막으로 되어 있으며 핵 밖에 있는 세포질에 존재하면서도 독자적인 유전물질을 가지는 세포 소기관이다. 미토콘드리아는 만들어진 에너지를 ATP와 같은 고에너지 인산화합물 형태로 저장할 수 있는 세포내 에너지 대사를 맡는 중요한 역할을 한다. 에너지를 많이 필요로 하는 근육의 세포일수록 미토콘드리아의 수가 많다.

이와 같이 세포는 생명을 이루는 기본 물질이다. 세포의 안과 밖은 거의 물로 이루어져 있어서 친수성을 가지게 된다. 만일 세포막 모두가 친수성이면 서로 녹아서 세포막이 물로 변하여 막이 없어질 것이다. 이러한 것을 막기 위하여 세포 안과 세포 밖을 구분해 주는 세포막은 인지질(phospholipid) 이중막의 구조를 통하여 막의 구조를 유지하게 된다. 따라서 세포막은 소수성(hydrophobic) 부분과 친수성(hydrophilic) 부분을 동시에 가지고 있다. 소수성 부분은 C−H 결합으로 이루어져 있어서 탄소와 수소의 전기 음성도 차이가 거의 없고 탄소와 수소의 결합 극성은 비극성에 속한다. 비극성 분자 물질은 비극성 분자와 잘 녹고 극성인 분자는 극성과 잘 녹는데 이와 같이 소수성의 C−H 결합은 극성이 높은 물과는 잘 섞이지 않기 때문에 물에 녹지 않고 세포를 유지시켜 줄 수 있다. 또한 세포막은 유동성이 있어야 세포막 크기와 구조를 변형시킬 수 있다. 비극성을 가진 탄화수소 계열의 사슬은 모두 유동성을 가진 물질에 속하며 단백질과 같은 생명에 필요한 물질들을 통과시킬 수 있다.

15장 유전학의 역사

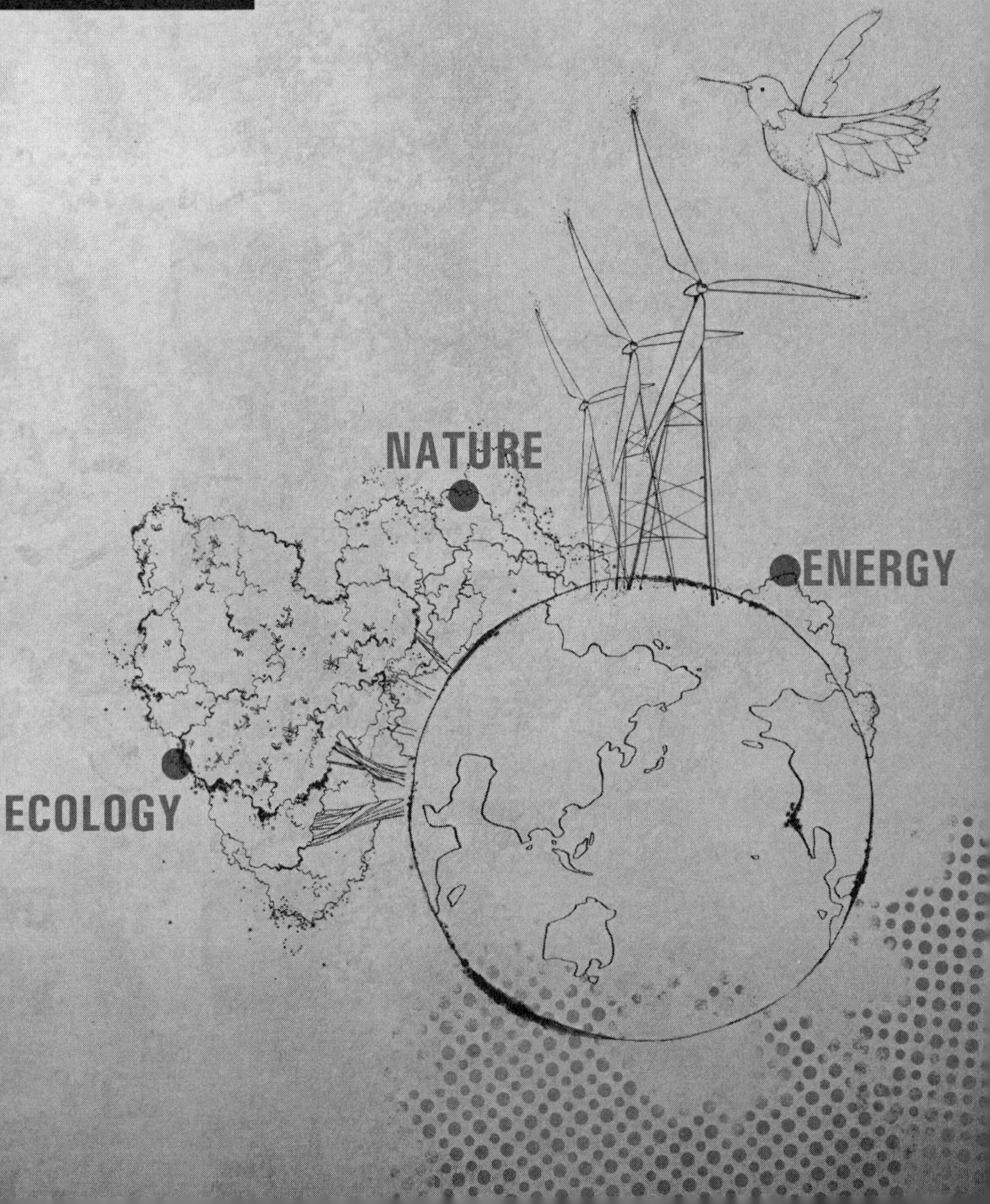

인류는 선사시대부터 생존을 위하여 품종이 우수한 동식물들을 얻기 위하여 노력하여 왔다. 이것도 넓은 의미에서 보면 유전학 연구의 시작이라고 할 수 있겠지만 실험을 통한 과학적인 방법으로 유전학을 처음 연구하기 시작한 학자는 수도회의 수사이었던 멘델(G. J. Mendel, 1822 ~ 1884, 오스트리아 신부)이었다. 멘델이 수없이 반복되는 실험 결과들을 정리하여 유전법칙을 만들기 이전에도 많은 학자들은 유전에 대하여 관심을 가지고 연구를 하였으나 실험적으로 검증되어 있지 않았다. 멘델은 수만 번의 다양한 완두콩의 잡종 교배 실험을 수행하여 증명된 멘델의 유전법칙을 1865년 발표하였다. 멘델은 진화론을 창시한 다윈과 같은 시대를 살면서 그 당시의 과학계에 큰 영향을 끼쳤다.

15.1 멘델의 유전법칙 실험

그림 15-1 멘델

멘델은 완두콩의 색깔과 형태들이 어떻게 유전되는지 규명하기 위하여 자신이 기도하는 수도원 밭에 다양한 완두콩을 심어서 수만 번의 집중적인 실험을 하여 방대한 자료를 모으고 그 데이터를 요약하여 1865년에 완두콩의 잡종 교배 실험 결과를 발표하게 된다. 이 연구에 의하면 부모의 형질(trait) 중 단 한 개의 형질만 유전된다는 것을 알았고, 설령 1세대의 자손에게 유전되지 않더라도 다음 세대에 나타날 수 있다는 관찰 결과를 발표하였다. 이것을 눈으로 직접 확인하기 위하여 키가 큰 것과 키가 작은 것을 교배하여 결과를 관찰하여 보니 중간 키의 완두콩이 나오는 것이 아니라 키가 큰 콩만이 우성의 형질로 나타나고 키가 작은 것은 나타나지 않았고 열성의 형질로 나타난다는 결과를 얻었다. 이것을 분리의 법칙(law of segregation)이라고 하는데 대립되는 형질에서는 단 한 개만을 선택하여 자손으로 이어진다는 법칙이다.

또 다른 실험에서는 노란색의 매끄러운 형태의 완두콩과 초록색의 울퉁불퉁한 완두콩을 교배하였더니 1세대의 자손들은 오로지 매끄럽고 노란색을 띠는 콩만 나타나는 우성의 형질을 보이는 법칙(law of dominance)과 두 개의 대립형질은 서로 관련 없이 독립적으로 유전한다는 독립법칙(law of independent assortment)을 발

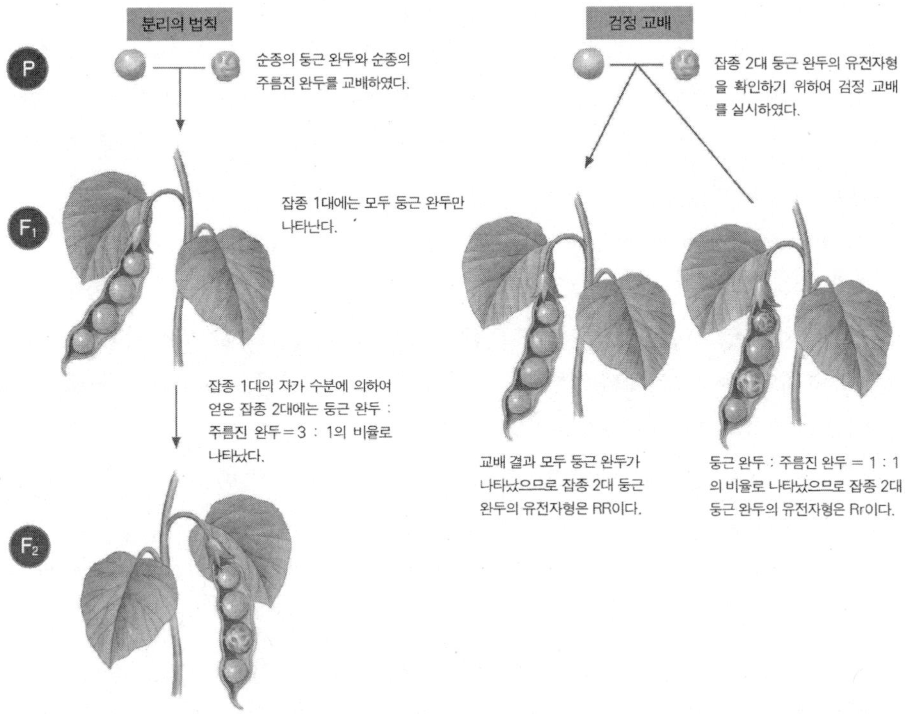

그림 15-2 우성과 열성 표현형 (1) 부모 세대 (2) F1 세대 (3) F2 세대(빨간색은 우성, 흰색은 열성)

견하였다. 이러한 실험의 결과들은 20세기 초에 이르러 재현되고 유전의 본질이 무엇인가 하는 다양한 후속 연구들이 나옴으로써 유전학이 빠른 속도로 발전하기 시작하였기 때문에 멘델을 유전학의 아버지라고 부른다.

15.2 DNA의 발견

지구에 살고 있는 생명체들은 유전자의 본체를 이루는 DNA(deoxyribonucleic acid)라는 유전 물질을 가지고 이를 통하여 과거로 올라가게 되면 부모뿐만 아니라 조상과도 이어지게 된다. 다른 말로 말하면 유전을 통하여 조상들이 가지고 있었던 DNA가 부모로 전해지고 또한 자손으로 이어진다. 후손들은 부모의 생식(reproduction)을 통하여 번식되며 번식되는 후손들은 부모를 닮게 된다. 이는 부모로부터 DNA의 이중 나선 한 구간을 차지하는 유전의 기본 단위인 유전자가 전달

되면서 나타나게 되므로 이것을 유전(heredity)이라고 한다.

멘델의 유전에 관한 연구가 활발하게 진행될 즈음 스위스의 생물학자 미셔(J. F. Miescher, 1844 ~ 1895, 스위스 생화학자)는 1869년에 처음으로 DNA를 발견하여 과학자들을 놀라게 하였다. 미셔는 생물학을 연구하는 과정에서 1869년에 세포 내의 핵을 터뜨려 보았더니 핵 안에서 산성을 띠는 어떤 물질이 나오는 것을 발견하고 이 물질을 핵산(nucleic acid)이라고 이름 지었다.

1920년에 포일겐(R. Feulgen, 1884 ~ 1955, 독일)은 염색약(fuchsin dye)을 사용하여 염색체를 염색하여 보았더니 그 안에 DNA만 선별적으로 염색되는 것을 발견하고 염색체상에서 염색된 DNA의 위치를 알아내는 실험을 하였으며 염색 물질에 의하여 염색된 DNA가 유전될 것이라고 최초로 제안하였다.

같은 해인 1920년경에 레빈(P. A. T. Levine, 1869 ~ 1940, 록펠러 연구소)은 미셔가 발견한 세포핵 내의 산성물질인 핵산(nucleic acid)은 하나의 형태가 아닌 두 가지 형태의 약간 다른 분자 구조 형태를 가진다는 사실을 처음 발견하였다. 발견 당시에는 구조가 확실히 밝혀지지 않았지만 그 후 과학이 발달하면서 정확한 규명을 하여 보니 핵산의 당(carbohydrate) 분자 구조 골격의 오탄당(pentose)의 구조 안에서 2번 탄소에 OH(hydroxy)기가 붙어 있으면 리보스(ribose)라고 하고 RNA(ribonucleic acid)라고 이름 지었다. 오탄당의 구조 안에서 2번 탄소에 OH가 떨어져 나가고 수소(H)로만 연결된 것은 디옥시리보스(deoxyribose), 즉 DNA(deoxyribonucleic acid)라고 이름 지었다. 레빈이 염색체 속의 유전 물질을 화학적으로 규명하고 DNA를 이루는 분자 구조에 연결되어 결합되는 염기는 아데닌(adenine), 구아닌(guanine), 사이토신(cytosine), 타이민(thymine) 등 네 가지가 있을 수 있다는 사실들이 구체적으로 밝혀지기 시작하자 많은 학자들은 유전 물질의 본질이 무엇인가 정확하게 밝혀내고자 하는 연구를 계속 진행하였다.

유전을 담당하는 물질이 바로 DNA라는 증명은 그리피스의 폐렴 쌍구균 형질전환 실험, 에이버리의 폐렴 쌍구균 실험, 허쉬와 체이스의 박테리오파지 증식 실험과 같은 세균의 형질전환 실험을 통하여 유전의 본질이 무엇인지, 드디어 본격적으로 밝혀지기 시작하였다.

15.3 그리피스의 폐렴쌍구균 실험

1920년 레빈의 DNA 구조 규명의 연구 발표 후 1928년에 영국의 세균학자인 그리피스(F. Griffith, 영국 세균학자)는 폐렴쌍구균(diplococcus pneumoniae)을 쥐에 투여하는 독성 테스트를 통하여 유전을 하는 그 어떤 물질의 존재를 증명하는 중요한 실험을 하였다. 폐렴을 유발하는 폐렴쌍구균은 동그라미 형태가 두 개로 붙어 있는 형태를 갖는 균으로 살아 있는 S형 균(smooth stain)은 표면이 다당류 피막으로 철저하게 보호되어 싸여 있어 변역체가 접근을 못한다. 따라서 쥐에 주입하면 면역체가 작동을 못하게 하는 전염성 폐렴구균으로 쥐가 죽는다. 반면에 R형 균(rough strain)은 다당류 피막으로 싸여 있지 않기 때문에 쥐의 면역체가 들러붙어 항체로서 작동하여 병원균에 대항할 수 있다. 따라서 R형 균은 생명에 안전한 비전염성의 폐렴구균이며 쥐에 주입하여도 쥐가 살 수 있다. 또한 병원성을 가지고 있는 위험한 전염성 폐렴구균인 S형 균을 열처리하면 폐렴구균은 죽어버리기 때문에 열처리된 S형 균을 쥐에 주입하면 쥐는 살게 된다.

이러한 결과들을 종합하여 예측하면 R형 균을 주입하여도 살고 열처리한 S형 균을 주입해도 쥐가 살 수 있었으므로 논리적으로 보면 R형 균과 열처리한 S형 균을 동시에 함께 주입하여도 쥐는 살 것으로 예견하였는데 의외로 쥐가 죽어버리는 결과가 나왔다. 그래서 죽은 쥐를 검사해 보니 열처리하여 죽은 줄만 알았던 S형 균이 발견되는 놀라운 일이 벌어졌던 것이다(그림 15-3).

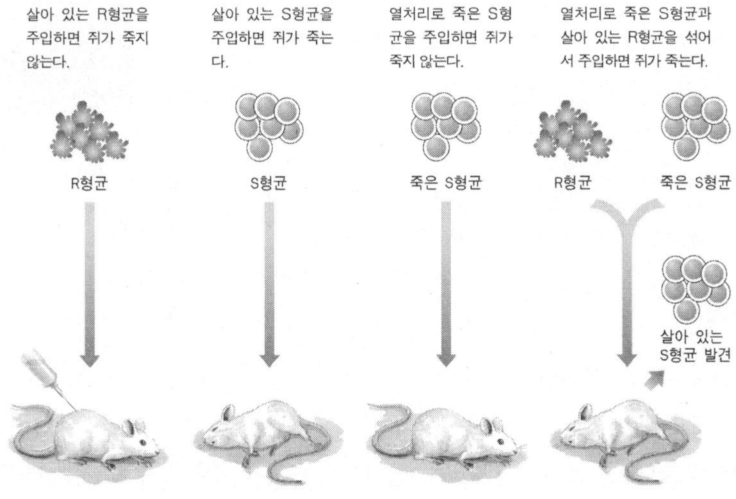

그림 15-3 폐렴쌍구균을 이용한 그리피스의 실험

이것을 합당하게 설명하기 위해서는 DNA는 열에 강하기 때문에 열을 주면 DNA를 싸고 있는 단백질만 파괴되는 것이지 DNA 속의 핵은 그대로 살아 있다고 생각하였다. 따라서 열처리한 S형 균은 죽어서 파괴되었지만 S형 균 안의 핵의 형질은 S형의 핵 속에 그대로 존재하여 있다가 함께 넣어준 살아있는 R형 균으로 들어가 원래 병원성이 없던 R형 균을 병원성을 띠는 S형 균으로 전환시켰다는 것으로 해석할 수 있었다. 즉 폐렴쌍구균의 두 가지 형질 중에서 병원성이 없는 R형 세균이 병원성이 있는 S형 세균으로 전환될 수 있음을 밝히고 그리피스는 이를 형태와 성질이 전환되는 형질전환(transformation)이라고 주장하였다. 이는 열처리하여 죽은 S형 균에서 어떤 물질이 R형 균으로 넘어와서 그렇게 된 것이라는 결론을 내렸지만 그 물질이 무엇인지까지는 몰랐다. 이 실험은 유전을 일으키는 어떤 유전자(gene) 물질의 존재와 성질이 분명히 있음을 밝혀 준 중요한 실험이었다.

15.4 에이버리의 실험

그림 15-4 에이버리

1928년의 그리피스의 실험은 열처리한 S형 균에서 어떤 물질이 R형에게 병을 일으키는 능력을 갖게 되는 유전자를 전해 준 것이라고 결론을 지었는데 어떤 물질인지는 그 당시에는 몰랐다. 그 후 물질을 분리하는 과학 실험기술이 많이 진보하게 되자 1944년 록펠러 연구소의 에이버리(O. T. Avery, 1877 ~ 1955)는 그리피스의 실험을 훨씬 정교하게 통제하여 DNA가 형질변환의 원인이 되는 가장 유력한 유전 물질이라는 결정적인 증거를 밝혀내었다. 에이버리는 그리피스의 연구를 조건을 다르게 하여 반복 수행하였다. 그리고 폐렴쌍구균에서 순수하게 분리한 DNA가 형질전환을 일으킬 것으로 직관하고 이를 증명하기 위하여 1944년에 다양한 실험을 수행하였다.

에이버리의 연구는 열처리한 S형 균에 있는 여러 물질 중 어느 물질이 R형을 S형으로 형질전환을 시키는지는 미지수였으므로 이를 밝히는 것이 실험의 목적이었다. 당시 과학자들이 유전 물질이라고 추정한 물질은 DNA, RNA, 단백질 세 가지였다. 처음에는 유전 물질이 대단히 복잡할 것이라고 생각했기 때문에 당시 과학자들은 구조적으로 단순한 DNA와 RNA보다 구조가 복잡한 단백질을 유력한 유전 물질로 생각하고 단백질을 제거하면 형질전환이 일어나지 않고 DNA를 제거하면 형질전환이 일어날 것이라는 가설을 세우고 실험에 들어갔다. 그래서 한쪽엔 열처리한 S형 균에 단백질 분해 효소를 처리한 후 단백질을 제거한 후 R형과 섞어 주었고, 다른 쪽에는 열처리한 S형 균에 DNA 분해 효소를 처리하여 DNA를 제거하고 R형과 섞어 주었다. 그러나 실험 결과는 정반대였다. 단백질만을 제거한 후 R형과 섞어 주면 DNA는 그대로 전달되어 형질전환이 일어났고, 열처리한 S형 균에 DNA 분해 효소를 처리하여 DNA를 제거하고 R형과 섞어 주었더니 형질전환이 일어나지 않음을 밝혀내었다. 이러한 실험 결과들을 정리하여 에이버리는 DNA가 매우 유력한 유전 물질(gene)임을 증명하는 결정적인 실험을 최초로 성공시켰다. 비록 일찍 세상을 떠나 노벨상 수상자가 되지 못하였지만 후세의 과학자들은 에이버리뿐만 아니라 연구에 관여한 그의 제자 맥로드(C. M. MacLeod, 1909 ~ 1972)와 맥카티(M. McCarty, 1911 ~ 2005)에 대한 업적을 지금도 높이 사고 있다.

15.5 허쉬와 체이스의 박테리오파지 증식 실험

에이버리가 1944년에 DNA가 형질변환의 원인이 되는 유전 물질이라는 결정적인 증거를 밝혀낸 후 유전학에서는 DNA를 유전 물질의 강력한 후보로 생각하기 시작하였으나 확증하지는 못하고 있었으며 여전히 DNA 이외에 단백질이 유전 물질의 후보로 지목되고 있었다. 그 이유는 사람처럼 복잡한 유기체의 유전 물질이 어떻게 DNA처럼 간단한 물질이 될 수 있는지에 대한 의문을 계속 가지고 있었기 때문이었다. 그래서 에이버리의 실험이 성공한 후에도 한동안 유전 물질은 아주 복잡한 단백질 형태의 구조일 것이라고 주장하는 학자가 여전히 있었으므로 DNA가 유전 물질이냐 아니면 단백질이 유전 물질이냐를 놓고 논쟁을 계속하였다.

그런데 그 당시에 발표한 생물학 관련 연구 중에서 박테리오파지 바이러스에 관한 논문이 발표되었다. 논문에 의하면 박테리오파지는 혼자 힘으로는 증식되지 않으며 대장균 박테리아와 같은 숙주세포를 이용하여야 한다. 이때 박테리아 숙주세포를 이용하는 바이러스를 박테리오파지라고 부르며 구성은 머리와 꼬리 형태로 되어 있고 머리 중심에 DNA와 이를 덮어 보호하는 단백질 껍질로 구성되어 있다는 내용이 있었다.

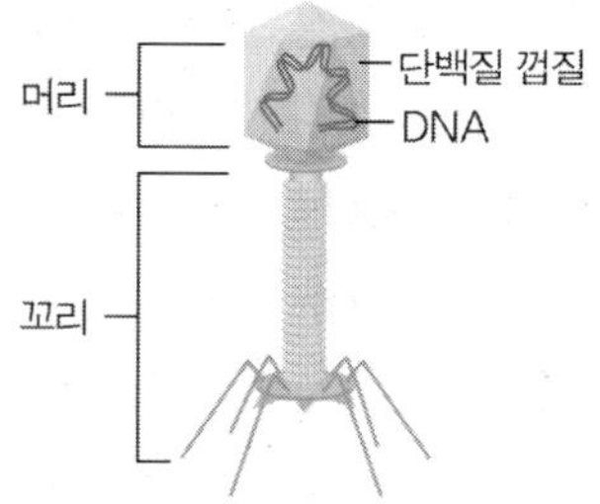

그림 15-5 박테리오파지

그때 이 논문을 본 허쉬와 체이스는 박테리오파지가 DNA와 단백질로만 구성되어 있기 때문에 박테리오파지를 모델 물질로 사용한다면 그 당시에 DNA가 유전 물질이냐 단백질이 유전 물질이냐를 놓고 고민하던 문제를 해결해 줄 것으로 직감했다. 그래서 허쉬와 체이스는 유전 물질을 밝히는 실험을 수행하기 위하여 두 개의 다른 박테이로파지를 실험실에서 만들었다. 한 개는 박테리오파지의 머리 안에 있는 DNA 분자 골격의 일부인 인산 부분을 방사성 동위 원소인 ^{32}P로 표지한 것이었고 또 다른 한 개는 DNA를 덮어 싸고 있는 단백질 껍질에만 방사성 동위 원소인 ^{35}S로 각각 표지를 하고 이것을 각각 대장균에 따로 주입시키고 감염시켰다. 이를 원심분리시켜 확인한 결과 ^{32}P 방사선 물질만 분석 확인되었는데 이 결과의 해석은 대장균에 들어갈 수 있는 것은 박테리오파지의 DNA이었음이 증명된 것이다. 이때 박테리오파지의 DNA만 세균 내로 들어가고 단백질 껍질 부분은 대장균 내로 들어가지 못하고 표면에 그대로 남게 있는 것을 확인하였다. 대장균 내로 잠입하여 들어간 DNA는 대장균의 효소를 이용하여 자기와 동일한 DNA 분자들을 합성하게 되면서 파지를 증식시킨다. 이때 DNA는 다시 파지의 단백질 껍질을 만들고 DNA는 그 껍질로 들어가 새로운 파지가 증식되게 된다는 것을 알았다. 이렇게 허쉬와 체이스는 1952년에 박테리오파지를 이용한 실험을 통해 유전 물질은 단백질이 아닌 DNA임을 최종적으로 밝힘으로써 그동안의 학자들 간의 논쟁을 마무리 짓고 1969년에 노벨상을 수상하였다.

지금까지의 유전학에 대한 연구를 종합하여 정리해 보면 1928년 그리피스는 유전되는 그 어떤 물질이 있을 것이라고만 제시하였고 그 물질이 무엇인지 몰랐다. 그 후 1944년 에이버리는 DNA가 가장 유력한 유전 물질일 것이라고 추정하였고, 1952년 허쉬와 체이스가 실험을 통하여 DNA가 유전 물질일 수밖에 없다고 최종적으로 증명하였다. 일련의 실험들이 바탕이 되어 유전학은 지금도 계속 발전하고 있다.

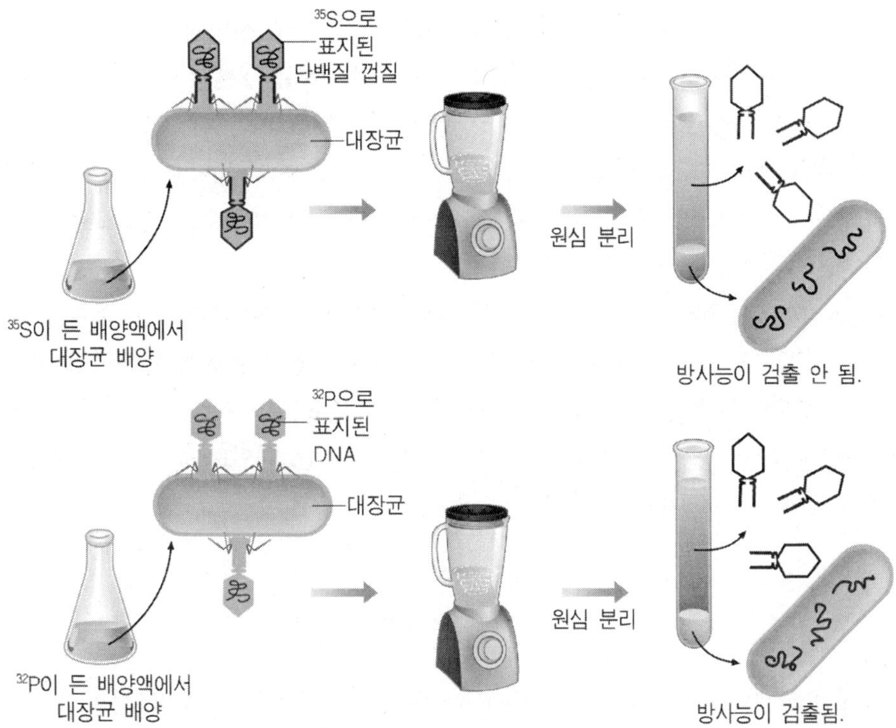

그림 15-6 허쉬-체이스 실험

15.6 DNA 구조 규명

애이버리가 1944년에 유전 물질로 DNA의 가능성에 대하여 실험 결과를 발표한 이후 허쉬-체이스가 DNA가 유전 물질임을 최종적으로 확인하는 실험에 성공한 이후 유전학(genetics)에서는 핵산(nucleic acid)의 중요성이 인식되기 시작하였다. 핵산 중에 포함되어 있는 DNA가 이렇게 증식한다는 사실은 생명의 기본적 특성을 가지는 DNA가 유전자의 본체임을 증명하는 필수적인 물질이었음을 증명하는 것이기 때문이었다. 핵산이라는 물질은 미셔(J. F. Miescher, 1844 ~ 1895, 스위스 생물학자)가 1869년에 환자의 고름에서 발견하여 과학계에 발표하면서 알려졌다. 세포 안의 핵을 깨뜨리면 핵 내부에서 끈적끈적한 물질이 있었는데 산성을 띠었으므로 핵산이라고 명명되었다. 핵산의 분자 골격은 인, 탄수화물과 염기로 구성되어 있으며 탄수화물의 분자 구조에 따라서 DNA와 RNA로 구분하며 핵산을 구성하는 단위체인 분자를 뉴클레오타이드(nucleotide)라고 한다. 생명체 유전 물질로 알려진 핵산은 DNA와 RNA가 있다. DNA를 구성하는 5탄당은 디옥시리보스(deoxyribose)이며, RNA를 구성하는 5탄당은 리보스(ribose)이다. DNA를 구성하는 염기에는 아데닌, 타이민, 구아닌, 사이토신이 있으며, RNA는 타이민 대신에 우라실을 가지고 있다. DNA의 경우 N－H와 O－C 사이의 수소 결합으로 인해 안정한 이중 나선 구조를 하고 있다.

DNA의 분자 구조를 화학적으로 규명하여 정립한 학자는 샤가프(E. Chargaff, 1905 ~ 2002, 오스트리아) 이었다. 샤가프는 DNA의 염기의 조성은 생물의 종에 따라 다르지만 같은 종의 생물에서는 DNA의 염기 조성이 모두 같음을 밝혀내었다. 또한 DNA에 포함되어 있는 아데닌, 타이민, 구아닌, 사이토신들의 몰(mole)의 양은 다음과 같은 일정한 비가 있음을 알아내었다.

아데닌 : 타이민 = 1 : 1
사이토신 : 구아닌 = 1 : 1

아데닌(adenine)은 퓨린 염기(purine base) 계열에 속하고 타이민(Thymine) 분자 구조는 피리미딘(pyrimidine) 계열의 분자이므로 퓨린 염기의 몰수와 피리미딘 염기의 몰비 역시 1:1로 동일하다. 이러한 결과는 1940년 후반에 다양한 생물의 DNA 에 포함되어 있는 염기들의 %를 정량분석하여 계산하여 만든 규칙인데 이것을 사가프 규칙(Chargaff's rule)이라고 한다. 생물의 유사한 종에서 추출하여 분석한 DNA의 염기 조성은 비슷하지만 생물의 종이 매우 상이한 경우에는 DNA의 염기 조성이 매우 상이하게 나타나므로 이러한 DNA의 염기조성 비율표는 생물을 분류하는 기준으로 사용되기도 한다. DNA 이중 나선 구조가 밝혀지기 전까지 샤가프는 핵산 분야 최고의 전문 과학자였다.

1930년대 애스트베리(W. T. Astbury, 1898 ~ 1961)는 X선을 이용한 결정체 구조 분석으로 1915년에 노벨 물리학상을 수상하였던 브래그(W. L. Bragg, 1890~1971)의 제자였다. 에스트베리는 X선 회절법을 이용하여 순수하게 분리된 DNA의 구조를 분석하여 보았더니 DNA는 긴 사슬의 축을 따라서 일정한 간격으로 유지되면서 존재하는 것이 판명되었고, 그 간격의 계산값은 0.33 nm이었음을 밝혀내었다. 이와 같이 DNA 구조의 형태를 분자 차원에서 정확히 규명하게 되므로써 생명현상의 설명을 거시적인 관찰에서 미시적인 유기 화합물인 분자의 형태를 통하여 인식하게 되면서 분자생물학(molecular biology)이라는 새로운 학문의 한 분야가 탄생하게 되었다.

15.7 DNA 분자 구조

DNA는 deoxyribonucleic acid의 약자이며, 거대한 분자(macromolecule)의 형태를 이루고 있다. DNA와 같이 분자량이 큰 거대 분자들은 일반적으로 쉽게 조각나면서 잘라져 버리기 때문에 조각나기 전의 DNA들의 전체 무게를 정확히 측정할 수 없다. 따라서 상대적인 분자량 정도를 비교한다. 박테리아의 DNA보다는 고등동물의 DNA가 더 복잡하고 더 크다. DNA 분자 사슬에서 주가 되는 축(backbone chain)은 인산기(phosphate)에 단당류인 디옥시리보스(deoxyribose)가 공유 결합으로 연결된 긴 사슬 형태이다.

DNA 분자 구조를 표시할 때 뉴클레오타이드(nucleotide)라는 명칭을 사용하는데, 이는 인산(phosphate), 단당류(sugar), 염기(base)의 세 부분이 모두 공유 결합을 이루며 서로 연결되어 있는 형태를 말한다. 여기에서 단당류 부분은 오각형 구조의 오탄당(pentose)의 형태로 존재하며 오탄당의 구조 안에서 2번 탄소에 OH(hydroxy)기가 붙어 있으면 리보스(ribose)라고 하고 RNA가 된다. OH가 떨어져 나가고 수소(H)만 연결된 것은 디옥시리보오스(deoxyribose)가 되어 DNA의 구조가 된다.

염기 부분은 크게 퓨린(purine)과 피리미딘(pyrimidine)의 두 가지 형태로 나뉜다. 퓨린의 구조는 육각형 고리 형태의 피리미딘 고리와 오각형 형태의 이미다졸(imidazole) 고리가 방향족 성질의 공명 구조를 가지며 연결되어 있는 형태이다.

피리미딘(pyrimidine)의 분자 구조는 벤젠 고리에 질소 원자가 1, 3 위치에 탄소 대신 치환되어 있는 형태이다. 육각형에 카보닐기가 포함되어 있는 고리형 아마이드(amide) 분자 형태의 유라실(uracil)은 탄소-질소의 단일 결합이 이중 결합으로 되고 질소의 수소 원자가 산소 쪽으로 이동하면서 고리 안에서 토토머 이성질체로 상호 전환된다. 이를 토토머화 현상(tautomerization)이라고 한다.

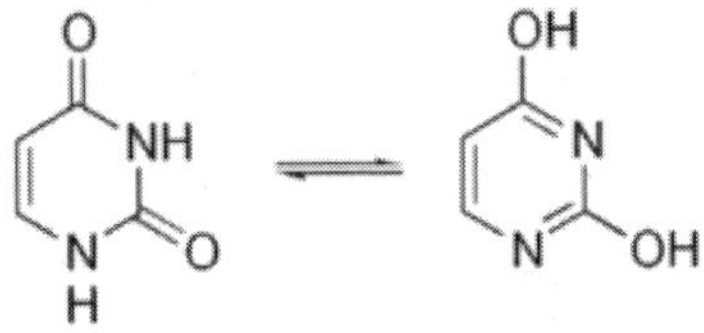

유라실의 두 개의 토토머 이성질체

타이민(thymine), 사이토신(cytosine), 유라실(uracil)은 피리미딘 구조의 유도체에 속하며 토토머 형태로 연결되어 있는 구조이다. 퓨린 계열의 염기는 아데닌(Adenine; A)과 구아닌(Guanine; G)의 두 형태가 있다. DNA 분자의 핵 염기로 아데닌은 A, 구아닌은 G, 우라실은 U, 사이토신은 C, 타이민은 T의 약자를 사용한다. 염기 부분은 수소 결합을 통하여 서로 짝짓기를 한다. 아데닌(A)과 타이민(T), 구아닌(G)과 사이토신(C)은 수소 결합을 통하여 항상 짝을 이루게 된다. RNA의 염기 부분은 A(adenine), G(guanine), C(cytosine)과 U(uracil)이며 DNA 염기와 다른 점은 DNA가 가지는 염기인 타이민 대신에 유라실을 가지는 것이다.

아데노신(adenosine)은 아데닌(adenine)이 글리코사이드(glycoside) 결합으로 이어져 있는 뉴클레오사이드(neucleoside)이다. 흡사하게 타이미딘(thymidine), 구아노신(guanosine), 사이티딘(cytidine) 역시 뉴클레오사이드 형태로 연결되어 있는 거대한 분자 형태이다. 이들은 나무 막대기처럼 일직선상으로 되어 있는 것이 아니고 이중 나선 형태로 꼬여져 있음이 밝혀졌다. DNA 이중 나선 구조의 특징은 두 개의 나선형 폴리뉴클레오타이드 사슬들이 반대 방향으로 계속 연결되는데 염기들은 나선 안쪽에 위치하면서 수소 결합을 이루고 인산과 데옥시리보오스 오각형의

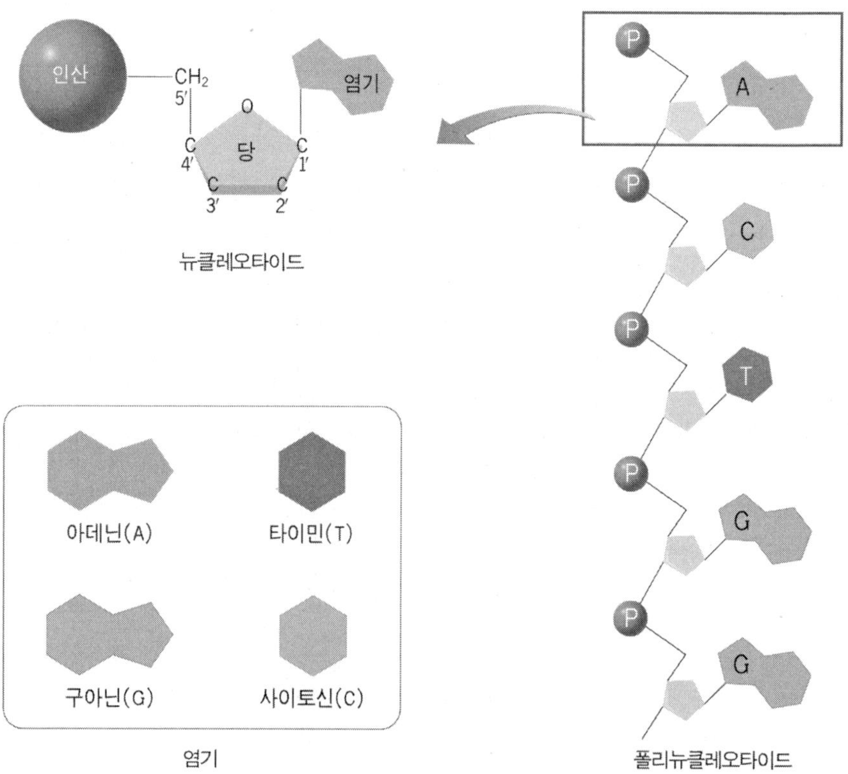

그림 15-7 가장 일반적인 뉴클레오타이드들

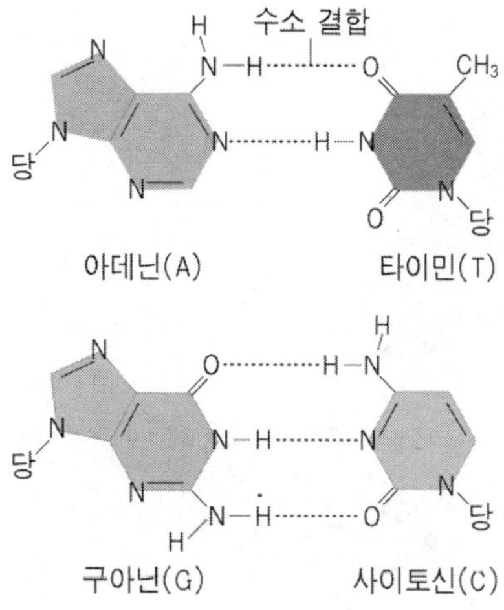

그림 15-8 타이민(T)–아데닌(A)의 수소 결합, 사이토신(C)–구아닌(G)의 수소 결합

당들은 나선 바깥에 존재한다. 당고리는 DNA와 RNA 구조의 중심이 된다. DNA 한 가닥에 있는 아데닌 염기의 질소는 다른 가닥의 질소 염기와 두 군데에서 수소 결합이 가능한 염기쌍(A-T)을 이루고 구아닌 염기는 사이토신 염기와 세 군데서 수소 결합의 인력을 통하여 염기쌍(G-C)을 이룬다. 이러한 염기에 붙어 있는 질소-수소 혹은 산소-수소 간의 결합쌍의 결합 순서들은 유전정보에 중요한 영향을 미치게 된다.

15.8 DNA의 이중 나선 구조의 발표

1953년 미국의 왓슨(J. Watson, 1928 ~)과 영국의 크릭(F. Crick, 1916 ~)은 영국의 캠브리지에 있는 Cavendish 연구소에서 사가프 규칙(Chargaff's rule)을 이용하여 프랭클린(R. Franklin)과 윌킨스(M. Wilkins)에 의해 최초로 얻어진 DNA의 X-선 회절 사진을 판독하고 분석하여 그 당시에 유전 물질로 알려진 DNA의 구조가 이중 나선 분자 구조 형태임을 밝혀낸 공로로 1962년 왓슨, 크릭, 윌킨스는 생리의학 부분에서 노벨상을 수상하였다.

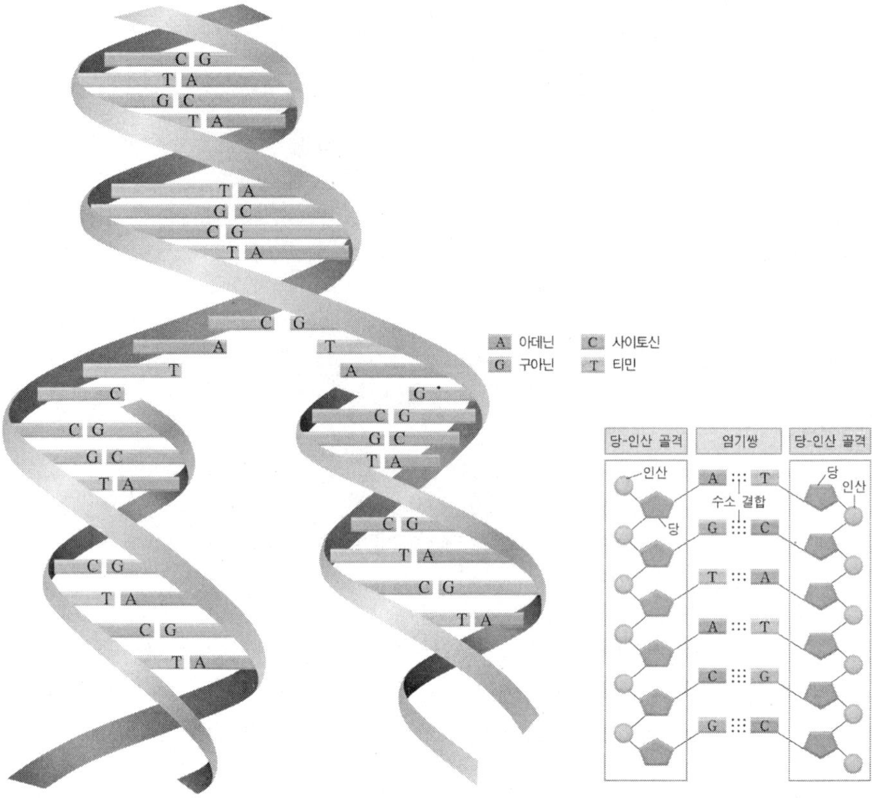

그림 15-9 DNA의 이중 나선 구조

그림 15-10 제임스 왓슨

그림 15-11 크릭

15.9 DNA와 RNA 차이점

RNA는 DNA와 매우 흡사하나 오탄당의 일종인 리보스(ribose)로 공유 결합되어 있는 뉴클레오타이드 형태인 핵산의 한 종류이며 리보핵산(RNA = ribonucleic acid)이라고도 한다. DNA는 단당류인 디옥시리보오스(deoxyribose)로 공유 결합되어 있다.

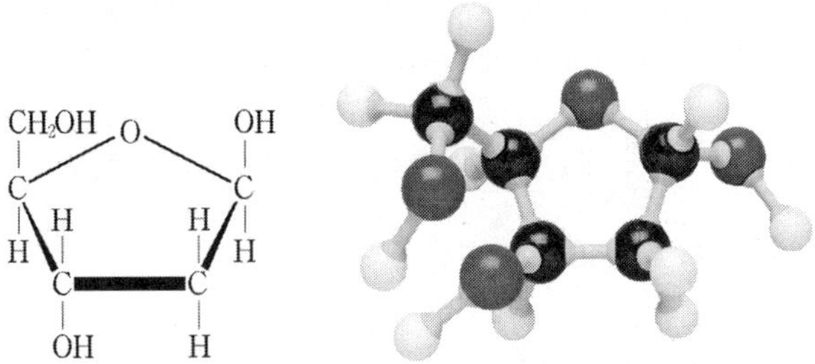

그림 15-12 디옥시리보오스

반면에 리보스에 있는 다섯 개의 탄소에 번호를 붙였을 때 DNA와 마찬가지로 1번 위치의 탄소는 핵염기와 공유 결합을 이루고 있고 3번과 5번 위치에 치환되어 있는 산소는 인산과 공유 결합으로 연결된다. 4번 위치 탄소는 인산의 형태로 당과 당 사이를 연결하는 다리와 같은 역할을 하면서 사슬을 이룬다. RNA는 DNA와 달리 1개의 폴리뉴클레오타이드로 이루어진 단일 가닥을 의미한다.
다음 그림의 왼쪽은 DNA 구조이며 오른쪽은 RNA 구조이다.

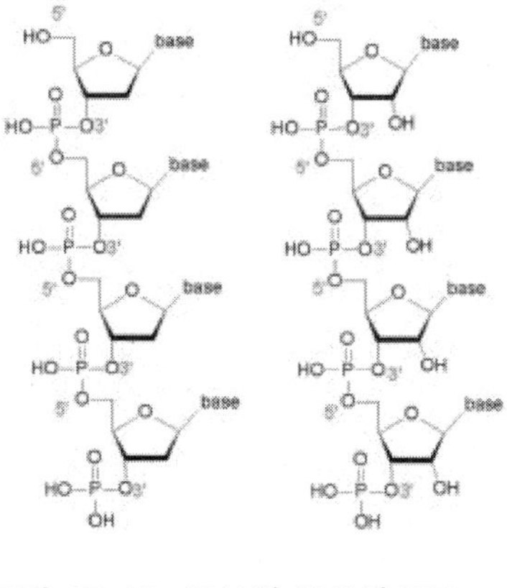

그림 15-13 DNA와 RNA의 구조

RNA와 DNA의 화학적 분자 구조

현대과학에서는 두 종류의 핵산 중 DNA는 신체의 설계도이며, RNA는 DNA의 설계도에 근거하여 단백질의 구성 성분인 아미노산을 모아 필요한 단백질을 합성하는 역할을 한다고 알려져 있다. RNA와 DNA의 분자 구조의 규명이 성공적으로 이루어지게 됨에 따라 분자생물학(molecular biology)이라는 새로운 학문이 생겼으며 지금도 유전자 재조합이나 인간 게놈 프로젝트(HGP) 등 다양한 방면으로 큰 파급 효과를 지니며 연구되고 있다.

16장

생명공학-
유전자 변형기술

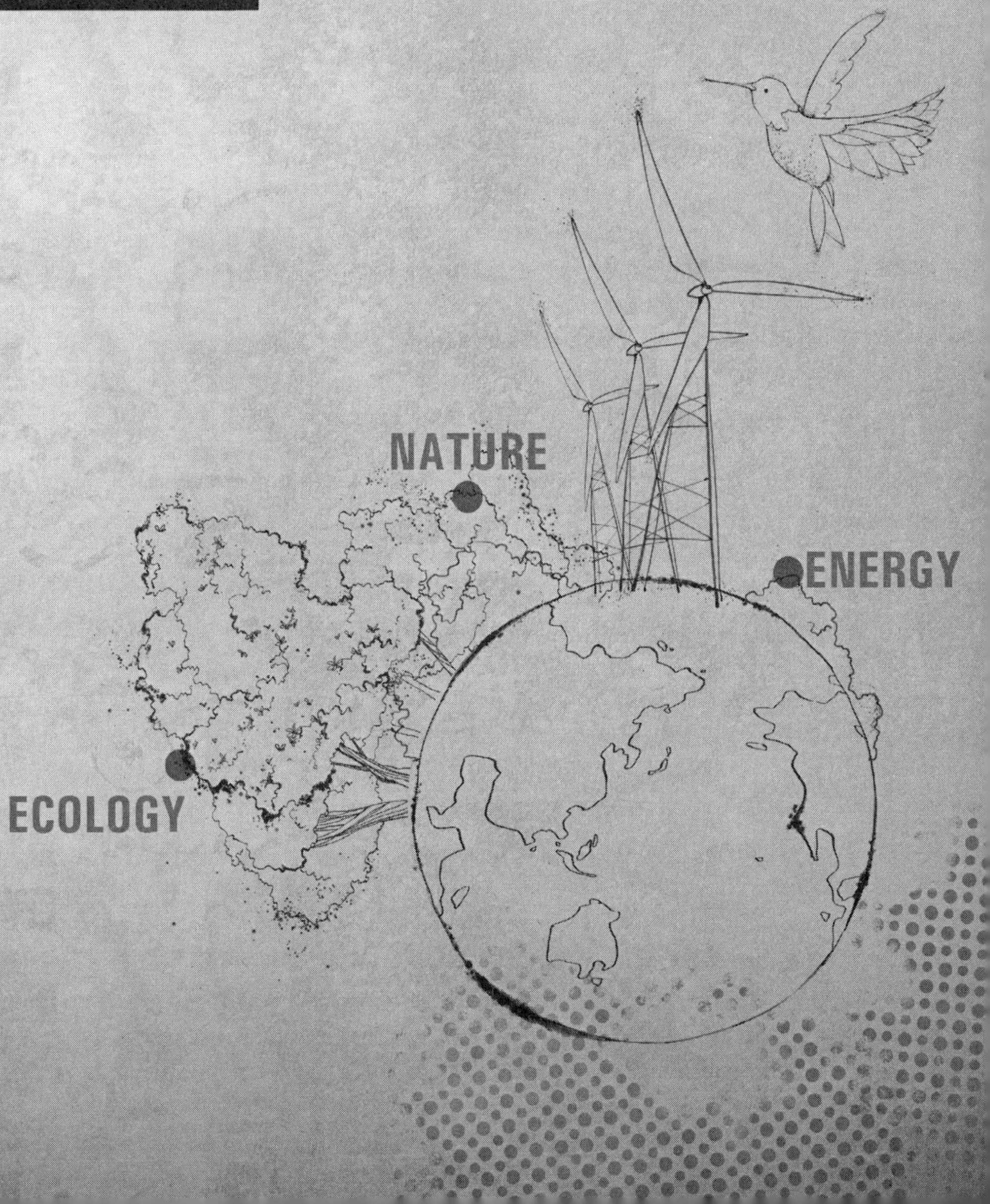

생명공학(Bio-engineering)이란 실험실 안에서 인간이 DNA나 세포와 같은 생명의 근원이 되는 물질을 인위적으로 변형시키는 학문이다. 예를 들면 핵을 다른 세포에 이식하는 과정, 유전자를 재조합하는 과정, 세포를 융합시키는 과정 등의 기술을 총칭한다. 이것은 자연의 생명 현상을 조작하는 고도의 과학기술을 필요로 하며 난치병 등의 치료목적으로 사용되거나, 농축산물의 새로운 품종을 개발하여 인간에게 이로움을 주기 위한 것에 그 목적이 있다. 유전 물질인 DNA(디옥시리보핵산)의 구조 및 기능에 관한 유전학 기술이 발달하게 됨에 따라 이제는 DNA를 마음대로 변형시켜 조작하는 유전 생명공학의 시대를 맞이하게 되었다. 생물체에서 필요로 하는 유용한 유전자를 선별하여 이것을 다른 생물체의 유전자에 결합시키는 기술을 유전자 변형기술이라고 한다. DNA의 염기성 배열을 분자 차원에서 마음대로 자르고 붙이는 생물체 유전자 변형기술은 현대에 와서 생명공학(modern biotechnology), 유전자기술(gene technology), 유전자재조합기술(recombinant DNA technology), 유전공학(genetic engineering) 등에서 사용된다.

16.1 게놈

게놈(유전체, genome)은 독일어식 발음이며 영어로는 쥐놈이라고 발음한다. 게놈은 유전자(gene)와 염색체(chromosome)의 두 단어의 합성어이며 번역하면 유전체라고 한다. 생명을 가지는 핵 속에 들어 있는 유전정보 전체를 말하는 게놈은 생물개체의 유전자의 총 염기 서열이며, 한 생물종의 거의 완전한 유전 정보의 총합이다. 포유동물은 약 2 ~ 3만 개의 유전자로 구성되어 있고 생물에 담긴 유전 정보 전체는 거의 대부분 DNA에 저장되어 있으나 일부 바이러스의 경우에는 RNA에 저장된 것도 있다.

인간 게놈 프로젝트(HGP, human genome project)는 인간이 가지는 모든 유전자의 염기 서열과 위치 등을 밝히는 프로젝트이다. 인간 유전자가 어떤 종류를 가지고 그것의 기능은 무엇인지 규명하는 작업이 밝혀진 후 이를 응용하게 되면 건강한 사람과 질병이 있는 환자의 게놈을 비교하여 질병의 원인이 어디에서 발생하는지 분자 구조 차원에서 알아낼 수 있는 중요한 프로젝트이다. 각 개인의 유전 정보를 알 수 있다면 개인마다 다른 질병들에 대한 맞춤형 치료가 가능하고 또한 지금까지 고치지 못하였던 불치병들의 게놈을 조사하면 난치병을 예방하는 수단이 되고 이를 정확히 선택적으로 치료할 수 있는 신약들을 디자인하고 개발할 수 있게 된다. 실제로 인간 게놈 프로젝트에서 나오는 결과들은 특히 의학 분야에서 많이 응용되어 유전자의 염색체 상의 어느 위치들이 질병의 원인이 되는지 알아내는 등 직접적인 효과를 보고 있다.

1953년 미국의 왓슨과 영국의 크릭에 의하여 DNA가 이중 나선 구조로 되어 있다는 것을 밝혀낸 이후 1970년대에는 특정 부분의 DNA를 잘라내거나, 다른 부분에 붙이는 유전자 조작기술이 개발되면서 유전공학이라는 학문이 문을 열게 되었고 1977년 미국의 길버트와 영국의 생어는 염기 서열 결정 방법으로 현재 주로 쓰이고 있는 화학 반응법과 효소 반응법을 거의 동시에 개발하기도 하였다. 이러한 유전자 조작기술을 인간 게놈 프로젝트에서 밝혀진 개인의 유전자들에 직접적으로 적용할 수 있는 시대가 왔다

유전자의 비밀이 담겨 있는 DNA(디옥시리보핵산)는 인산이나 당뿐 아니라, A(아데닌), T(티아민), G(구아닌), C(사이토신)의 염기로 이루어져 있는 이중 나선형의 물질이다. 인간의 게놈에는 대략 30억 쌍의 염기가 존재한다. 이러한 네 가지 염기 배열에 의해서 유전 정보가 암호화되고 있다. 방대한 30억 쌍에 이르는 인체 DNA의 염기 서열을 분석하기 위해서는 막대한 비용과 노력의 대규모 연구 프로젝트가 필요하다. 1990년 미국과 영국을 주축으로 시작되어 지금은 프랑스, 독일, 일본, 중국이 합세하여 참여한 국제 컨소시엄에 의하여 2003년 4월, 최초로 인간 게놈 프로젝트가 완성되었다. 지금까지 대장균(E.coli), 헬리코박터(Helico-bacter pylori) 이외에도 약 20여 종의 미생물과 효모, 그리고 다세포 생물인 선충(Gaenorhabditis elegans) 등의 염기 서열이 모두 밝혀진 상태이다.

이 프로젝트를 통해 3만 4천여 개 정도의 인간의 유전자가 게놈에 존재하는 것으로 연구되었다. 인간의 유전자는 초파리의 2배 정도 밖에되지 않으며 쥐의 유전자와는 95 % 정도 같은 부분이 있기 때문에 쥐의 유전 정보는 새로운 약품개발에 참고가 된다.

DNA의 염기 배열 정보는 DNA와 구조가 비슷한 또 다른 유전 물질인 RNA로 전달되기 때문에 염기 배열의 순서는 다양한 생체의 생리 작용을 일으키는 단백질이 어떻게 만들어지는지 예측할 수 있다. 아미노산은 인체에서 다양한 생리 현상을 주관하는 단백질의 기본 단위인데 RNA에 포함된 3개 염기당 한 개의 아미노산이 만들어진다는 사실이 밝혀졌다. 사람이 가지는 30억 쌍의 염기에는 3만 개 정도의 유전자가 있는데 DNA의 모든 염기들이 단백질을 만들지는 않지만 DNA의 염기의 배열 순서에 따라 만들어지는 단백질의 형태가 달라진다. 지금까지 알려지지 않았던 생명의 비밀설계도면과도 같은 DNA의 염기 배열 순서가 인간 게놈 프로젝트를

통하여 알려지게 됨에 따라 생명의 필수 물질인 단백질의 생성과 작용들에 대한 비밀도 구체적으로 밝혀지게 되었다.

게놈 프로젝트 결과에 의하면 인간 DNA 배열 순서는 거의 같게 나왔고 그 배열에 있어서 순서의 변동이 생기면 질병이 발생하는 것으로 예측하고 있다. 따라서 분자 구조에서 어느 부분이 정상인과 다른지 알아냄으로써 질환의 원인을 밝혀 나가는 기술을 개발하고 있다. 이러한 DNA 배열 작업을 통하여 유전적 성격을 가진 심장병, 경화증, 암, 고혈압, 알츠하이머 및 정신분열증 같은 복잡한 성격을 지닌 일반 질환의 원인을 분자 수준에서 밝혀내고 예방하며 개별적인 맞춤형 약에까지 응용할 수 있을 것으로 전망된다. 각 유전자의 작용을 분자의 구조에서 이해하고 알아낸다면 DNA가 가지는 인간 염색체의 염기 서열지도를 통하여 어느 부분이 어떤 장기를 만들고 어느 부분이 심장을 만들고, 어느 부분이 곱슬머리나 피부 색깔을 차이 나게 하는지 이해할 수 있다. 또한 노화가 촉진되는 염색체의 염기 서열은 어느 부분인지 결함을 수정하고 기능을 강화하는 등 다양한 생명공학적 응용이 가능해진다. 그러므로 지금까지 고치지 못하는 난치병 정복을 위하여 노력하였던 연구소, 병원, 제약회사 및 대학들은 가능한 치료제 개발에 박차를 가하고 있다. 또한 각 개인마다 다르게 나타나는 약물 및 독성효과를 개개인의 유전적 요인을 분석하여 각 개인의 약에 대한 반응성까지 예측함으로써 맞춤형 약을 제조할 수 있는 약리유전체학(pharmacogenomics)의 가능성에 기대를 가지고 지금도 치열한 경쟁을 하고 있다.

16.2 개구리와 양의 복제

거든(J. Gurdon, 1933, 영국 출생)은 1962년에 처음으로 개구리를 복제하였다. 그 후 이 기술은 세포핵을 치환하는 방법으로 사용되어 왔다. 핵 치환 방법은 현재 생물 종들을 복제하는 대표적인 유전자 조작기술이다. 한 개체의 난자세포에서 핵을 제거하여 비어 있는 세포질에 다른 개체의 체세포 핵을 빼서 이식시키는 방법이다. 생물들은 세포 안에 있는 핵에 의하여 그 형질 등이 결정되므로 유전자 조작을 통하여 새로운 세포가 만들어질 수 있는 것이다.

영국 로슬린 연구소(Roslin Institute)에서는 검은 얼굴을 가진 양으로부터 난자를 얻은 후 이 난자 속의 핵을 제거하여 준비해 두고 또 다른 얼굴이 하얀 양의 유

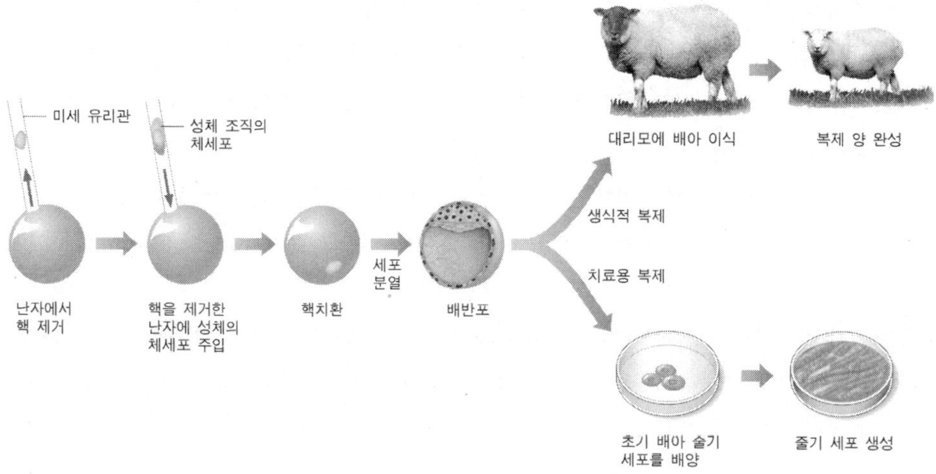

그림 16-1 복제양 돌리가 탄생한 과정

방의 젖샘 세포를 뽑아내서 준비해 둔 핵이 없는 난자에 전기 에너지를 가하여 충격을 주어 핵을 치환시키는 방법으로 수정란을 만들었다. 그렇게 형성된 배아를 대리모 양의 자궁에 착상시켜서 1996년 7월 5일에 복제양 '돌리'를 탄생시켰다.

돌리를 출산한 얼굴이 까만 대리모 양은 자궁만 빌렸을 뿐 유전적으로는 전혀 관계가 없다. 따라서 유방 체세포의 핵을 제공한 얼굴이 하얀 어미양의 유전자와 같은 DNA를 갖게 되어 돌리의 얼굴은 하얀색으로 유전되어 태어났다. 일반적인 생식 과정은 정자가 난자를 만나 자연스럽게 생식세포가 형성되는 반면에 이러한 인위적인 핵 치환 기술은 다른 체세포를 유전적으로 복제한 것이므로 윤리적 문제가 가장 심각하게 제기되고 있는 위험스러운 기술로 인식되어 전 세계에 충격을 주었다. 돌리의 후속실험은 계속 진행되어 돌리는 총 세 마리의 새끼를 낳고, 6년 반 후에 병에 걸려 죽었다. 현재 돌리는 영국의 에든버러의 왕립박물관에 박제로 전시되어 양의 1호 복제 클론으로 역사 속에 남게 되었다.

16.3 줄기세포

줄기세포(stem cell)는 우리 인간의 몸을 구성하는 모든 세포나 장기 조직으로 다양하게 분열되어 나갈 수 있는 세포를 말한다. 초기 단계에서 채취된 줄기세포는 실험실에서 인위적으로 어떻게 조절하느냐에 따라 여러 갈래의 다른 세포 형태로 배양 형태가 갈라지게 된다. 세포로 말하면 가장 어머니격이 되므로 모세포라고도 하며 나무의 줄기로부터 여러 갈래의 다른 방향으로 뻗어 나가는 가지와 같다는 의미로 줄기세포라고 이름 붙여졌다. 줄기 세포의 분열이 일어나게 되는 초기에 어떠한 장기로 세포 분열이 진행될지 아직 결정되지 않은 단계가 있는데, 과학자들은 이와 같이 줄기세포의 분열이 일어나는 초기 단계의 세포를 채취하게 된다. 줄기세포는 배아 줄기세포(embryonic stem cells), 성체 줄기세포(adult stem cells) 등이 있다.

배아 줄기세포는 인간의 배아를 이용한 줄기 세포이다. 어머니 자궁에서 정자와 난자가 결합하면 수정란이 되고 하나의 세포에서 출발한 수정란은 세포가 분열되기 시작한다. 수정한 후 4~5일이 지난 상태를 배반포(blastocyst)라고 한다. 수정한 후 14일이 지나지 않은 배아에 있는 줄기세포가 배아 줄기세포이다. 수정란이나 태반에서 추출되며 증식을 통하여 다양한 신체세포로 분화하여 성장한다. 배아 줄기세포를 사용하면 백혈병이나 파킨슨병과 같은 난치병 치료에 쓰이는 장기 세포를 실험실 안에서 대량으로 만들 수 있기 때문에 장기가 턱없이 부족한 현실에서는 꿈의 세포가 되는 긍정적인 면이 있지만, 타종에게도 이식이 가능하기 때문에 관련된 연구들은 심각한 윤리적 문제를 야기하게 된다.

성체 줄기세포는 인체의 어떤 특정한 조직 속에 있는 세포이며 소량만 존재한다. 성체 줄기세포는 주로 성인의 혈액이나 골수에서 추출해 낼 수 있는데 이 세포로 부터 인체장기의 세포로 분화된다. 예를 들어 골수에서 뽑아낸 세포는 혈구세포로만 분화되도록 이미 지정된 세포이다. 또한 피부는 재생능력이 있기 때문에 피부

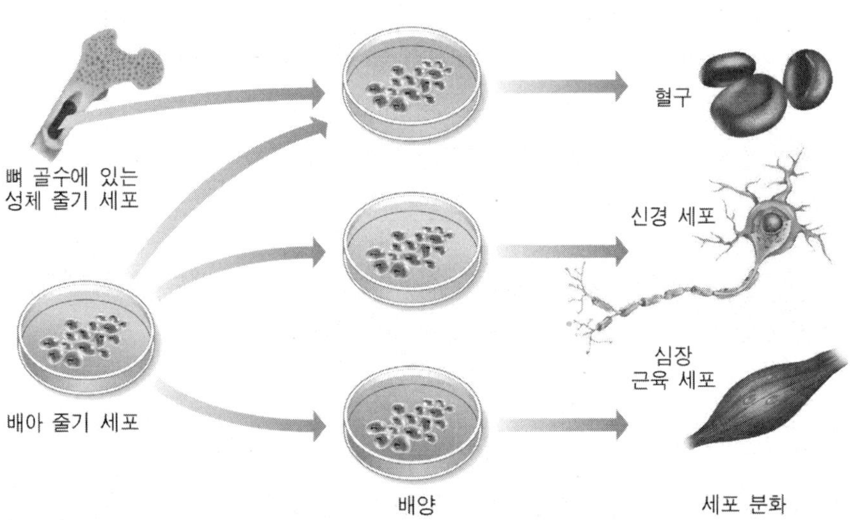

그림 16-2 줄기세포의 추출 및 분화

에 상처가 나면 새 피부가 상처를 대체하게 하여 아물게 되는데 손에 상처가 나던지, 허벅지에 상처가 생기던지 부위와 상관없이 새로운 세포를 제공할 수 있는 것은 바로 이 성체 줄기세포 덕분이다. 따라서 난치병 환자의 치료법으로 성인의 골수 등에서 추출해 낸 성체 줄기세포를 인체 장기세포로 분화하는 방법의 기술이 임상단계까지 와 있다.

16.4 DNA 재조합 기술

DNA 재조합(DNA recombination)이라는 기술은 생물체 안의 유전 정보를 함유하고 있는 특정 DNA 부분을 또 다른 DNA와 연결시키고 새롭게 조합하여 또 다른 DNA 분자 구조를 만드는 방법으로 인위적으로 유전자를 자유롭게 조작할 수 있는 기술이다. 이때 DNA의 특정 부분을 자르기 위해 사용하는 것이 유전자 가위이다. 이러한 이름은 어느 결함이 있는 특정 부위의 유전자를 부분적으로 가위로 도려내듯이 마음대로 제거할 수 있다는 의미에서 붙여진 것이다. 유전자 가위로 사용하기 위해서는 DNA의 특정 부분을 인식하여 자를 수 있는 역할을 하는 제한 효소(restriction enzyme)를 이용하는 기술이 필요하고 또한 DNA를 운반할 수 있는 플라스미드(plasmid) 물질, 그리고 잘라진 DNA를 특정 부위에 새롭게 끼워 넣는데 쓰이는 DNA 효소(DNA ligase) 기술이 필요하다. 이와 같이 유전자 가위를 이용하여 재조합 DNA를 성공적으로 만들 수 있다.

치료를 목적으로 난치병 질환에 치명적으로 작용하는 특정 DNA 염기 사슬 부분의 해가 되는 유전자를 선별적으로 제거한다면 인류에게 매우 유익하게 사용될 수 있는 긍정적인 면이 있다. 그러나 이러한 유전자 조작 기술을 새로 태어나는 생명, 즉 태아에게 적용하게 된다면 자연의 순리에 위배되는 맞춤형 신생아가 태어날 수 있기에 윤리적인 관점에서 심각한 문제점을 유발한다.

세포 안에는 세포의 소기관으로 분류되는 미토콘드리아가 있다. 여기에서 세포가 생명을 유지하기 위한 에너지를 생산하는데, 이 부분은 자손에게 그대로 유전된다. 만일 부모의 이 유전자에 문제가 생기면 자식에게도 유전되어 치명적인 질환이 생기는데 마땅한 치료제가 없으므로 난치병에 속한다. 이때 잘못되어 있는 특정 유전자 부분을 선택적으로 잘라내 버리고 정상인의 유전자를 잘라서 다시 붙이는 방법을 사용하면 다양한 유전질환 등의 치료뿐만 아니라 암 등의 난치병들을 의외로 쉽게 고칠 수 있다. 이러한 생명공학기술은 사람뿐만 아니라 가축에서의 질병이나 식량으로 사용되는 농수산물 등의 경우에도 적용되어 인류에게 큰 도움이 될 수 있다. 하지만 유전자 조작으로 탄생한 맞춤형 아기는 윤리 차원에서 후세대에 어떤 결과로 우리에게 다가올지 아무도 예측하지 못하기 때문에 미래의 재앙이 될 수도 있다.

인간이 가지는 DNA의 염기 결합 순서는 모든 사람이 99.9 %가 같으며 단 0.1 % 정도만 다르다. 따라서 인간의 게놈 정보를 이용하여 정상인과 유전 질환을 가지는 환자의 DNA의 염기 결합 순서를 비교하고 인간뿐만 아니라 다른 생물체의 특성과 조직까지도 범위를 넓혀 연구하는 생물정보학(bioinformatics)이라는 새 분야도 탄생하고 있다.

많은 질병들이 유전자의 결함으로 야기되기 때문에 인간 게놈 프로젝트(HGP)의 완성으로 게놈 내에서 심장병, 당뇨, 고혈압, 알츠하이머, 그리고 암과 연관된 유전자의 부분들을 정상인들의 게놈과 비교하여 찾아내면 질환에 대한 조기 진단이 가능해지고 치료 방법을 찾을 수 있을 것이라는 기대가 있다. 이러한 치료 방법은 대용량의 컴퓨터에 모든 정보를 입력하여 유전정보를 잡아내야 하기 때문에 개인의 유전정보가 유출되어 사생활 침해 등의 불이익을 받게 되는 또 다른 사회 문제를 내재하고 있다.

1982년에는 유전자 재조합 기술을 이용하여 거대생쥐(super mouse)가 탄생했다. 쥐의 성장 호르몬(growth hormone, somatotropin)은 뇌하수체에서 만들어지는데 체내에서 과잉으로 만들어지면 거대증이 되고 양이 부족하게 되면 왜소증을 유발하게 된다. 쥐의 성장 호르몬과 관련한 유전자를 도입하여 얻은 유전자 재조합 DNA를 쥐의 난자에 삽입하고 이 난자를 다시 대리모에 착상시키는 방법을 사용하였다. 이 거대생쥐는 일반 생쥐보다 성장 호르몬의 수치가 수백 배 높았으며 보통 생쥐의 몸무게의 2배에 달하였다. 이와 흡사하게 슈퍼 돼지와 슈퍼 소, 슈퍼 연어도 탄생하였다.

일반 연어는 완전히 성장하는 데 대략 3년 걸리는데 비해, 슈퍼 연어는 1년 반 만에 완전히 성장하였고 일반 연어보다 4 ~ 5배나 컸다. 슈퍼 연어는 유전자의 한 부분을 떼어서 다른 물고기의 유전자를 섞었으므로 두 개의 전혀 다른 종의 생선이 유전자 변형을 통하여 융합되어 탄생된 것이다. 이 밖에 슈퍼 돼지는 원래의 돼지 몸 안에 있던 유전자 중의 한 부분만을 떼어내어 외부 유전자가 섞이지 않은 상태에서 원래의 돼지의 유전자의 다른 위치에 연결시키는 방법 등을 써서 탄생되었다. 이와 같은 방식으로 슈퍼 소도 탄생되었다. 어떠한 경우이던 과연 이러한 유전자 조작된 식품들은 먹어도 안전할지 아무도 정확하게 예측할 수 없다는 것이다.

지금은 괜찮더라도 몇 대에 걸쳐서 긴 시간이 흐른 후 유전자에 치명적인 문제점들이 발생할지는 아무도 모른다. 또한 이렇게 유전자가 조작된 대형 가축이나 물고기들이 우리를 벗어나 자연으로 방출되는 경우 엄청난 생태계 교란이 일어나며 인간들이 통제할 수 없는 지경에 이르게 된다면 생태계의 제2의 환경 재앙으로 번지게 되므로 매우 세밀하고 신중한 통제가 필요하다.

생명과학기술은 우리 인류 자신에게 직접적으로 관련되어 있는 기술일 뿐만 아니라 우리 후손에게도 물려주어야 할 유산과도 같다. 그러므로 앞으로 유전자 조작 기술을 사용하는 관점에서 윤리적인 판단이 필요하다는 것을 누구나 인식하고 있다. 이를 위해 충분한 사회적 검증과 국가와 국민들 간의 제도적인 합의가 이루어지고 있기는 하지만 이를 유리적으로 철저하게 이행한다는 것이 쉬워 보이지는 않는다.

16.5 유전자 조작 식품

유전자 조작 식품(Genetically Modified Organisms, GMO)이란 유전자(DNA)를 인위적으로 조작하여 저장성을 좋게 하거나 제초제 및 병충해에 강한 특성을 갖도록 개조한 농축산물을 말한다. 예를 들어 더 이상 생식이나 번식이 가능하지 않은 통조림에 들어 있는 식품들이 주로 이에 해당된다. 국제협약인 바이오안전성 의정서에는 현대 생명공학기술을 이용하여 새롭게 조합된 유전 물질을 포함하고 있는 동물, 식물, 미생물 등 모든 살아 있는 생물체를 의미하는 경우로 유전자변형생물체(LMO, Living Modified Organism)라는 용어를 쓰기도 한다.

유전자 재조합 기술이 본격적으로 성과를 거두었던 것은 1967년에 DNA 조각을 다른 위치에 가위로 잘라내어 풀로 다시 붙이듯이 마음대로 조작하여 결합시키는 DNA 연결효소의 기술이 개발되고, DNA의 특정한 부분을 끊어내는 제한효소의 개발과 관련된 화학 반응 기술이 성공적으로 이루어지면서부터 시작되었다. 1983년 이후부터 콩, 옥수수, 밀과 같은 식물들에 인위적인 유전자 재조합 기술을 이용하여 유전자가 변형된 상태의 GMO 식품들이 탄생되기 시작되었다. 그 후 1995년 전후로 미국식품의약안전청(FDA)에서는 유전자 재조합으로 만든 식품들의 시중 판매를 승인하면서 각 가정에 시판되기 시작하였다. 그러나 GMO 식품이 인체에 미치는 영향에 대하여 의견은 엇갈린다. 현대의 과학적인 해석으로 본다면

GMO 식품이 소화기관에 들어가면 촉매에 의한 분해가 완전히 이루어져서 음식물에 포함된 유전자 분자 형태들이 분해된 상태에서 흡수되므로 인체에 영향을 미치지 않는다는 의견이 있지만 일반인들은 이러한 GMO 식품에 대하여 인체에 안정성이 현재의 과학기술로 완전히 검증할 수 없는 부분이 있을 것이라고 생각하고 안심하지 못한 채 꺼려하고 있다. 인체에 항생제를 계속 사용하면 내성이 생기는 것과 같이 지금까지 자연적으로 얻어지는 농산물과 비교하여 유전자 조작 작물을 장기간 재배하였을 때 잡초의 피해나 병충해 등과 같은 피해는 아직 검증되지 않았기 때문에 발생되는 환경문제 역시 아직 미지수로 남아 있다.

2000년대에 들어 농산물의 많은 양이 유전자 재조합 식품으로 대체되고 있다. 미국 농산물 중 대두의 30 %, 옥수수의 25 % 등이 GMO 식품으로 보고되고 있으며 지금도 다양한 농산물이 유전자 조작을 통하여 만들어지고 있는 상황에서 2003년에는 유럽을 중심으로 약 50여 개국이 모여 '바이오 안전성에 대한 카르타헤나 의정서'의 국제조약을 맺었다. 이에 의하면 GMO 식품을 수입하는 국가에서는 자체의 판단에 의하여 GMO 수입을 허용하거나 거부할 수 있는 권리를 부여하였다.

인슐린 단백질은 당뇨병 치료제로 쓰인다. 그러나 인슐린 단백질은 생체 내에서 오로지 미량만 만들어지므로 치료약으로 쓰기에는 가격도 비싸고 구하기가 어려웠다. 그러나 1970년대에 인체 내에서 미량으로 얻어지는 인슐린 단백질은 DNA 재조합 기술을 대장균 박테리아에 적용하여 대량 생산이 가능해져서 많은 질환자들의 치료를 가능하게 하여 많은 생명을 구하였다. 유전자를 재조합하여 대량 생산된 인슐린도 처음에는 유해성 문제로 논란이 있었으나 지금은 유전자 조작 인슐린은 의약품 기능으로서 문제점을 제기하는 일이 없을 정도로 안정적으로 사용하면서 유전자재조합 기술의 혜택을 받고 있다. 이와 같이 대장균 박테리아를 이용하여 인슐린 DNA 재조합을 시킨 의약품이나 식량 조달차원에서 GMO 식품을 사용하는 것이나 큰 차이는 없다고 생각하는 생명공학자들도 늘어가고 있다.

16.6 세포융합 기술

세포융합은 크게 식물세포융합, 동물세포융합, 미생물세포융합으로 분류할 수 있다. 서로 상이한 두 개의 식물에서 각각 세포를 채취한 후 이 두 개의 세포를 합하여 융합시킨 세포를 배양하여 두 세포로부터 자라는 장점이 되는 특성들을 얻게 되는 방법으로 신품종을 연구할 때 가장 많이 쓰이는 방법이다. 또한 해충에 강한 식물과 추위를 잘 견디는 식물들의 세포를 채취하여 세포융합을 시키면 해충에도 강하면서 추위에도 잘 견디는 훌륭한 품종으로 개발될 수 있다.

독일의 막스플랑크연구소에서는 토마토와 감자의 세포를 융합하여 땅 위에서는 토마토가 열리고 땅속에서 감자가 열리는 세포융합된 식물을 만들었고 그 이름을 포마토(pomato)라고 발표하였다. 이 밖에도 무와 배추를 세포 융합하여 땅 위에서는 배추가 자라고 땅 밑에는 무가 만들어짐으로써 일석이조의 효과를 거두는 새로운 채소인 무추(무+배추)가 세포 융합으로 탄생하였다. 또한 가지와 감자의 세포를 추출하여 세포융합시키면 지상에서는 가지가 열리고 땅에서는 감자가 만들어지는 가자(가지+감자)와 같은 새로운 품종들이 계속 응용되어 만들어지는 세포융합기술이 발달하고 있다.

그림 16-3 시중에서 톰태이토(TomTato)라는 이름으로 팔리고 있는 포마토(pomato)

17장
생명의 물

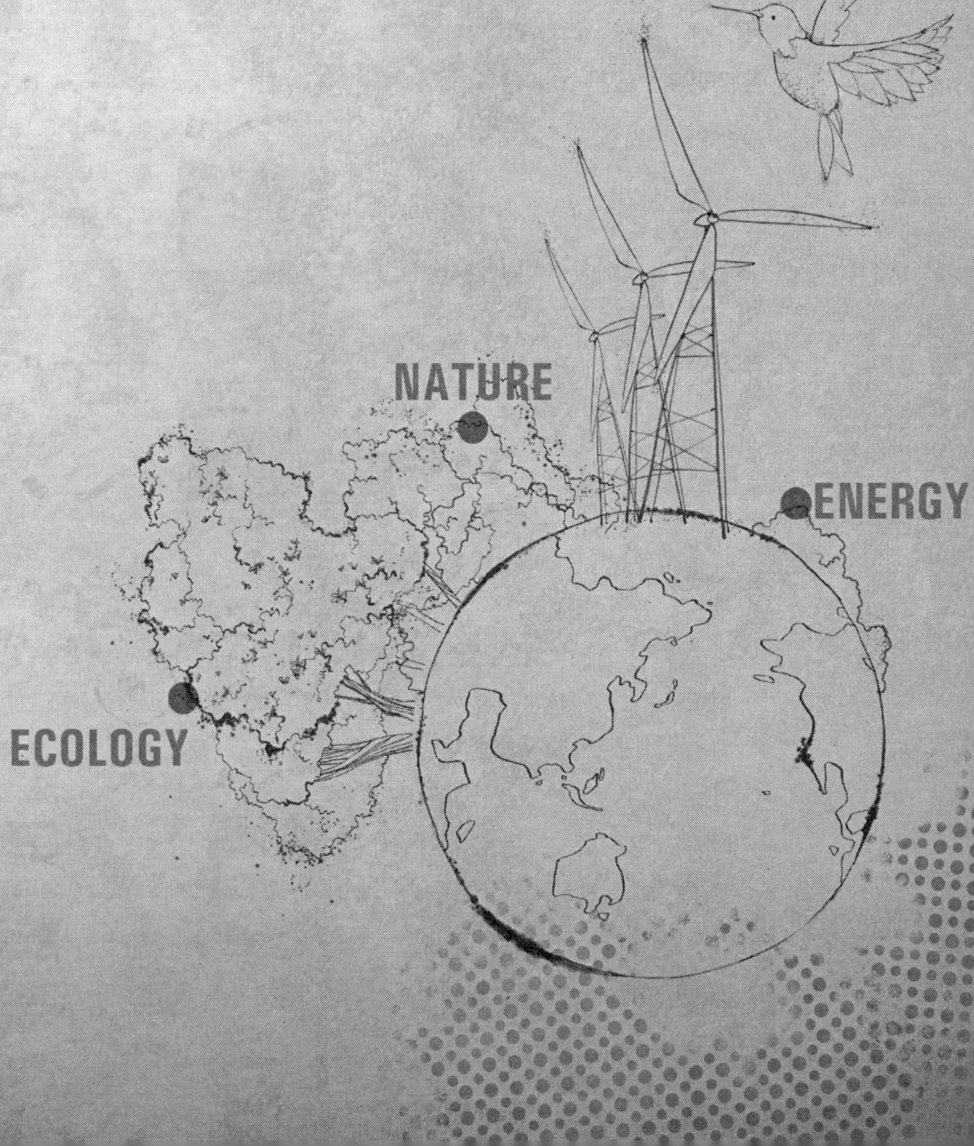

물(H_2O)은 동식물들이 생명을 이어나가는 데 필수적이며 반드시 섭취해야 하는 중요한 물질이다. 물은 산소 원자 1개와 수소 원자 2개로 이루어진 가장 간단한 분자들 중의 하나이며 지구 상에서 바다, 강, 하천 등에서 70 % 정도 발견되는 흔한 물질이다.

그림 17-1 물은 지표의 71 %를 덮고 있다. 물의 분포는 97 %가 바다에서 발견된다.

물은 생활에서 매일 중요하게 사용되는 물질일 뿐만 아니라 자연계의 많은 물질들을 잘 녹게 하는 성질을 가지고 있으므로 매우 좋은 용매(solvent)로 사용된다. 예를 들어 물은 술의 에탄올(ethanol) 도수를 조절하도록 희석시키고 꿀이나 설탕을 녹여 희석하여 음료수를 만들며 생체 내에 있는 많은 분자들을 녹이는 역할과 생체 내의 분자들이 수용액 속에서 만나서 화학변화를 일으키면서 상호작용을 하도록 생체환경을 만드는 데 이용되는 생체용매 역할도 한다. 대사, 유전, 진화와 같이 화학 변화가 일어나기 위해서 분자들은 물을 통하여 서로 간의 반응의 접촉이 일어나므로 물은 생명을 유지하는 환경을 유지하기 위한 필수적인 역할을 한다. 따라서 우주에서 물의 흔적을 찾는다는 것은 우주의 새로운 생명체의 존재의 여부를 파악하는 가장 중요한 수단이 된다.

17.1 물의 상태와 성질

물(water)은 일반적으로 액체 상태인 것을 말하며 고체 상태로 있으면 얼음(ice)이라고 한다. 과학적인 표현으로 본다면 물, 수증기와 얼음은 모두 H_2O 분자로 구성되어 있다. 물 분자는 우리 눈에 보이지 않는 기체(gas) 형태로도 존재할 수 있는데, 이렇게 보이지 않는 물 분자 기체가 아주 많이 모이고 온도가 낮아지게 되면 안개 형태로 된다. 또한 기체 물 분자는 증기(steam)처럼 액체 형태로 잠시 형성되어 볼 수 있다가 다시 기체 상태로 대기로 방출되기도 한다.

자연계의 모든 물질들은 극성과 비극성의 물질로 나뉜다. 물은 극성 물질에 속하기 때문에 가늘게 흘러나오는 수돗물에 자석을 가져가면 물은 휘어져 자석으로 끌려 들어오는 성질을 보인다. 비극성 물질은 자석을 가져가도 휘지 않고 똑바로 흐른다. 자연계에서는 같은 극성과 극성 물질끼리는 서로 잘 어울리고 극성과 비극성 물질들은 잘 어울리지 않는다. 이것은 용해도에서 직접 나타난다. 예를 들어 물은 OH의 구조를 포함하는 극성 물질이므로 알코올류의 OH를 가지는 극성 물질과 서로 잘 녹고 또는 소금(NaCl, sodium chloride)과 같은 이온성 물질들 역시 잘 용해시키는 성질이 있다. 그러나 옥테인($CH_3CH_2CH_2CH_2CH_2CH_2CH_2CH_3$)과 같은 지방족의 사슬 형태는 무극성 물질이므로 기름처럼 물과 잘 섞이지 않는다. 물 분자 속의 산소와 수소 두 원자를 비교하면 산소가 수소보다 전자를 끌어당기는 힘이 더 크다. 이것을 산소의 전기 음성도가 수소보다 크다고 표현한다. 전자는 음이온의 성격을 띠므로 산소가 전자를 더 강하게 잡아당긴다는 의미는 산소가 음이온의 성질을 더 띠고 상대적으로 수소는 전자를 산소 쪽으로 빼앗기게 되므로 양이온의 성질을 띠게 된다. 그래서 물은 극성을 가지므로 공유 결합 물질이라고 하며, 쌍극자 모멘트 값은 0보다 크다. 물은 중심 원자인 산소가 비공유 전자쌍을 2개 포함하고 있고 수소보다 전기 음성도도 더 세므로 물의 분자 형태는 수소 원자 2개와 산소 원자 1개가 굽은형 구조이며 결합각은 104.5도를 유지하는 형태로 공유 결합한 것이다. 만일 물을 이루는 H-O-H 원자들의 각도가 180도를 이루는 형태였다면 산소는 양쪽의 수소를 잡아당기는 상호작용이 서로 상쇄되어 무극성이 되고 쌍극자 모멘트 값은 0이 되었을 것이다. 이와 같이 물이 극성이 되는 이유는 물이 굽은 형태를 가지고 있기 때문이다. 만약 무극성이 된다면 음전하와 양전하로 나뉠 수 없으므로 수소 결합이 안 될 것이고, 그렇게 되면 100도에서 끓던 물은 실온에서 이미 끓어서 기체 상태로 변했을 것이다. 또한 수소 결합이 없다면 인체의 수분은 모두 기체로 빠져나가 버리기 때문에 생명체는 존재할 수 없을 것이다.

그림 17-2 물의 세 가지 상태 © Stephanie Costa, Sven Hoppe, Arun Kulshreshtha / Wikipedia(CC BY-SA)

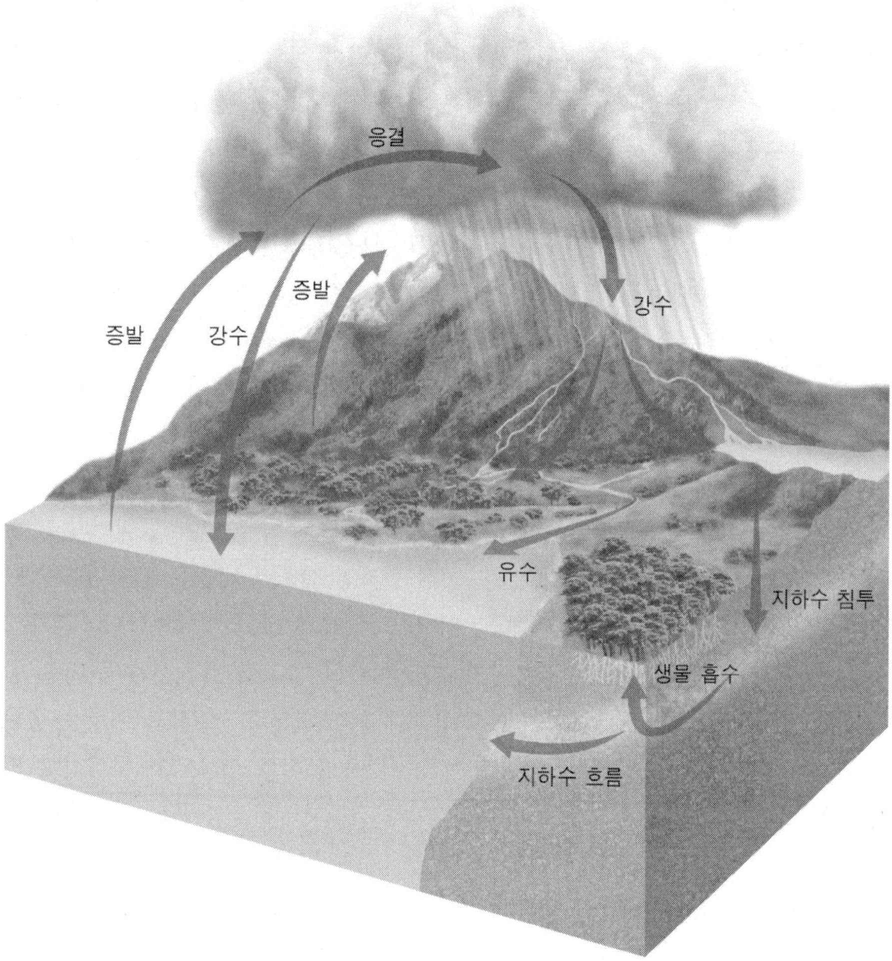

그림 17-3 물의 순환

17.2 생명체를 이루는 물의 수소 결합

수소 결합은 분자들 내에 플루오린(F), 산소(O), 질소(N)와 같이 전기 음성도가 큰 음이온 성격의 원자들과, 또 다른 분자에서 전기 음성도가 작아 양이온 성격을 띠는, 수소 사이에 작용하는 분자간의 힘이다. 예를 들면 물 분자에서 산소 원자는 음이온의 성격을 띠고 수소 원자는 양이온 성격을 띠면서 정전기적인 상호작용을 하게 된다. 이때 다른 물 분자들 사이에도 영향을 미치게 되어 산소의 음이온 성격

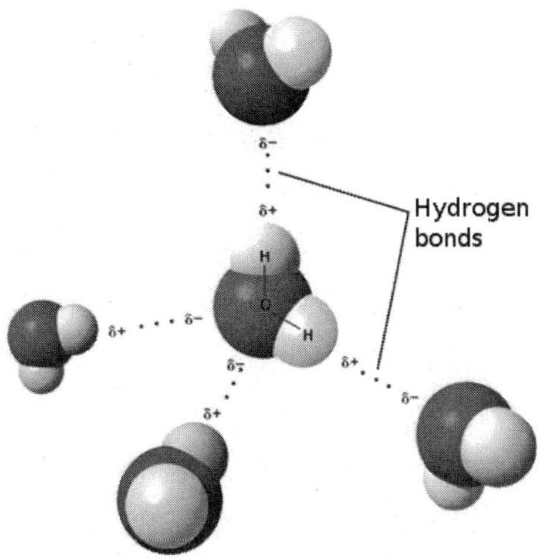

그림 17-4 물의 수소 결합 모습

이 다른 물 분자의 수소의 양이온 부분과 결합하게 되는데 이것을 수소 결합이라고 한다.

수소 결합하는 대표적인 물질로는 물(H_2O), 에틸알코올(CH_3CH_2OH), 암모니아(NH_3), 플루오르화수소(HF)가 있다. 예를 들어 물 분자들은 서로 가까이 있기 때문에 수많은 분자들이 한꺼번에 수소 결합 상태를 유지하게 되므로 물 분자는 독립적으로 존재할 수 없다. 결과적으로 물은 수많은 수소 결합을 하고 있기 때문에 물의 끓는점이 100 °C로 매우 높아지게 된다. 이와 반대로 전기 음성도 차이가 거의 없는 탄소(C)와 수소(H) 원자로만 구성되어 있는 CH_4 분자는 수소 결합을 할 수 없기 때문에 아주 낮은 온도인 -161.5 °C에서 끓으며 상온에서는 기체로 존재할 정도로 분자간의 정전기적인 상호작용이 매우 약하다. 이와 같이 물은 수소 결합을 통하여 분자간에 인력을 가지기 때문에 액체로 존재할 수 있다. 따라서 물로 세수와 목욕을 하거나 음료수 등을 만들어 마실 수 있는 것이다. 물은 수많은 수소 결합을 통하여 액체 상태로 있다가 물을 끓이게 되면 에너지가 전해져서 물의 수소 결합이 깨진다. 이후 물은 수증기 형태의 기체로 대기 중으로 방출된다. 물은 수소 결합에 의해 분자간 힘이 크기 때문에 물의 기화열(증발열)이나 융해열도 매우 크게 나타난다. 따라서 한 여름 아스팔트에 물을 뿌려주면 물이 증발하면서 아스팔트 위의 열기를 빼앗아 대기 중으로 날아가기 때문에 시원함을 느낄 수 있다.

아침 풀잎에 맺혀 있는 이슬방울들이 동그랗게 형성되거나 호수 위의 소금쟁이가 물 위에 앉아 있어도 가라앉지 않는 것은 물의 표면 장력에 의한 현상이다. 이와 같은 물의 표면 장력 역시 물의 수소 결합에 의한 분자간의 강한 인력으로 나타나는 결과이다.

물 분자 내의 수소와 산소는 공유 결합을 통하여 단단히 결합되어 있다. 거기에 비하면 물 분자와 물 분자 사이의 수소 결합은 공유 결합보다는 매우 약하다. 그러나 이렇게 약한 수소 결합이기는 해도, 지구 상의 물이 액체로 남아 있게 하고 우리의 생명을 유지하는 데 있어서 대단히 중요한 역할을 하고 있는 것이다. 갑자기 수소 결합이 사라진다면 물 분자들은 이미 기체 상태로 대기를 통하여 우주로 방출되어 버렸을 것이다. 마찬가지로 지구 상의 생명체들도 산산이 부서져 우주로 방출되어 지금과 같이 존재할 수 없을 것이다.

생명을 이루는 데 필수적인 DNA와 같은 생체 내의 고분자들은 염기 서열을 통하여 유전정보를 가지게 되는데 DNA의 염기들은 두 가닥의 형태로 수소 결합을 통하여 마주 보면서 결합하여 이중 나선 구조 형태를 가지게 된다. 이때의 수소 결합은 공유 결합보다 훨씬 약하기 때문에 DNA가 복제되면서 후손 세포에게 유전정보를 RNA로 전사하는 과정에서 이중 나선의 특정 부분이 풀리려고 할 때 적절한 에너지만 가지고도 풀릴 수 있도록 되어 있다. 만약 DNA의 이중 나선이 공유 결합으로 단단히 연결되어 있다면 풀릴 수 없는 DNA는 유전정보를 전달해 주는 기능이 원래부터 있을 수 없었을 것이다.

생체 내의 단백질의 구조에 있어서도 수소 결합의 중요성은 그대로 나타난다. 수많은 단백질을 이루고 있는 아미노산은 삼차원적으로 서로 뭉쳐져 있다. 이때 약하지만 적당한 세기의 수소 결합으로 단백질이 모여 있다가 생체 내에서 제공되는 에너지가 가해지면 수소 결합이 풀리면서 다양한 기능으로 생명을 유지하는 데 사용되고 있다. 이러한 단백질에서도 수소 결합이 아니라 공유 결합으로 연결되어 고정되어 있다면 생명을 유지하는 다양한 기능은 불가능했을 것이다. 즉 수많은 아미노산들은 공유 결합보다 약하긴 하지만 수소 결합의 인력을 가지고 서로 삼차원적인 입체 구조 형태를 형성하며 세포 활동을 통한 생명 현상을 만들어 내고 있다.

17.3 물의 밀도

물 분자 사이에서 작용하는 수소 결합을 이루는 분자 배열은 액체 상태인 물과 얼음의 결정 구조에서 다르게 나타난다. 일반적으로 액체들은 고체로 응고할 때 부피가 줄어드는 것이 보통이다. 그러나 액체인 물이 온도가 낮아져 얼음으로 바뀌면 예외적으로 부피가 늘어나는 이유는, 물 분자의 배열이 바뀌게 되면서 육각형 고리 형태의 수소 결합으로 고정되기 때문에 얼음이 된 물 분자 안에 많은 빈 공간이 생기게 되어 밀도가 작아지기 때문이다. 물질의 밀도(density)는 단위 부피당 질량으로 정의되는데 물의 경우 1 g/cm^{3}이다. 단위 부피인 1 cm^{3}는 1 cc(1 cubic centimeter)이며 1리터의 1/1000에 해당하는 1 mL와 같은 부피에 해당한다. 1 cm^3 단위 부피 안에 있는 액체 상태의 물에서의 H_2O 분자의 개수는 얼음 안에 많은 공간으로 비어 있는 고체 얼음 상태의 H_2O 분자 개수보다 많다. 따라서 액체 상태인 물의 단위 부피당 질량, 즉 밀도가 고체 상태의 얼음 밀도보다 더 크기 때문에 추운 날 연못의 물이 얼기 시작하면 물의 질량은 무겁고 고체인 얼음의 질량은 작기 때문에 얼음이 물 위로 올라가서 뜨게 되고 위에서 아래 방향으로 얼음은 점점 더 커지게 된다. 이와 같이 얼음이 물 위에 뜨게 되는 이유는 수소 결합에 의한 밀도 차이로 해석할 수 있다.

17.4 물의 비열

비열(specific heat capacity)은 단위질량을 가지는 물질의 온도를 1도 높이는 데 필요한 열에너지로 정의한다. 비열용량으로 부르기도 하는데 물질에 따라서 각기 다른 비열을 가지게 된다. 물의 비열은 1 g의 온도를 1 K 높이는 데 필요한 열량을 말하며 단위는 1 cal/g.K이다. 여기에서 cal은 에너지의 단위인 칼로리(calorie)이며, 이 단위는 물질의 온도를 높이는 열의 양을 말한다. 액체 형태인 물은 다른 금속들이나 얼음과 같은 고체보다도 비열이 월등히 크다. 예를 들면 물은 비열이 1 cal/g·K이지만 철은 0.107, 구리는 0.0924 cal/g·K으로 상대적으로 매우 낮은 값을 가지게 된다. 비열(비열용량)이 크다는 것은 온도 변화가 그리 크지 않다는 말과 같다. 즉 똑같은 열을 가하였을 때 구리는 빨리 뜨거워지고 물은 천천히 뜨거워진다는 것이다. 물 1 kg의 온도를 1 °C 높이는 경우에 필요한 열량은 1 kcal이며 단위는 kcal/°C를 사용하기도 한다.

17.5 물의 열용량

열용량(heat capacity)은 물질 전체 질량의 온도를 1도 높이는 데 드는 열량이며 단위는 J/K이다. 물체의 질량이 커지면 열용량도 커지게 된다. 비열 및 질량이 클수록 열용량도 커지게 되고 열용량이 커지면 온도의 변화는 작아진다. 예를 들어 물 1 g을 끓이는 것과 1,000 g을 끓이는 것을 비교하여 보면 1 g의 물은 1분도 채 안되어도 끓지만 1,000 g의 물은 1분 동안 끓여도 큰 온도 변화가 없다. 1,000 g을 끓이려면 열량이 많이 필요하다. 다시 말해서 질량이 작으면 작은 열용량으로 온도를 높일 수 있지만 질량이 커지면 열용량이 커져야 끓게 되므로 더 많은 열을 오랫동안 가하여 주어야 한다. 물체의 질량은 돌솥뚝배기가 양은냄비보다 훨씬 크므로 무겁다. 그렇기 때문에 질량이 작은 양은냄비는 적은 열용량만 가하여 주어도 금방 끓고 질량이 큰 돌솥뚝배기를 뜨겁게 하려면 훨씬 큰 열용량을 가해 주어야 한다. 열용량이 크다는 것은 비열이 큰 것과도 연관이 있다. 따라서 높은 열용량과 비열이 높은 돌솥뚝배기의 경우에 온도의 변화는 그리 크지 않아서 온도가 쉽게 올라가지 않으며, 또 쉽게 내려가지 않기 때문에 오랫동안 뜨거운 상태를 유지하는 보온효과가 크다. 반대로 열용량과 비열이 작은 양은냄비는 큰 온도 차이를 보이면서 금방 끓고 금방 식는다.

물에 열을 가하여 준다는 것은 물 분자들끼리 작용하고 있는 수많은 수소 결합들을 끊어버리는 열에너지를 제공한다는 의미이다. 그 결과로 수소 결합이 없어지게 되는 물은 액체 상태로 존재할 수 없고 대기 중으로 기체 형태로 날아가 버린다. 대기 중의 기체 상태에서는 밀도가 너무 낮아 물 분자와 물 분자간의 수소 결합을 할 수 없다. 물에 열을 가해 주면 그 열은 온도를 높이는 데 사용하는 것이 아니라 물의 수소 결합을 끊는 에너지로 사용되기 때문에 물의 온도가 쉽게 올라가지 않는다. 따라서 물은 비열이 크기 때문에, 온도 차이가 크게 변하지 않는다.

비열이 크고 열용량도 큰 물은 일반적으로 온도 변화가 그렇게 크지 않다는 것을 우리 주위에서도 느낄 수 있다. 여름철 바닷가에서 강렬한 태양이 비추면 육지의 모래는 고체이므로 열용량이 작아서 빨리 뜨거워지는데 바닷가의 물은 액체이며 열용량이 커서 쉽게 온도가 올라가지 않는다. 달구어진 육지의 뜨거운 공기는 대기 위로 올라가고 그 자리를 채우기 위하여 바다의 낮은 온도의 공기가 이동하여 시원한 바닷바람을 느낄 수 있는 것이다. 반대로 밤에는 육지가 빨리 차가워지고 온도의 변화가 거의 없는 바닷물은 아직 뜨거운 상태로 있기 때문에 반대로 바닷물 위의 공기가 위로 상승하고 육지의 차가운 공기가 바다 쪽으로 불게 되는 것도 열용량의 차이 때문에 일어나는 현상이다.

물질에 따른 비열의 차이

물질	비열 cal/(g · K)	물질	비열 cal/(g · K)
물	1	얼음	0.5
철	0.107	수증기	0.4
은	0.056	알코올	0.58
금	0.0309	수은	0.033
백금	0.0316	우라늄	0.027

100 °C에서 펄펄 끓는 액체 상태의 물에 피부를 데이게 되면 액체는 비열이 크고 열전달 속도가 빨라서 즉시 화상을 입는다. 그러나 목욕탕의 건조한 사우나에서는 수증기에 의하여 실내 온도가 보통 100 °C 가까이 유지되어도 화상을 입지 않는다. 그 이유는 건조한 기체 상태의 물 분자들의 운동 에너지가 활발하여 온도는 올라가지만 공기 중의 물 분자의 밀도가 낮고 공기가 열전달 속도를 늦추는 한편, 기체인 수증기의 비열이 0.4 cal/g.K 정도로 액체일 때의 1 cal/g.K에 비하여 낮아서 온도가 쉽게 낮아지는 상태로 우리 몸에 전달되기 때문이다. 그러나 반대로 압력밥솥에서 나오는 수증기에 직접적으로 접촉하면 훨씬 더 위험하다. 그 이유는 물의 끓는점은 1기압인 경우에는 100 °C였다가 압력이 올라가면 갈수록 증가하게 되기 때문에 밀폐된 밥솥 안의 공간에 압력이 가해져서 10기압이 되면 181 °C로 물의 증기 온도는 올라가고 50기압이 되면 264 °C로 온도가 계속 올라가는 상태를 유지하므로 증기에 직접적으로 노출되면 화상을 입는 정도는 통상적인 끓는 물에 데는 것보다 훨씬 커지게 된다.

17.6 물의 총괄성

물은 커피, 설탕, 알코올 같은 물질들을 잘 녹이기 때문에 폭넓은 용매(solvent)로 사용된다. 용매에 녹는 물질을 용질(solute)이라고 하고, 물 용매에 용질이 녹아 있으면 그것을 수용액(aqueous solution)이라고 한다. 용질이 많이 녹아 있는가 용질이 조금 녹아 있는가에 의하여 용액의 성질이 달라지는데 그것을 물의 총괄성(colligative properties)이라고 한다.

(1) 증기압 내림과 끓는점 오름

꿀물과 보통 물을 비교하면 꿀물은 물에 다양한 성분의 용질들이 녹아 있으므로 순수한 물과 비교하여 휘발되려는 성질이 줄어들게 된다. 꿀물의 증기압은 물보다 그리 높지 않아 증기압 내림 현상이 나타나고 반대로 순수한 물의 증기압은 꿀물보다 높아진다. 증기압은 끓는점과도 연관된다. 끓는점(boiling point)은 액체에서 증발한 증기압이 외부의 기압(실생활에서는 1 atm)과 같아지는 온도로 정의되는데, 꿀물은 증기압이 낮아져서 100 °C에서도 잘 끓지 않는다. 반대로 물의 증기압이 높다는 것은 100 °C 이하의 온도에서도 잘 끓는다. 이와 같이 물과 꿀 속의 많은 성분(용질, solute)들이 섞여 있는 꿀물 용액은 증기압이 낮아지는 현상(증기압 내림, lowering vapor pressure)이 생기고 그 결과로 끓는점이 높아지게 되는 현상(끓는점 오름, boiling point elevation)이 생긴다.

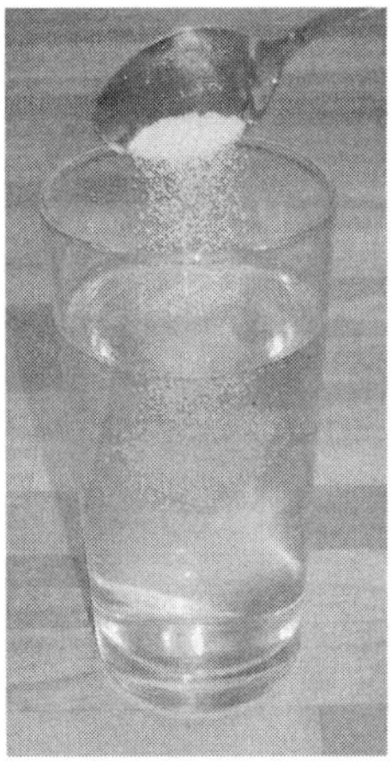

그림 17-5 소금(용질)이 물(용매)에 녹아 소금물(용액)이 되는 과정

(2) 어는점 내림

순수한 물의 어는점은 보통 섭씨 0 °C 정도인데 어떤 용질들이 녹아서 용매 상태로 되면 어는점도 더 낮아지게 된다. 꿀이나 설탕(용질, solute)이 들어간 물(solution)과 순수한 물의 어는점을 비교하면 꿀과 같은 용질이 들어 있는 용액의 어는점은 더 낮아지게 된다. 따라서 여름철에 냉장고 속의 순수한 물을 마시는 것보다 같은

온도라도 설탕물이나 꿀물 등을 차게 해서 마시면 온도는 0 °C보다 더 내려간 상태이므로 시원함을 강하게 느끼게 된다. 또한 온도가 영하로 낮게 내려가는 계절에는 자동차의 냉각수로 순수한 물만을 사용하게 된다면 라디에이터가 얼어버려서 차에 무리가 간다. 이것을 방지하기 위하여 에틸렌글라이콜($HOCH_2CH_2OH$)이라는 유기화학물질이 많이 들어가 있는 용질을 물과 섞은 용액을 사용하게 된다. 이러한 용액은 물의 어는점이 0 °C보다 훨씬 더 내려가서 영하의 온도에서도 얼지 않는 상태가 되므로 부동액으로 사용된다.

추운 혹한 속에서 강물은 얼어서 얼음이 되지만 바닷물은 날씨가 아무리 추워도 잘 얼지 않는 이유도 강물은 주로 순수한 물로 구성되어 있지만 바닷물은 순수한 물에 많은 양의 소금과 기타 용질들이 많이 포함되어 있는 용액의 성질을 가지기 때문에 어는점이 훨씬 내려갔기 때문이다. 또한 겨울철에 눈이 도로에 쌓이게 되면 염화칼슘($CaCl_2$)이라는 하얀색 화학약품의 결정을 뿌리는데, 이것은 염화칼슘이 물에 잘 녹아 순수한 물에서 염화칼슘 수용액이 되어 어는점이 내려가기 때문이다. 염화칼슘이 20 ~ 30 % 섞인 물은 영하 40 ~50 °C가 되어도 얼지 않게 되어 도로가 완전히 얼어붙는 것을 막을 수 있다. 또한 눈이 염화칼슘에 녹을 때는 발열 반응이 일어나 뜨거운 열을 방출하면서 도로 위의 눈을 빨리 녹이는 데 매우 효과적이다. 그러나 자동차의 밑면이나 철근의 손상을 유발하고 식물들을 고사시키므로 사용에 주의하여야 한다. 소금을 사용하여도 소금 용액의 어는점이 순수한 물보다 훨씬 더 내려가므로 염화칼슘과 비슷한 효과를 얻을 수 있다. 이러한 용액의 성질을 어는점 내림(freezing point depression)이라고 한다. 두 가지 서로 다른 물질을 섞었을 때 온도가 내려가는 혼합물을 한제(cryogen)라고 하는데 이는 용액의 어는점 내

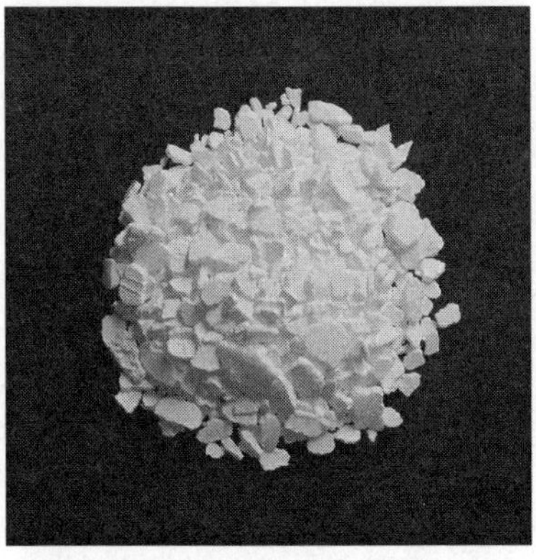

그림 17-6 염화칼슘
© Firetwister/Wikipedia(CC BY-SA)

그림 17-7 -180 °C까지 온도를 낮출 수 있는 액체질소 한제(cryogenics)
© Cory Doctorow/flickr(CC BY-SA)

림을 응용한 것이다. 예를 들어 얼음과 소금을 적절히 혼합하면 영하 20 °C까지 온도를 낮출 수 있어 냉장고가 없던 시대에는 이러한 방법을 사용하여 얼음을 보관하였다. 드라이아이스와 아세톤을 섞으면 −78 °C까지 온도가 내려간다. 액체 질소는 −195 °C 이하까지 온도를 낮출 수 있어서 극저온 실험에 사용되기도 한다.

17.7 물의 전기 분해

물 분자(H_2O) 수용액에 전기를 통하여 주면 산소와 수소로 구성된 물 분자들이 원자로 분해된다. 이것을 물의 전기 분해(electrolysis)라고 한다. 물은 산소를 중심으로 양쪽에 두 개의 수소로 이루어지는 분자 구조를 가지고 있다. 역으로 말하면 물의 구성 성분이 무엇인지 알기 위해서는 물을 전기 분해할 때 생성되는 원자들이 무엇인가를 규명하면 알 수 있다. 전기 분해 방법은 자발적으로 일어나는 화학 반응이 아니다. 에너지를 가해 주지 않으면 분해가 일어나지 않는다. 이때 전기 에너지를 공급하여 주면 물의 분해 반응이 일어난다. 전기 에너지를 물에 가해 주면 음극에서는 공기보다 밀도가 작고 무색을 띠는 가연성(combustible) 수소 기체가 발

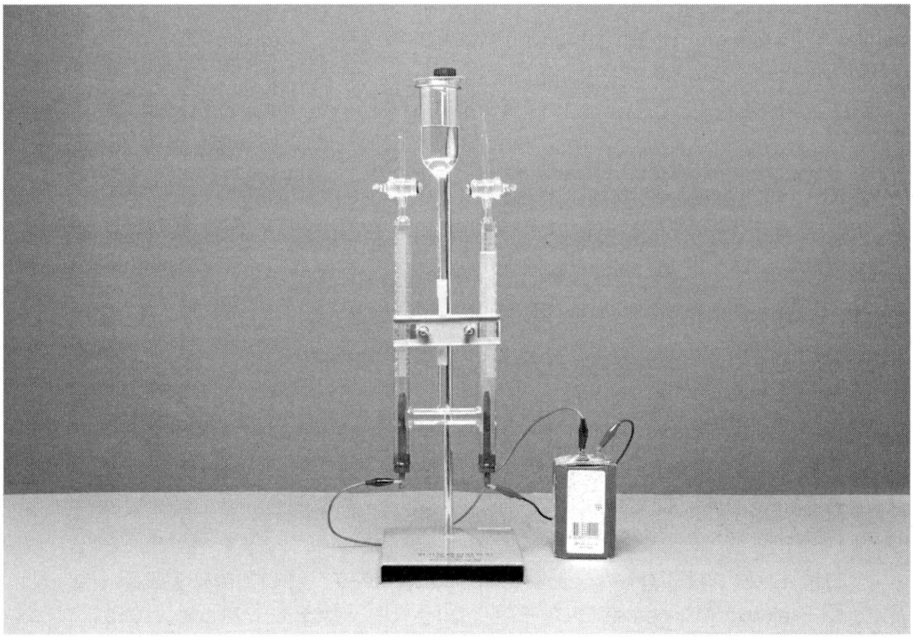

그림 17-8 실험용으로 사용하는 물의 전기 분해 장치

생한다. 이를 확인하는 방법은 무색의 기체에 불꽃을 가까이 대면 퍽 소리를 내면서 폭발한다. 양극에서는 공기보다 밀도가 크며 다른 물질들을 태우는 성질을 가진 무색의 산소 기체가 발생한다. 여기에 꺼져가는 불꽃을 갖다 대면 불이 다시 살아나게 되는 조연성을 확인할 수 있다. 이때 발생하는 수소와 산소의 부피비는 2:1로 산소 부피보다 두 배 많은 양의 수소 기체의 부피가 만들어진다.

일정한 압력과 온도에서 전기 분해에서 생성된 수소 기체의 부피와 산소 기체의 부피비가 2:1이라는 의미는, 아보가드로 법칙에 의하여 모든 기체는 같은 부피에서 같은 수의 기체 분자가 있다는 것이다. 따라서 수소 분자의 개수가 산소 분자 개수의 2배가 되므로 계수를 맞추면 다음과 같은 반응식을 얻을 수 있다.

$$2H_2O(l) \rightarrow 2H_2(g) + O_2(g)$$

물의 분해 과정은 전기 에너지를 공급 받아서 일어나기 때문에 흡열 반응에 속하고 실제로 2몰의 물 분자를 전기 분해하기 위해서는 572 kJ의 에너지를 외부로부터 공급받아야 된다. 물의 전기 분해를 역반응시키면 수소가 발생되면서 역시 에너지가 방출되므로 수소를 연료로 사용할 수 있다.

$$2H_2(g) + O_2(g) \rightarrow 2H_2O\ (l) + 572\ \text{kJ}$$

연료로 안전하게 사용하기 위해서는 위험한 수소와 산소를 모아 두었다가 필요할 때 연료로 사용하는 방법 등의 기술적인 문제를 개선하여야 한다. 수소의 가연성질과 산소의 조연 성질은 폭발을 수반하므로 첨단기술이 필요하다.

18장
물의 정화

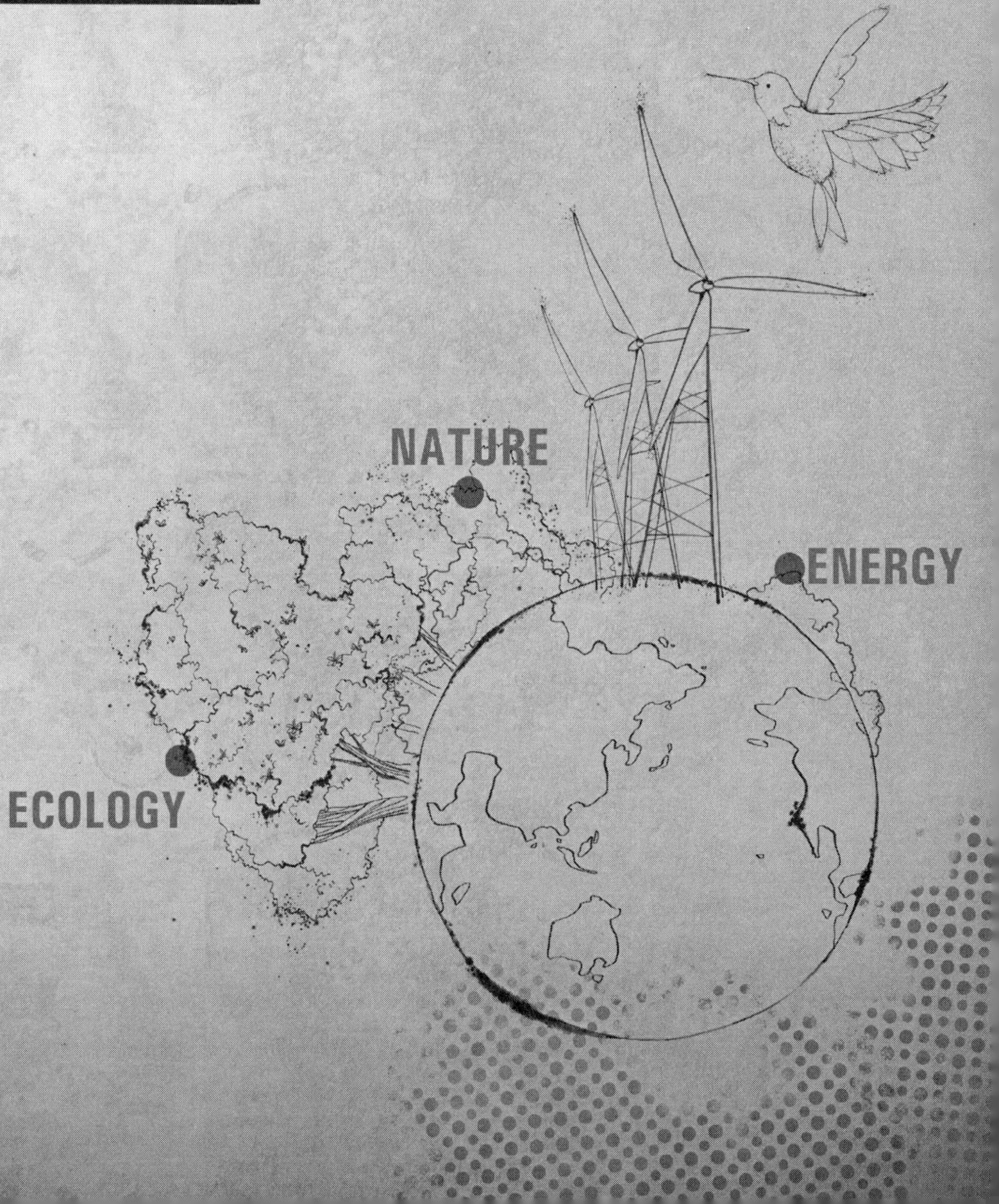

오염된 지하수에는 바이러스, 대장균 혹은 살모넬라균 등이 있어 설사나 장염을 유발할 수 있기 때문에 대단히 위험하다. 이러한 해로운 미생물과 찌꺼기 등을 제거하고 안전한 식수로 처리하기 위해서는 필터 작업(filtering) 혹은 화학약품 처리 등의 과정이 필요하다.

18.1 필터 방식과 소독

필터 방식은 탄소를 이용한 활성탄 여과 방식을 사용한다. 활성탄은 물속의 오염물질을 흡착하여 냄새, 색, 일부 중금속, 먼지, 녹 혹은 기생충을 제거하는 효과가 있으므로 자주 쓰인다. 하천, 호수나 강에 모인 물들은 펌프시설을 통하여 취수장으로 보내지며 취수장에 들어온 물은 흙이나 모래 및 눈에 띄는 정도의 큰 부유물이나 쓰레기들을 거름 장치를 통하여 일차적으로 제거한 후 여기에 미세 부유물들을 응집시키는 물질인 $Al_2(SO_4)_3$(황산알루미늄)과 $Ca(OH)_2$(수산화칼슘)을 함께 물속에 넣어주면 화학 반응이 일어나 새로운 고체 형태의 $Al(OH)_3$(수산화알루미늄)이 형성되고 이것이 물속의 부유물들을 제거하기 쉽게 겔 형태로 응집시키는 작용을 한다.

일차적으로 처리된 물들은 소독 과정을 거친다. 소독을 위해서는 염소(Cl_2)를 주로 사용하는데 염소가 물에 녹아들면 즉시 반응이 일어나서 물 분자인 H-O-H의 수소 하나가 염소(chlorine, Cl) 원자로 치환된 무색의 H-O-Cl(하이포아염소산)과 염산을 만들어 낸다. 하이포염소산은 매우 불안정해서 물속에서만 존재하고 열을 조금만 가하거나 태양빛의 자외선을 받기만 해도 빠르게 분해되어 HCl(염산)과 산소 라디칼(O •)을 만들어 낸다. 산소 라디칼은 냄새는 역겹지만 매우 우수한 산화성질을 보이므로 표백제, 살균제 등으로 쓰이기 때문에 정수장에서 마지막 처리 시에 이용한다.

이 밖에도 수돗물의 소독 방법에는 오존(O_3) 살균법과 자외선(UV) 살균법이 있는데 빠른 시간 내에 살균 작용이 일어나므로 소규모의 정수에는 효과적이지만 살균 후 물속에 남아 있지 않고 날아가 버려서 대규모 정수장에서 사용하기에는 비용이 너무 많이 들고 맛이나 냄새의 조절도 안 된다. 플루오린 이온을 이용하여 살균을 하는 경우도 있으나 용량을 많이 넣어 살균하는 경우는 칼슘의 대사방해 및 다른 분비기관의 작용을 방해하는 부작용이 보고되기도 한다. 우리나라에서는 가격이 저렴하고 아주 작은 양을 사용하여도 살균 효과가 좋은 염소(chlorine)를 사용한다. 그러나 공장의 폐기물이나 해로운 유기화학물질들의 오염이 증가하고 있는 강이나 하천의 유해 세균이나 바이러스를 제거하기 위해서는 염소의 사용량을 늘릴 수밖에 없는데 과량의 염소는 클로로포름($CHCl_3$)과 같은 발암성물질을 생성하게 되고 물속에 잔류되어 있는 상태로 가정으로 공급될 수도 있다. 이때 염소가 포함된 뜨거운 수돗물로 목욕을 하면 염소와 반응하여 나오는 클로로포름 증기 같은 물질을 흡입하면 폐로 직접 들어가거나 피부에 흡수되어 다양한 질환의 원인이 될 수 있음을 경고하는 학자도 있다.

18.2 삼투압과 역삼투압의 원리

물을 정화하는 방법은 삼투압(osmotic pressure)의 원리를 이용한다. 물의 삼투 현상이란 묽은 용액(diluted solution)과 진한 용액(concentrated solution)이 반투막을 사이에 두고 존재할 때 농도가 묽은 쪽에서 진한 쪽으로 수분이 이동하는 성질이다. 예를 들어 소금물에 배추를 담가두면 배추 안의 수분이 농도가 진한 용액 쪽으로 빠져나가게 되어 배추가 쪼그라들게 된다. 또 이와 비슷한 예로 식초에 오이를 담가두면 식초는 물이 많이 없는 진한 농도이고 오이는 수분이 많이 포함되어 있는 묽은 농도이므로 오이의 수분이 식초 쪽으로 빠져나가면서 오이가 원래의 크기보다

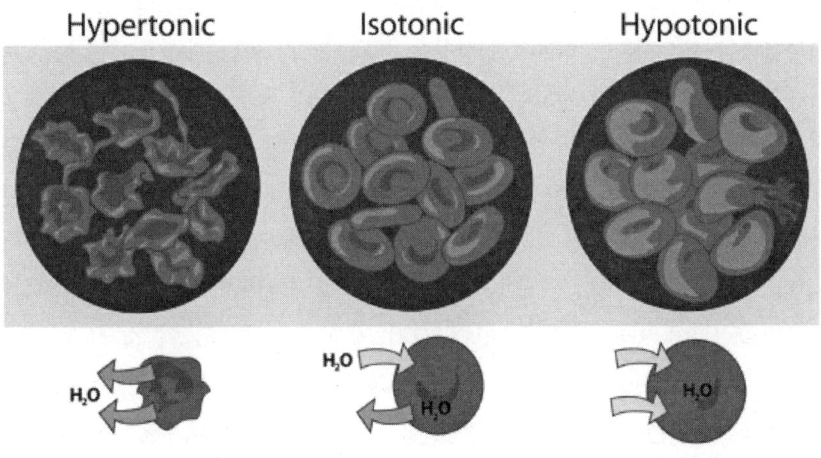

그림 18-1 삼투압에 의한 현상의 예. 용액의 종류에 따라 적혈구의 모양이 달라진다.

쪼그라든다. 이것들은 삼투 현상(osmosis phenomenon)의 일종이다. 또한 인체의 적혈구를 물이 많이 포함되어 있는 묽은 저장액(hypotonic)에 넣어주게 되면 삼투 현상에 의하여 바깥의 풍부한 물이 적혈구 안으로 들어가게 되고 이내 부풀어 올라서 적혈구의 세포막이 터지게 되는 용혈(hemolysis) 현상이 일어난다. 반대로 적혈구를 고장액(hypertonic)에 넣으면 적혈구에서의 수분이 빠져나가게 되어 적혈구가 쪼그라들게 되는 것도 삼투 현상으로 일어나는 자연적인 현상이다.

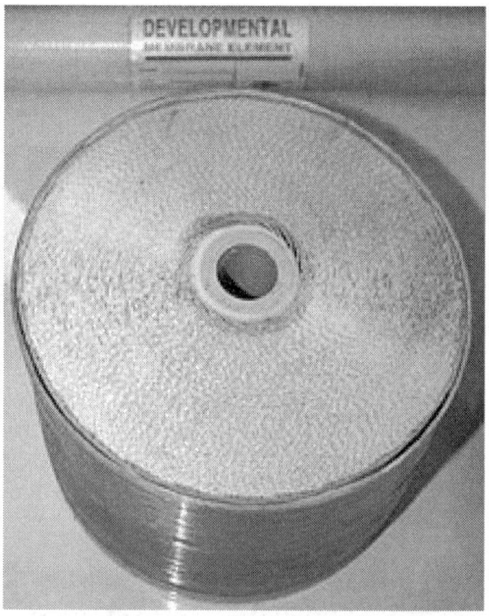

그림 18-2 염분 제거에 사용되는 반투막

반대로 압력을 가해 주게 되면 농도가 진한 용액에서 농도가 묽은 쪽으로 물과 같은 용매가 이동하게 되는데 이것을 역삼투압 현상이라고 한다. 예를 들어 의료계에서 사용하는 신장투석기는 역삼투압의 원리를 이용하여 혈액을 정화시키는 데 사용한다. 식수를 정화시킬 때 쓰이는 역삼투압법은 세균, 곰팡이, 미생물 같은 유해물질들이 주로 제거되고 영양소 및 미네랄 성분은 그대로 여과시키는 방법이다. 즉 반투막(semipermeable membrane)을 이용하여 미세구멍이 있는 인공 역삼투막(reverse osmosis membrane)을 사용하여 강한 압력으로 물을 통과시켜 정수한다. 반투막은 물은 통과할 수 있지만 물속에 녹아 있는 입자들은 통과할 수 없는 막을 말한다.

셀로판은 대표적인 얇은 반투막 형태인데 물이나 간단한 포도당 정도는 통과하지만 녹말과 같은 고분자 형태나 입자들은 통과시키지 못하는 성질이 있다. 그래서 한쪽 공간에 순수한 물을 넣고 다른 편 공간에 물과 용질이 섞여 있는 용액을 넣은 장치를 하고 용액이 들어 있는 공간에 압력을 가해 주면 용액 쪽의 물 분자들은 셀로판지를 통과하여 순수한 물 쪽으로 이동하게 되어 결국 왼쪽의 순수한 물의 양은 증가하고 오른쪽 용액의 농도는 물만 이동하였으므로 원래의 농도보다 더 진해진다. 이때 압력이 발생하게 되는데 이 압력을 역삼투압이라고 한다. 역삼투압법은 유해물질뿐만 아니라 좋은 미네랄까지 제거되고 많은 물이 소모되는 단점이 있으므로 실생활에 사용되지는 않고 고급 실험용으로 물을 정제해야 할 때 사용된다. 역삼투의 장점은 열을 가하지 않는 실온에서 일어나기 때문에 물로부터 금속이온 입자들을 제거하여 물을 정화하는 방법으로 사용된다. 실제로 바닷가에 인접하여 있는 중동의 사막지방에서는 강이나 하천이 물의 양이 지극히 제한되어 있으므로 반투막 방법을 이용하여 바닷물을 정수하여 식수를 공급받고 있다.

실험실 안에서는 증류법을 이용하여 물을 정화하는 방법도 있다. 물을 가열하여 기체 상태로 만들어 증발시킨 후 냉각기를 통하여 다시 냉각시키면 순수한 물만 얻을 수 있다. 증류법을 사용하면 증류가 끝나고 원래의 플라스크 안에는 금속염들이 남게 되고 순수한 물만 얻을 수 있으므로 센물을 단물로 만들 수 있다. 그러나 증류를 시키기 위해서는 물의 끓는점까지 온도를 올려주기 위하여 전기나 불과 같은 열에너지를 써야 하는데 비용이 너무 많이 들어 실험실 내에서 사용하는 용도 이외에는 사용하지 않는다.

깊은 산중의 지하수나 특수한 청정지대에 있는 위치에서 나오는 물을 제외하고는 일반적인 정수장에서 1차 처리하여 보내온 물이라 할지라도 직접 식수로 사용하기에는 불안하기 때문에 선진국의 경우 각 가정에서 정수기를 사용하여 2차 처리를 한 후 식수로 사용하고 있다.

18.3 경수

물속에 칼슘(Ca), 마그네슘(Mg) 등의 탄산염, 황산염 및 염화물들이 함께 용해되어 있는 물을 경수(hard water)라고 한다. 경수는 가열하면 단단한 물질의 형태로 침전되는 성질이 있기 때문에 센물이라고도 한다. 염(salt)이란 한 분자 내에 음이온과 양이온이 동시에 존재하는 물질을 말하는데 Ca^{+2}, Mg^{+2}, Na^{+}, K^{+} , Fe^{+3}와 같은 양이온들과 CO_3^{-2}, HCO_3^{-2}, SO_4^{-2}, NO_3^{-}, Cl^{-} 같은 음이온이 함께 짝이 되어 염(salt)의 형태로 특별히 많이 녹아 있는 경수는 석회암층이 많은 곳에서 만들어진다.

경수(센물)는 세제 비누가 잘 풀리지 않아 거품이 잘 나지 않으며 세정력이 현저히 떨어진다. 따라서 용량보다 많은 세제나 비누를 사용해야 하고 세탁을 하여도 센물에서 나오는 침전물들이 의류에 남아 있게 되면 의류에 손상이 갈 수도 있다. 또한 과일이나 채소를 센물로 씻으면 칼슘 성분으로 인하여 맛도 떨어지고 신선감이 없어진다. 센물이 포함된 물을 장기간 섭취할 경우에는 센물 속의 칼슘, 마그네슘, 철, 구리 등이 소화가 되지 않고 체내에 남게 되어서 신장결석 등을 비롯한 다양한 질환을 유발하기도 한다. 또한 정교한 과정이 요구되는 염색이나 도금 공정시 불량제품이 생길 가능성이 높다. 칼슘이나 마그네슘을 많이 포함하고 있는 센물들은 가열하게 되면 탄산칼슘($CaCO_3$)의 침전이 생기게 된다.

$$Ca^{2+} + CO_3^{2-} \rightarrow CaCO_3(s)$$
$$Mg^{2+} + CO_3^{2-} \rightarrow MgCO_3(s)$$

그래서 칼슘 양이온이 포함된 센물을 건축물의 난방 배관이나 수도 온수관 등의 배관에 사용하게 되면 물에 전혀 녹지 않는 하얀색 고체 덩어리인 탄산칼슘($CaCO_3$) 등이 축적되어 파이프관이 막히기도 한다. 막히지 않더라도 열전달 효율이 떨어져서 결국은 교체해야 하는 상황이 생긴다.

물의 경도(hardness)는 물의 세기를 나타내는 용어로서 물속에 용존하고 있는 Ca^{2+} 및 Mg^{2+}와 같은 금속 2가의 양이온 농도(ppm) 값을 각각 탄산칼슘($CaCO_3$)으로 환원시켜 나타낸 값으로 물속에 용해되어 있는 칼슘의 질량을 ppm 단위로 알기 위한 척도로 사용한다. 증류수(distilled water)는 모든 양이온과 음이온이 제거된 상태이므로 경도(mg/ℓ, degree of hardness)가 0이며 단물로 분류한다. 0~75 범위는 단물(soft), 76~150 범위는 약한 센물(moderately hard), 150~300의 범위는 센물(hard)로 분류하고 300 이상은 아주 센물(very hard)로 구분한다. 수중의 칼슘 이온 및 마그네슘 이온에 의한 경도로 나타내는 방법으로는 총경도(total hardness)가 있는데 $CaCO_3$(ppm)로 환산하여 표시한 값으로 물의 세기를 나타내는 방법이다. 실생활에서 물의 경도 측정은 매우 중요하다. 그 이유는 센물에 대한 피

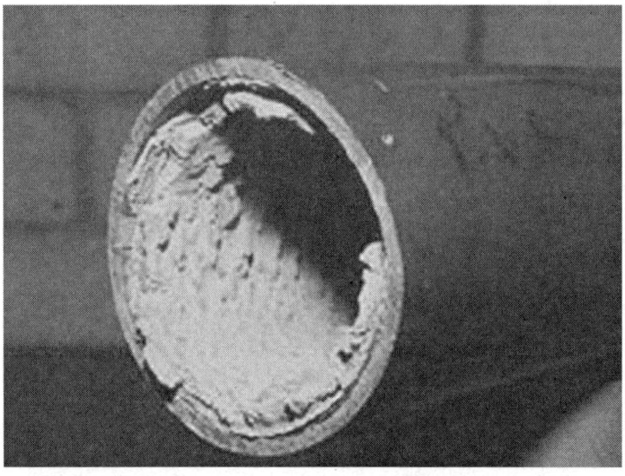

그림 18-3 PVC 파이프관 안에 석회(탄산칼슘, $CaCO_3$)가 엉겨 붙어 축적된 모습 © Josefus2003 / wikipedia(CC BY)

해가 많아서 이를 개선하는 데 사용되는 척도가 되기 때문이다. 가정이나 공업용 수중의 Ca^{2+}와 Mg^{2+}는 주로 지질층의 구성 성분에 따라 영향을 받지만 바닷물, 건축물의 콘크리트 구조, 공장폐수 등의 환경오염에 의하여 생성될 수 있다. 수돗물인 경우 물을 석회 처리하는 경우가 있는데 너무 높은 경도를 가진 식수를 오랫동안 마시면 장기에 해가 가기도 하지만 적절히 포함되어 있으면 물맛이 개선되기도 한다.

18.4 연수

경수에 포함되어 있는 광물질의 양이온 성분들 중에서 칼슘, 마그네슘 양이온들이 상대적으로 적게 포함된 물을 연수(단물, soft water)라고 한다. 일반적으로 강이나 호수의 물들은 단물에 속한다. 연수는 비누가 잘 풀리면서 때가 잘 제거되고 비누의 성분도 단물에 의하여 빠르게 제거되어 뽀송뽀송하고 상쾌한 기분이 들게 한다. 따라서 단물을 사용하면 생활에 유익한 점이 많기 때문에 센물을 단물로 만드는 기술이 많이 개발되어 선진국의 일반가정에 보급되고 있다.

18.5 연화 과정

(1) 연화제 첨가법

센물을 단물로 만드는 과정을 연화라고 한다. 물속에 연화제를 넣어주면 센물이 단물로 바뀐다. 화학적인 과정을 살펴보면 $Ca^{2+}(aq)$ 양이온이 들어 있는 센물 안에 소다(Na_2CO_3)를 넣어주면 센물 속에 있는 $Ca^{2+}(aq)$ 성분들이 고체 형태의 $CaCO_3(s)$로 바뀌게 되고 이 침전물을 여과하여 제거하여 주면 물속의 Ca(칼슘) 광물질이 포함된 분자들이 제거되면서 단물로 바뀌게 된다. 즉 센물 속의 $Ca^{2+}(aq)$ 양이온을 $CaCO_3$ 고체로 미리 전환시켜 제거시키는 목적으로 넣어주는 물질을 연화제라고 한다. 센물을 사용했을 때 비누 거품이 잘 생기지 않는 것은 물에 녹지 않는 탄산칼슘($CaCO_3$)이 형성되어 세정력이 떨어지기 때문이다. 이에 탄산소듐(Na_2CO_3)을 물에 넣으면 물속에서 탄산 이온(CO_3^{2-})이 센물의 주범인 칼슘 이온(Ca^{2+})과 즉시 반응하여 녹지 않는 탄산칼슘($CaCO_3$)의 고체를 형성하므로 칼슘 이온을 없앨 수 있으며 단물로 전환시킬 수 있다는 원리이다. 즉 연화제란 센물을 단물로 바꾸는데 첨가되는 일종의 화학 약품인데 이러한 용도로 사용되는 연화제는 탄산소듐(Na_2CO_3)뿐만 아니라 수화물 형태의 붕사(sodium borate, $Na_2B_4O_7$)와 인산 소듐(Na_3PO_4) 등이 있다.

$$Ca^{2+}(aq) + CO_3^{2-}(aq) \rightarrow CaCO_3(s)$$

(2) 염기 침전법

염기 침전법으로 이를 제거하면 마그네슘이 들어 있지 않는 단물로 전환시킬 수 있다. 마그네슘 이온으로 녹아 있는 센물에 염기를 가하면 마그네슘 +2 이온은 $Mg(OH)_2$와 같은 침전물 형태로 화학 반응을 일으킨다. 이러한 반응을 이용하여 마그네슘 양이온(Mg^{2+})에 수산화 알칼리를 넣어 주면 물에 녹지 않는 불용성의 $Mg(OH)_2$ 침전물이 생성되는데 침전물을 물에서 분리하게 되면 단물이 만들어진다. 이 반응은 바닷물을 이용하여 제산제 의약품으로 사용되는 $Mg(OH)_2$를 제조하는 데 쓰이기도 한다.

$$Mg^{2+}(aq) + 2OH^{-}(aq) \rightarrow Mg(OH)_2 \text{ (침전)}$$

(3) 센물 가열 방법

$Ca(HCO_3)_2$(calcium hydrogen carbonate)와 같은 센물을 가열하면 물과 CO_2 기체가 빠져 나가면서 $CaCO_3$ 침전이 생기는 화학 반응이 일어난다. 마찬가지로 $Mg(HCO_3)$(magnesium hydrogen carbonate)를 가열하면 역시 CO_2 기체와 물이 동시에 빠져나가고 $MgCO_3$ 침전이 만들어진다. 이때 고체로 얻어지는 $CaCO_3$와 $MgCO_3$ 침전물을 제거하면 센물이 단물이 된다.

$$Ca(HCO_3)_2 \rightarrow CaCO_3\downarrow + H_2O + CO_2\uparrow$$
$$Mg(HCO_3)_2 \rightarrow MgCO_3\downarrow + H_2O + CO_2\uparrow$$

(4) 이온교환수지법

Na_2CO_3에 포함된 Na^+ 양이온은 물에 풀어진 비누와 반응하면 침전물을 형성하지

않지만 Ca^{2+}와 Mg^{2+} 같은 금속의 양이온들은 물에 녹지 않는 하얀색 침전을 형성하게 되므로 이러한 양이온이 녹아 있는 경수에 비누를 사용하게 되면 물에 녹지 않는 염의 형성으로 때가 잘 지지 않는다. 이때 이러한 침전물의 생성을 막기 위하여 센물 안에 들어 있는 Ca^{2+}와 Mg^{2+}를 제거하는 방법으로 이온교환수지(ion exchange) 방법을 사용한다. 경수(센물)를 연수(단물)로 바꾸는 경수 연화장치를 연수기(water softener)라고 한다. 이온교환수지를 이용한 연수기의 원리는 물속에 함유된 양이온 금속들이 이온교환수지를 통과하도록 하는 과정에서 양이온 금속들만이 수지에 흡착되어 제거되는 과정을 통하여 연수로 전환된다. 경수 속에 포함된 Ca^{+2}와 같은 금속성 양이온 성분이나 마그네슘 양이온, 기타 중금속에 속하는 양이온 성분들은 무기질 재료인 제올라이트(zeolite)를 Na^{+} 양이온 형태로 결합시킨 교환수지를 사용하여 연수기 내부의 관 속에 채워 넣어 센물을 계속 흘려보내면 Ca 양이온은 $CaCO_3$로 침전되어 제거된다.

$$CaSO_4 + Na_2CO_3 \rightarrow CaCO_3 \downarrow + Na_2SO_4$$

이때 연수기 속에 패킹되어 있는 이온교환수지는 양이온 성분만을 흡착하여 제거되기 때문에 양이온 교환수지라고 하며 그 화학적 작용기의 성분은 소듐(Na) 이온으로 구성되어 있기 때문에 연수기에 센물을 통과시키면 칼슘, 마그네슘, 철분 등의 양이온 성분과 이온교환수지에 포함되어 있는 소듐 양이온과의 상호간 교환이 이루어지는 메커니즘을 가지고 있다.

이온교환수지는 제거하고자 하는 물질의 분자량이 크고 무거우면 흡착이 더 잘 일어난다. 소듐(Na)과 칼슘(Ca)의 두 원자의 원자량을 비교하면 소듐보다는 칼슘이 더 무거우므로 원자량이 큰 칼슘으로 이온 교환이 일어난다. 즉 연수기 안의 이온 교환 수지는 소듐 양이온 형태로 관 속에 채워져 있고 반복하여 사용하게 되면 대부분의 소듐 양이온이 더 무거운 칼슘 양이온이나 마그네슘 양이온으로 교체되어 버리므로 원래 붙어 있던 소듐 이온(Na^{+})은 Ca^{2+}, Mg^{2+} 또는 Fe^{3+} 이온들에 의해서 교환되면서 떨어져 나가게 된다. 이와 같이 연수기를 장시간 반복하여 사용하다 보면 더 이상 제 기능을 하지 못하게 되는데 이온교환수지에 붙어 있는 소듐이 모두 칼슘 이온과 마그네슘 이온으로 바뀌게 되면 더 이상 사용할 수 없으므로 다시 이온교환수지에 소듐을 붙이는 작업을 해 주어야 한다. 소듐을 다시 흡착시키는 방법은 소금(NaCl)을 물속에 녹여 연수기 내부로 유입되게 되면 많은 양의 Na의 양이온과 Cl 음이온들에 의하여 이온교환수지는 처음처럼 Na 양이온의 구성성분으로 채워지면서 재생된다.

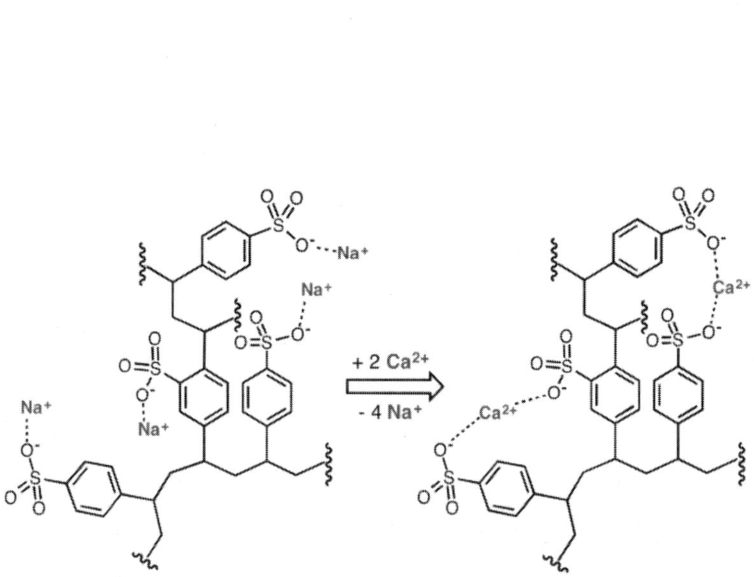

그림 18-4 이온교환수지 안에서 Na^{+}이 Ca^{+2}로 교환되면서 Ca^{+2}가 제거되는 과정

이온교환수지는 처음에는 물의 연수화용으로 많이 사용되었으나 최근에는 화학 및 의약계에서의 촉매 등의 다양한 분야로 응용 확대되고 있다. 이온교환수지의 화학적 성분은 고분자 형태로서 대구알처럼 알갱이가 매우 작아서 미세입자들 사이에 공간이 많아 표면적이 크므로 효율적인 이온 교환이 일어나게 된다.

이온교환수지는 양이온 교환수지와 음이온 교환수지로 나눌 수 있으며 양이온 교환수지는 설폰산 작용기($-SO_3H$)와 같은 강한 산성의 성질을 가지는 이온교환수지를 사용하거나 카복실산($-COOH$, carboxylic acid) 형태의 약한 산성의 성질의 작용기를 가지는 것으로 분류된다. 음이온 교환수지로는 강한 염기형과 약한 염기형의 종류로 나눈다. 연수기에 사용되는 양이온 교환수지는 물속의 경도 성분인 Ca^{+2} 양이온 성분만 잡는 가장 일반적인 이온교환수지이다.

18.6 물의 오염도

수중의 생태계가 활력 있게 유지되려면 물속에 녹아 있는 산소들이 많으면 많을수록 좋다. 이때 수중에 녹아 있는 산소의 양인 용존산소량(DO, dissolved oxygen)을 수질의 지표로 사용하는데 DO의 값이 높을수록 깨끗한 물이다. 호수나 하천 등에서 자라게 되는 초록색의 식물성 플랑크톤의 일종인 녹조(green algae) 등의 생물이 과도하게 늘어나는 경우, 용존산소량의 수치가 매우 떨어지기 때문에 생태계가 위험해진다.

또한 산소가 있는 곳에서 자라는 미생물(호기성, 산소성 세균)이 수중의 유기물질들을 분해하는 데 요구되는 산소의 양인 생물학적 산소요구량 BOD(biochemical oxygen demand)의 ppm 수치를 수질의 지표로 사용하는 경우도 있다. 이때 BOD가 크면 클수록 오염된 물이다. 수중의 유기물질 대부분이 오염된 물질이기 때문이다. BOD 1 ppm 이하는 1급수이며 여과만 하여도 바로 식수로 사용할 수 있다. 5 ppm 이상이 되면 수영 후 샤워를 하지 않았을 경우 피부병에 걸릴 정도로 오염이 심한 상태에 속한다. 그밖에 물속의 오염된 유기물질들을 산화제로 산화 반응시킬 때 들어가는 산소의 양인 COD(chemical oxygen demand)의 ppm 수치를 수질의 지표로 사용하는 경우도 있는데 COD 수치가 높으면 높을수록 오염이 심한 물이다. 이때 다이크로뮴산포타슘($K_2Cr_2O_7$과 과망가니즈산포타슘($KMnO_4$)과 같은 일반적인 화학 산화제를 사용한다. 수질의 오염은 대부분 일상 가정 혹은 공장에서 폐기되는 하수 혹은 비료를 사용하는 농업과 가축의 배설물들을 배출하는 축산업계에서 버려지는 분뇨, 바다에 유출되는 기름이나 원유 등으로 인하여 수중의 유기물 양이 증가하여서 나타나며, 용존산소량을 크게 감소시킨다. 화학비료나 오수 등의 유기물질들이 하천이나 강으로 흘러 들어가면 수중 식물에게는 영양분으로 작용하여 과잉 공급된 오염 유기물들로 인하여 수중 식물이 빠르게 성장하게 된다. 이는 물속의 용존산소량을 급격히 감소시켜서 결국은 생물들이 죽는 부영양화(hypertrophication)의 피해가 발생한다. 이 경우 하천 등지에서 녹조 현상이 일어나고 바다에서 붉은 플랑크톤의 증가로 인하여 바닷물이 붉은 색을 띠면서 용존산소량(dissolved oxygen, DO)이 줄어들어 수중 생물들이 죽게 된다.

자연에서 오염된 물은 자연의 작용으로 정화되는데 이것을 자정작용(self purification)이라고 한다. 그러나 오염 물질이 많은 경우에는 하수 처리장을 거쳐서 깨끗한 물로 정화해야 한다.

19장
지구와 이산화 탄소

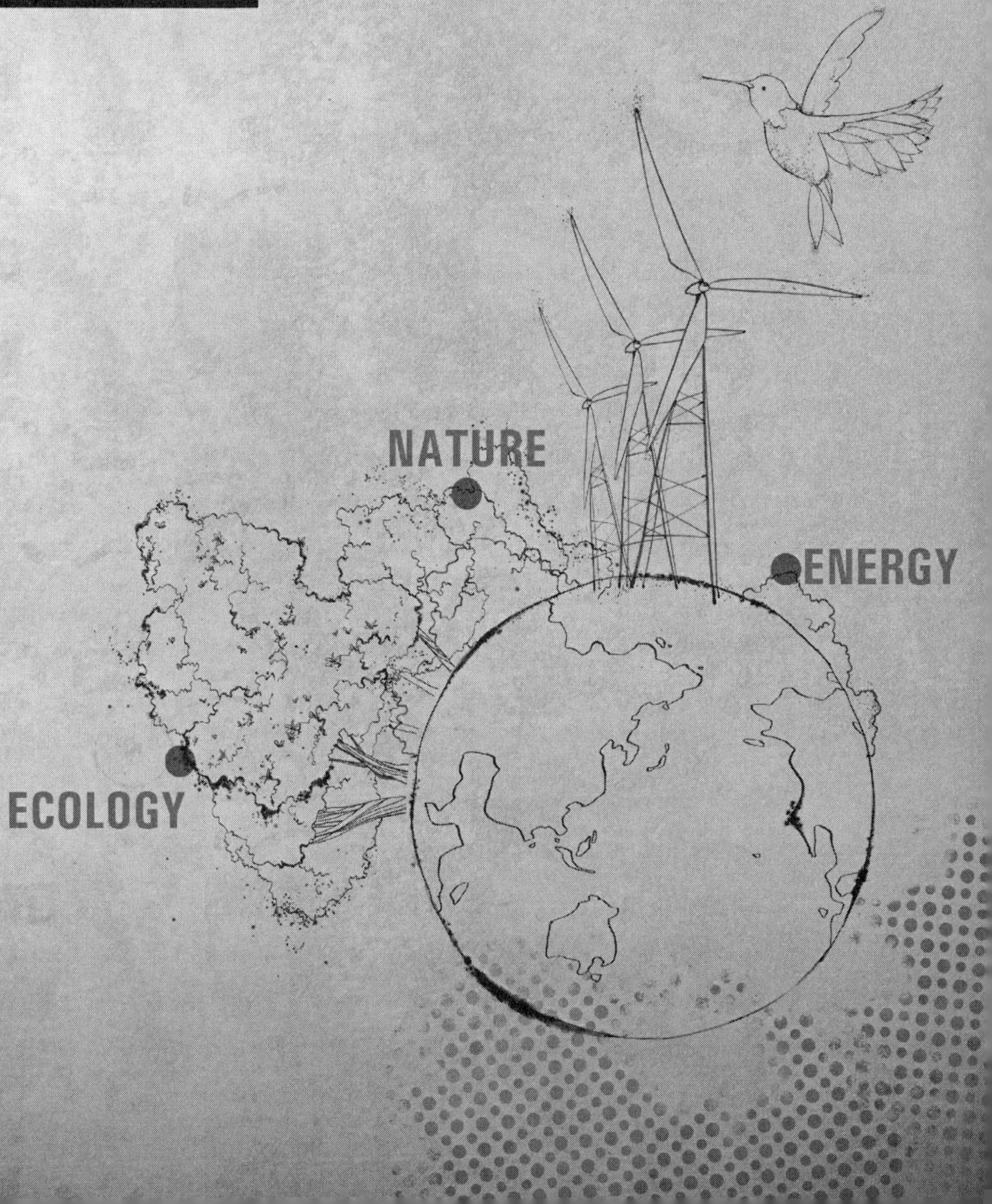

19.1 화석 연료의 사용

인간이 오래전부터 에너지원으로 사용해 온 화석 연료(fossil fuel)는 약 45억 년 전에 지구가 형성된 이후 살았던 육지와 바다의 동식물들과 플랑크톤(plankton)들이 죽은 후에 부패하면서 침전되어 생긴 잔존물을 말한다. 주로 석유, 석탄, 메테인, 천연가스의 형태로 현재까지 남아 있다. 화석 연료 속에 포함된 물질들을 태우게 되면 질량보존 법칙에 의하여 이산화 탄소와 물로 전환되어 대기 중으로 방출된다. 실제로 석유나 석탄을 연소하여 대기로 방출된 엄청난 양의 이산화 탄소가 지금도 지구 대기권에 머무르고 있다.

그림 19-1 스코틀랜드, UK에 있는 정유공장

19.2 이산화 탄소의 성질

이산화 탄소의 분자식은 CO_2로서 지구 공기의 약 0.03 % 정도밖에 되지 않지만 지구 주위의 공기가 워낙 방대하게 많다 보니 이산화 탄소의 전체 양은 대기 중에 상당히 많이 존재한다. 이산화 탄소는 공기보다 무겁고 색이나 냄새가 없으며, 물

에 녹게 되면 즉시 반응하여 탄산 형태로 전환되어 물속에 있다가 온도가 올라가면 물 밖으로 기체가 되어 나오게 된다. 따라서 이를 이용하여 청량감을 주는 탄산음료의 원료로도 사용된다. 이산화 탄소가 포함된 물인 탄산은 이름 그대로 약산성을 띤다.

이산화 탄소는 1기압 상태에서 고체로 존재하거나 승화되어 기체로 존재하는데 밀폐된 용기 안에서 5.2기압 이상의 높은 압력을 가하면 액체로 존재하게 된다. 이때 작은 구멍을 통하여 액체 이산화 탄소를 밖으로 내보내면 높은 압력에서 갑자기 대기압의 낮은 압력으로 바뀌면서 일부는 기체로 날아가고 나머지는 고체 이산화 탄소가 되는데 이것을 드라이아이스(dry ice)라고 한다. 드라이아이스를 아세톤과 섞어 주면 온도는 −78.5 °C까지 계속 유지시킬 수 있다. 드라이아이스는 얼음과 같은 흰색 고체로 존재하지만 손으로 만지면 동상의 위험이 있으며, 승화성을 가지는 물질이다.

생물학적으로는 동식물의 호흡을 통하여서 대기로 배출되고, 또한 자동차 연료로 쓰이는 탄소 화합물들이 연소될 때 많은 양이 방출된다. 화학적 반응으로는 탄산칼슘($CaCO_2$), 탄산수소나트륨($NaHCO_3$)을 가열하거나 석회석에 묽은 염산을 가하여 반응시키면 발생된다. 빵에 들어가는 베이킹파우더의 주성분은 탄산수소나트륨이므로 빵에 넣고 가열하게 되면 이산화 탄소가 빠져나가면서 빵이 부풀어 오르게 된다. 또한 이산화 탄소를 석회수에 녹이면 뿌연 탄산칼슘인 $Ca(OH)_2$가 생성된다.

$$Ca(OH)_2 + CO_2 \rightarrow CaCO_3 + H_2O$$

이산화 탄소는 불을 끄는 성질이 있으므로 소화기 속에 들어가는 물질로 이용되고 공기보다 무거워 항상 밑으로 가라앉는 성질이 있다.

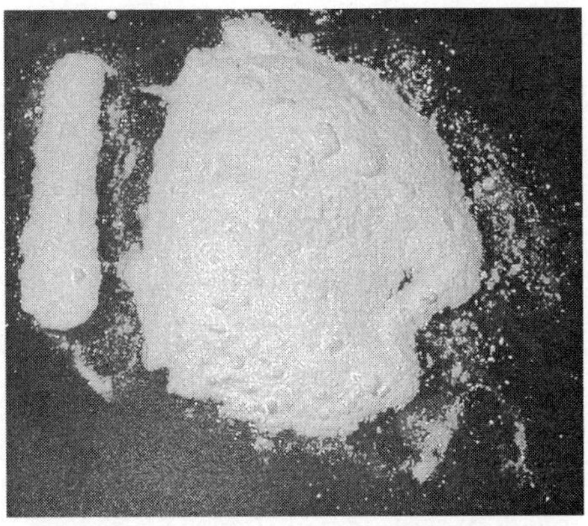

그림 19-2 베이킹파우더로 사용되는 탄산수소나트륨($NaHCO_3$) © wikipedia(CC BY-SA)

이산화 탄소를 물속에서 발생시켜 밀폐시킨 물병과 이산화 탄소가 없는 순수한 물만 넣은 밀폐된 물병의 표면 위의 공간에 각각 온도계를 장착해 놓고 따뜻한 적외선을 동시에 쬐어서 두 개의 물병 속의 온도가 올라가는 변화 정도를 측정하였더니 이산화 탄소 기체가 많이 녹아 있는 공간의 온도가 물만 들어 있는 공간보다 상당히 많이 올라가는 현상이 관찰되었다. 이 실험은 CO_2 기체가 지구 온난화를 유발하고 있음을 증명하는 중요한 실험이었다.

19.3 온실 효과

19세기에 들어서 과학자들이 온실 효과(greenhouse effect)를 야기시키는 기체들에 대한 위험성을 인식하기 시작하였다. 그중 특히 이산화 탄소와 같은 기체의 증가는 지구의 평균 기온을 상승시키는 주요 원인이 되고 있음을 우려하기 시작하였다. 1820년경 푸리에(Jean-Baptiste J. Fourier, 1768 ~ 1830, 프랑스)는 우주의 태양으로부터 보내지는 열이 어떻게 지구로 전달되는지에 대한 관심이 많았다. 그는 당시의 지구 온난화에 대한 설명으로 태양에서 지구로 내려 쪼인 열의 일부는 지구 대기를 뚫고 도달하지만 일부는 대기에 진입하지 못하고 다시 우주로 반사되면서 온실 효과가 생긴다고 주장한 첫 번째 과학자이다. 그 당시에는 왜 그런지 자세한 이유를 몰랐으나 그 후 아레니우스(S. Arrhenius, 1859 ~ 1927, 스웨덴 화학자)와 틴달(J. Tyndall, 1820 ~ 1893, 영국)에 의하여 지구 온난화는 태양의 열 복사선이 이산화 탄소 기체와 작용하여 생긴다는 가설을 세우고 이를 실험으로서 증명하였다. 태양빛이 지구 표면에 도달하게 되면 지구 표면은 태양에서 받은 에너지를 다시 반사하게 되는데 태양빛에 포함된 가시광선은 온실의 비닐 역할을 하는 대기 속의 분자들을 자유롭게 통과하지만 적외선은 통과하지 못한다. 그로 인해 대기에 있는 이산화 탄소 기체의 분자들의 진동(vibration)을 일으키면서 흡수한 열은 지구의 대기에 계속 머무르게 되고 대기권의 온도를 높인다. 이를 온실 효과라고 한다. 질소와 산소가 주성분인 지구의 대기 평균 온도는 약 15 °C를 유지하지만 이산화 탄소의 양이 많아지면서 지구의 평균 온도는 매년 증가하고 있다. 또한 금성의 대기에 이산화 탄소의 양이 매우 많이 존재하는 것과 약 450 °C 정도의 높은 기온을 유지하는 것도 온실 효과에 의하여 온도가 올라가는 것으로 볼 수 있다. 온실을 덮고 있는 비닐 커버와 같이 지구를 덮고 있는 역할을 하는 것은 대기이다. 이 대기의 구성 성분들 가운데 수증기(H_2O)와 이산화 탄소(CO_2)가 온실 효과의 주된 기능을 담당한다. 이러한 온실 효과는 지구의 평균 기온을 상승시키고, 그로 인한 해수면의 상승 등을 통하여 지구환경이 변화하게 되는데 이것을 지구 온난화(global warming)라고 한다.

식물들은 자신이 가지고 있는 엽록체를 통하여 대기 중의 이산화 탄소를 흡수하여 지구의 이산화 탄소를 제거시켜 주는 역할을 하므로 온실 효과에 의한 지구 온난화를 방지하는 데 매우 중요한 역할을 담당하고 있다. 이러한 광합성을 하는 식물들의 중요성을 무시하고 단지 개발을 목적으로 많은 양의 산림을 훼손하거나, 많은 화석 연료를 사용함으로써 이산화 탄소 발생은 매년 증가하여 대기로 방출되고 있다. 이산화 탄소뿐만 아니라 메테인(CH_4), 일산화이질소(N_2O), 오존(O_3), 염화플루오르화탄소(CFC)와 같은 기체들 역시 적외선 에너지를 받아 분자가 진동하게 되면 분자 내의 전체 전하가 변하게 되면서 온실 효과를 일으킬 수 있는 것으로 증명되었다. 아르곤(Ar) 같은 비활성 단원자 기체 분자 혹은 질소(N_2)와 산소(O_2) 같은 대칭성을 가지는 안정한 이원자 기체 분자는 정전기적 전하를 띠지 않기 때문에 온실 효과의 직접적인 원인이 되지 않는다. 메테인이나 프레온가스(CCl_3F, CCl_2F_2)는 대기 속에 있는 농도가 매우 낮지만 이산화 탄소보다 훨씬 더 강력하게 적외선을 흡수하여 온실 효과를 유발할 수 있다. 더욱이 이산화 탄소는 다른 기체보다 대기 중에 약 100~250년 정도로 매우 길게 잔류하고 메테인 역시 10년 이상 잔류하므로 이러한 온실 기체들을 지속적으로 대기 중에 방출시키면 농도가 불가피하게 늘어날 수밖에 없다. 기후 변화에 관한 연구는 다양한 형태로 이루어지고 있는데 연구 결과에 의하면 이산화 탄소는 지구 대기 중에서 지수함수적으로 급상승하고 있기 때문에 현재와 같은 추세로 진행이 계속되어 증가한다면 가까운 미래에 지구의 온도는 2 ~ 3 °C 이상 더 올라갈 것으로 예상한다. 이는 지구의 커다란 재앙이 되는 수치이기 때문에 과학자들은 우려하고 있다.

이산화 탄소는 메테인이나 프레온 형태의 기체보다는 온실 효과가 덜하지만 메테인이나 다른 기체들과 비교하여 볼 때 대기 중에 엄청난 양으로 존재하므로 온실 효과에 가장 직접적인 영향력을 끼치는 물질로 판명되었다. 지구 온난화로 인하여 북극과 남극 지방의 얼음이 과거보다 빨리 녹는 현상을 보이고 해수면이 상승하고 예측하지 못한 큰 물난리가 지구 곳곳에서 일어나고 있다. 이산화 탄소와 같은 모든 기체의 용해도는 온도가 증가하면 물속에서 용해되어 있지 못하고 대기 중으로 빠져나간다. 이렇게 되면 지구의 2/3를 덮고 있는 바다 속에 있는 엄청난 양의 이산화 탄소가 방출되기 때문에 온실 효과는 더욱 더 가속화되어 지구 온난화의 악순환이 된다. 또한 지구의 온도가 올라가면 산림 지역에서 식물들이 가지고 있는 수분이 공기 중으로 방출되면서 사막화의 면적이 점차 늘어가게 되어 농산물이 감소하게 되고, 예측 못한 기후 변화들이 야기되고 해충들로 인한 질병질환이 가중화될 것이다. 따라서 최근에는 지구 온난화의 원인이 되는 이산화 탄소를 최소화시키기 위하여 화석 연료를 대체할 수 있는 에너지를 개발하기 위한 노력이 지속되고 있지만 지구 온난화를 막기에는 여전히 역부족이다. 이와 관련하여 과학자들은 기온 변화와 대류 현상으로 인한 엘니뇨와 라니뇨와 같은 기후 이변 현상이 최근에 자주 발생하고 있다는 사실에 특히 경계하고 있다. 이와 같이 지구의 온도를 올리는 데 기여하는 온실 기체 농도의 증가는 지구 온난화를 가속화시켜서 심각한 문제를 야기하고 있다.

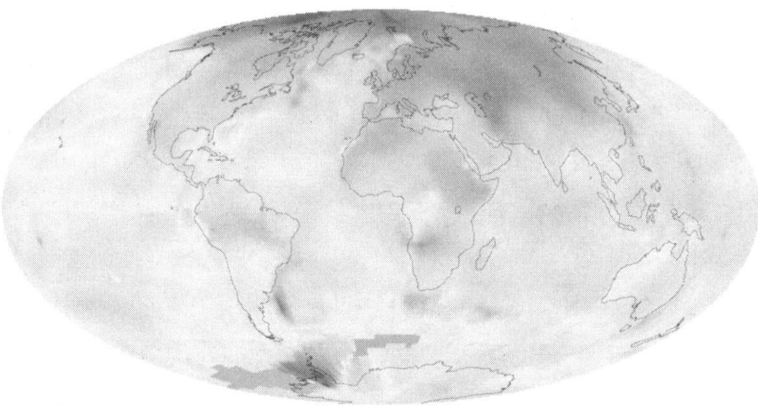

그림 19-3 1951 ~ 1980년 세계 평균 기온을 기준으로 한 2000년부터 2009년까지의 10년 동안의 세계 기온 변화 지도. 진한 색으로 보이는 북극과 남극에서 매우 큰 기온 변화가 관찰된다.

그림 19-4 지구의 열수지 평형도

19.4 엘니뇨와 라니냐

미국 국립 해양 기상청(NOAA, National Oceanic and Atmospheric Administration)은 극궤도 위성을 이용하여 지구 표면을 세밀하게 관측하고 분석하여 보니 눈으로 덮인 부분이 20년 전과 비교해서 약 10 % 정도 감소한 것을 관측하였고, 북극의 빙하들도 계속 감소하는 것으로 관찰되는 등 지구 곳곳에서 많은 변화들이 일어나고 있음을 밝혔다. 추워야 할 겨울에 따뜻한 날이 오래 지속되거나 여름에는 예전 같지 않은 초고온 열대야 현상을 보이는 등의 기상이변은 인명피해와 경제적 손실로 이어진다. 이러한 기상이변은 엘니뇨(El Nino)와 라니냐(La Nina) 현상으로 설명할 수 있다. 바닷물의 수온이 0.5 °C가 증가하면 온도가 상승하여 엘니뇨로 이어지고 반대로 0.5 °C 정도 떨어지면 라니뇨 현상이 발생한다. 이러한 현상은 불규칙적이기 때문에 예측의 정확도는 떨어지지만 이러한 기상이변들이 지구 온난화에 의한 것이라는 주장도 있다. 조사에 의하면 1977년 때에는 라니냐 현상이 더 많았으나 최근에는 라니냐보다는 엘니뇨 현상이 급격히 많아져 지난 1997 ~ 1998년에는 지구 전반에 걸쳐 최대 규모의 엘니뇨 현상이 발생하여 산업 피해액이 매우 컸다.

지구는 완전한 구형이 아니므로 정확한 위치를 표시하기 위해서는 위도나 경도와 같은 여러 가지 좌표계를 이용한다. 이때 위도(Latitude)는 적도를 기준으로 위, 아래를 각각 90도로 나눈 것이다. 따라서 적도는 0이 되고 북극이나 남극은 90도

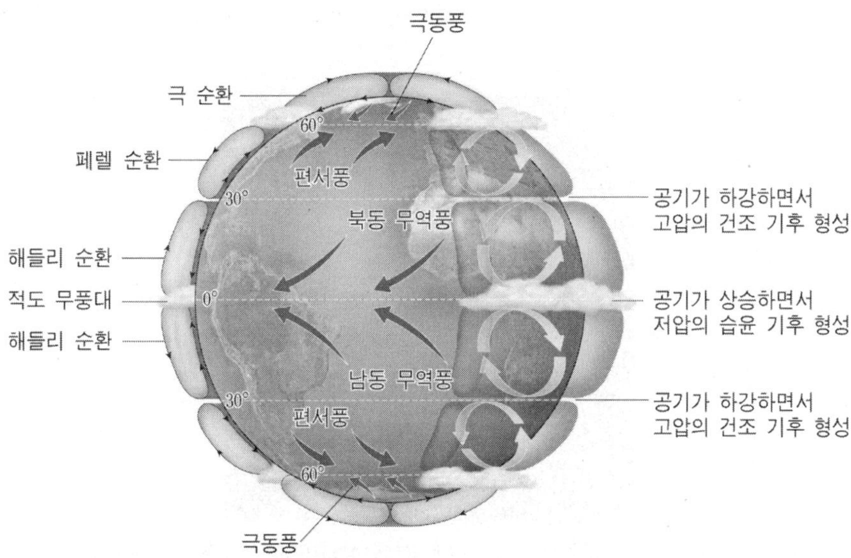

그림 19-5 대기 대순환

가 되며 간격이 대략 비슷하다. 경도(longitude)는 영국의 Greenwich 천문대를 기준으로 지구를 각 360도 방향으로 세로로 나눈 것이며 위도의 위치에 따라서 간격이 다르게 나타난다. 위도 20 ~ 30도 정도의 위치의 고압도에서 적도 쪽의 저압대로 규칙적으로 부는 바람을 무역풍(trade wind)이라고 하는데, 일 년 내내 부는 현상이 일어나므로 옛날에는 항해 시에 이 바람을 이용하였다. 엘니뇨와 라니뇨는 지구의 대류에 따라 생기는 무역풍의 흐름에 의하여 발생된다. 지구의 자전 방향은 서쪽에서 동쪽으로 돌기 때문에 인간이 느끼는 바람은 동쪽에서 불어오는 방향으로 느끼게 되고 적도에서 지구의 북쪽인 북반구에서는 북동풍, 남쪽인 남반구에서는 남동풍이 적도 방향으로 강하게 불게 된다.

(1) 엘니뇨

엘리뇨란 스페인어로 'El Ni no'라고 하는데 '아기예수' 혹은 '남자아이'라는 의미이다. 평상시보다 무역풍이 약하게 불면 해면의 온도가 올라간다. 적도 부근의 태평양의 해수면의 온도가 평상시 나타나는 온도보다 0.5 °C 이상 올라갈 때 해류를 역류시켜 나타나는 기상이변이다. 주로 크리스마스를 전후하여 평상시에 서쪽의 호주나 인도에서는 강수량이 증가하고 가뭄도 오지 않는다. 9월부터 다음 해인 3월에 주로 나타나는 엘리뇨가 발생하면 호주에서는 강수량이 증가하지 않고 가뭄이 든다. 그리고 동쪽인 페루에서는 장마가 발생한다. 페루 지역 해안에 남동 무역풍이 불기 시작하면서 서쪽으로 이동하게 되면 남미의 서해안은 찬 해류가 형성되고 이때 풍부한 플랑크톤이 조성되어 정어리 등의 해산물들이 풍부하게 잡힌다. 그러나 엘리뇨 현상이 발생하여 남동 무역풍이 약해지면 적도에서 밀려오는 북풍과

그림 19-6 인공위성에서 촬영된 1997년 엘니뇨 현상의 모습. 남아메리카 해안 지역의 흰색 부분이 엘니뇨로 인해 해수면이 상승한 것을 나타낸다.

함께 따뜻한 해수가 들어오는 해류의 이상 현상이 생긴다. 이로 인해 해양 생물들이 많이 죽고 육지에서는 홍수가 발생하는 등 피해가 생기게 된다.

엘리뇨는 매우 불규칙적으로 발생하며, 대략 주기는 2 ~ 8년으로 1950년 이후 14차례 발생하였다. 최근 기후시스템의 발달로 1년 전에는 예측이 가능하지만 정확도가 그리 높지 않다.

(2) 라니냐

바닷물이 평년 수온보다 0.5 °C 내려가는 경우도 있는데 이때는 '라니냐(La Nina)'라고 한다. 라니냐는 '여자아이'란 뜻으로 대서양 지역의 허리케인을 일으키는 원인이 된다. 라니냐는 적도 무역풍이 평상시보다 강해져서 서태평양의 해수 온도가 평상시보다 상승하게 되어 수온이 올라가면서 강한 상승기류가 발달하게 된다. 이로 인하여 동태평양의 해수 온도가 0.5 °C 이상 낮아져서 차가운 용승이 매우 세게 올라오는 해류의 이변현상이 수개월 동안 지속되면 강한 하강기류가 발달하게 된다. 이 현상이 일어나면 원래 찬 동태평양의 해수는 더욱 차져서 서쪽으로 이동하게 되고 그로 인하여 서쪽에 있는 인도네시아 혹은 필리핀 등의 동남아시아 국가들은 장마를 맞게 되며 페루 등의 남아메리카에는 가뭄이, 미국 등의 북아메리카에는 강추위가 올 수 있다. 우리나라에서도 1967년과 1973년의 평균기온이 평년보다 1 ~ 2 °C 정도 낮게 떨어져서 춥고 건조한 날씨가 지속됨에 따라 강수량도 줄어드는 현상이 발생하였다. 이 역시도 라니냐에 의한 것으로 보고 있다.

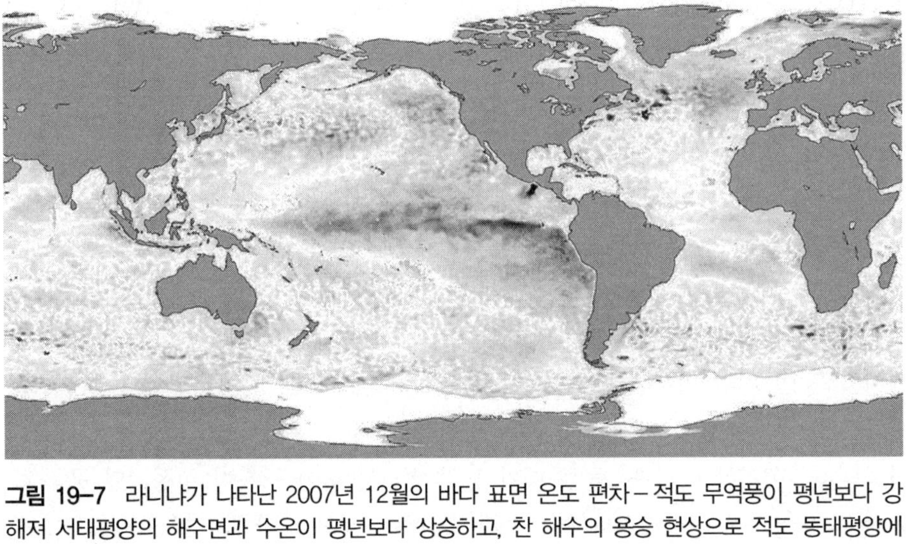

그림 19-7 라니냐가 나타난 2007년 12월의 바다 표면 온도 편차 – 적도 무역풍이 평년보다 강해져 서태평양의 해수면과 수온이 평년보다 상승하고, 찬 해수의 용승 현상으로 적도 동태평양에 저수온 현상이 나타난다.

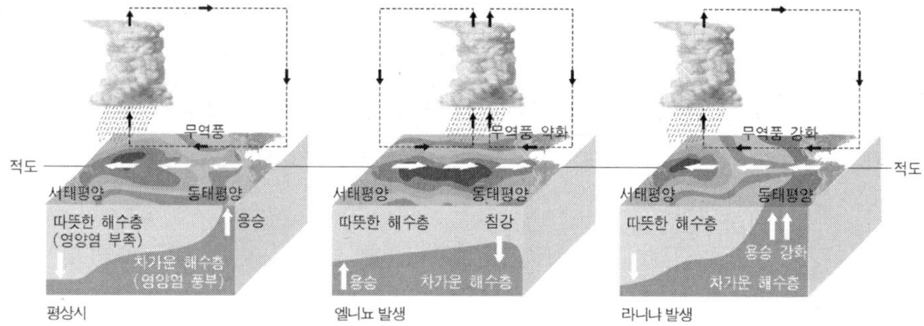

그림 19-8 엘니뇨와 라니냐의 발생모식도

엘리뇨와 라니냐의 정확한 발생 원인과 기상에 어떠한 영향을 주는지 등은 아직 명확하게 증명되지 않았다.

19.5 대기 오염

자동차 배기가스는 일산화 탄소(CO), 질소산화물(NOx), 이산화 탄소(CO_2), 황산화물(SOx, sulfur oxides) 등 유해한 기체들을 포함하고 있다. NO_2는 태양의 자외선을 받으면 불안정한 NO와 O로 분열되었다가 다시 공기 중 산소와 각각 결합하여 NO는 다시 NO_2가 되고 O는 O_2와 다시 결합하여 유해한 오존(O_3)이 만들어진다. 오존은 자동차의 배기가스들이 대기에 머무르고 있다가 햇빛이 강한 오후 2시 이후에 농도가 최대치를 보이고, 특히 여름철에 그 농도가 높다. 태양빛이 사라지는 밤에는 광화학 반응으로 오존의 형성이 뜸해지다가 태양이 뜨면 다시 오존이 만들어지는 순환을 되풀이한다. 농작물들은 오존의 영향을 크게 받아 생태계에 손상이 오고 면역력이 떨어져서 해충의 피해가 증가한다. 또한 오존은 인간의 폐에 치명적이기 때문에 오존경보가 있는 날은 특히 주의해야 한다.

자동차의 연료나 경유와 같은 액체 연료에 포함된 황(sulfur) 성분은 연소 후 산성비의 원인이 되는 유해물질이다. 황은 연료가 연소하면서 산소와 반응하여 아황산가스(SO_2)나 삼산화황(SO_3)과 같은 황산화물 혹은 황산(H_2SO_4) 등으로 배출되어 나온다. 이러한 배기가스들은 대기 중의 습도가 높아 구름이 형성되면 구름 속의 물과 반응하여 아황산이나 황산 에어로솔을 생성하고 안개와 미세먼지, 질소산

그림 19-9 칠레의 수도 산티아고(Santiago)의 스모그

화물의 대기 오염 물질이 혼합되어 나타나는 스모그(smog) 현상을 보이거나 대기 중의 수분과 반응하여 황산이나 질산을 만들어 내면서 산성비(acid rain)로 지구를 오염시킨다.

공장 밀집 지역에는 심한 악취와 더불어 높은 굴뚝에서 대기로 직접 배출되는 유해한 기체 물질들이 배출되고 많은 자동차의 배기가스로부터 대기 오염이 시작된다. 이것을 1차 오염 물질이라고 한다. 이러한 오염 기체들은 대기 중의 산소 분자와 다시 반응하고 산화되어 황산화물, 질소산화물, 일산화 탄소 등으로 전환되는 반응을 일으키는데 이것을 2차 오염 물질이라고 한다. 이러한 산화물들이 대기 중의 물 분자와 또 다시 반응을 일으켜 스모그, 산성비, 오존층 파괴 등으로 이어진다. 2차 오염 물질인 황산화물은 화석 연료 속의 황이 연소되면서 반응하여 생긴다. 자동차 엔진의 연소 작용 후 배기가스가 고온, 고압에서 질소와 산소와 반응을 일으키면서 질소산화물이 배출된다. 일산화 탄소들은 화석 연료가 완전히 연소되지 못할 때 탄화수소와 함께 나오게 된다. 이러한 2차 오염 물질들은 시각과 호흡기 계통을 자극하여 인체의 심각한 질환을 유발하는 독성 물질들이다.

19.6 산성비

순수한 물은 pH가 7.0의 중성 상태이지만 내리는 빗속의 수분은 대기 중의 이산화 탄소를 녹여서 탄산의 형태로 전환시키기 때문에 빗물은 약한 산성을 띤다. 그래서 대기가 오염되지 않아도 대기 중에는 원래 이산화 탄소가 포함되어 있으므로 산성비를 피할 수는 없다. 대기 중에 2차 오염 물질들이 많이 축적되면 습기가 많은 날에는 공기 중의 물 분자와 반응을 일으켜 황산(H_2SO_4)과 질산(HNO_3) 같은 강산으로 전환되어 있다가 이것이 내리는 빗물 속에 녹아들어 지표면에 강한 산성비를 내리게 된다. 오염이 안 된 곳의 빗물의 산성도는 pH 5.6 정도의 약산성이며 산성비의 피해가 심각한 경우의 pH는 더 낮은 4 ~ 5 사이의 값을 가지게 된다. 산성비가 오면 토양이나 호수들이 산성화되는데 이를 방지하기 위해서는 큰 면적에 많은 석회석 가루 등을 뿌려 중화시켜야 하는 등 예산이 많이 투입되어야 한다. 또한 대리석 건물이나 조각상 등의 부식이 빠르게 진행되며 철(Fe)의 부식도 빠르게 일어나서 철구조물 부식 방지를 위한 페인트, 도금 등의 산업비용의 손실이 매년 크게 나타나고 있다.

특히 중국에서 발생한 오염 물질들이 편서풍을 타고 우리나라에 도달하면 청정 지대인 서해안 및 남해안의 섬이나 제주도에서도 내리는 비의 pH가 산성을 띠는 경우가 발생하고 있다. 특히 서해안에 내리는 빗물의 연평균 pH는 4.5 전후로 심하게 산성화되어 있다. 도시로는 울산과 서울의 비가 가장 산성도가 높은 것으로 기록되어서 40여 년 전의 서울의 근교산은 pH 5.4에서 현재는 4.5 정도로 토양의 산성화가 가속되고 많은 나무들의 면역력이 떨어지면서 피해는 계속되고 있다.

대기 오염을 줄이는 대책으로 정유 공장에서 황산화물의 주범인 황(sulfur)을 가능한 많이 제거시키서 연료를 만들거나, 발전소에서도 이산화황을 제거할 수 있는 특수 추가 장치를 연결시켜서 이산화황 등을 최대한 제거한 후 공급해야 한다. 그 밖의 대책으로는 차량에 촉매를 이용한 변환장치를 사용하여 질소산화물의 배출을 최대한 줄이거나 대체 에너지인 전기차를 개발하는 등의 방법이 있다.

20장 대기의 오존층 파괴

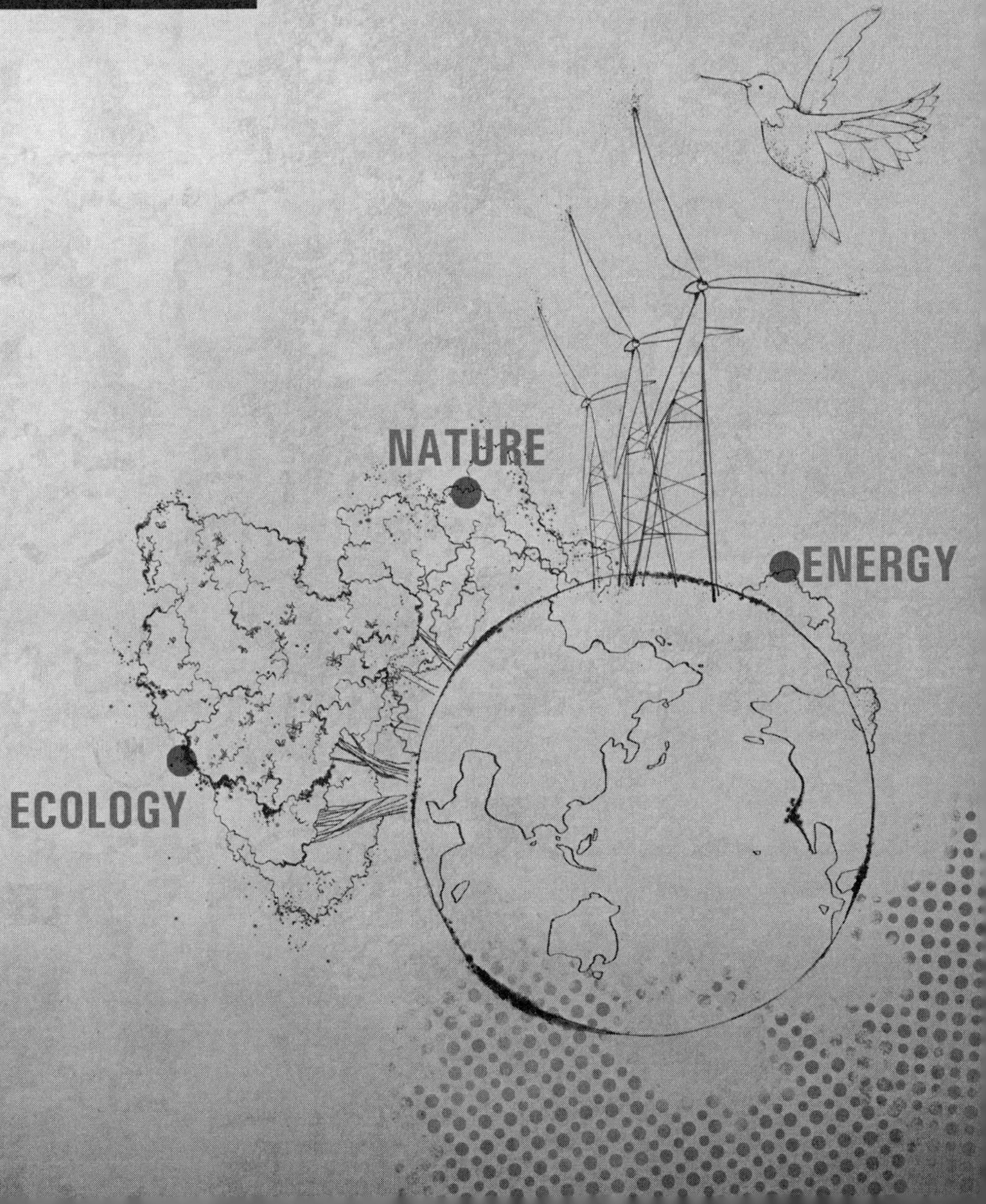

20.1 지구의 대기

지구를 에워싸고 있는 대기는 공기 분자가 밀집된 형태인데, 지구 표면으로부터 중력은 아래는 크게 나타나고 위로 올라갈수록 낮아진다. 따라서 대기의 공기 분자들의 밀도도 다르다. 대기는 지표면에서부터 대류권, 성층권, 중간권, 열권, 외기권으로 크게 분류한다. 지표면에서 가장 근접한 대류권은 북극과 남극지방에서는 7 ~ 8 km 높이를 가지는 범위를 가지며 적도에서는 20 km 정도 고도의 범위에 분포되어 있다. 여기에는 중력의 힘이 세게 작용하여 수증기, 산소, 질소 등과 같은 기체 분자들이 대류권에 많이 존재하게 된다. 대류권은 성층권으로 연결되는데 여기에는 오존층(O_3)이 밀집하여 존재하면서 태양에서 나오는 유해 자외선을 흡수하여 산소 원자(O)와 산소(O_2)로 분해한다. 이때의 반응은 발열 반응이 일어나게 되어 온도가 가열되기 때문에 성층권은 높은 곳에 위치하지만 온도는 대기와 흡사하며 지표면에서와 마찬가지로 따뜻한 공기가 위로 가고 차가운 공기가 아래에 가는 특성이 나타나므로 열적으로 안정되어 있다고 할 수 있다. 성층권의 가장 높은 곳의 온도는 대략 270켈빈(K)으로 지표면의 온도와 대략 유사하다. 그러나 성층권보다 더 높은 위치에 있는 중간권(mesosphere), 열권(thermosphere)의 범위로 가면 온도는 다시 감소하기 시작한다.

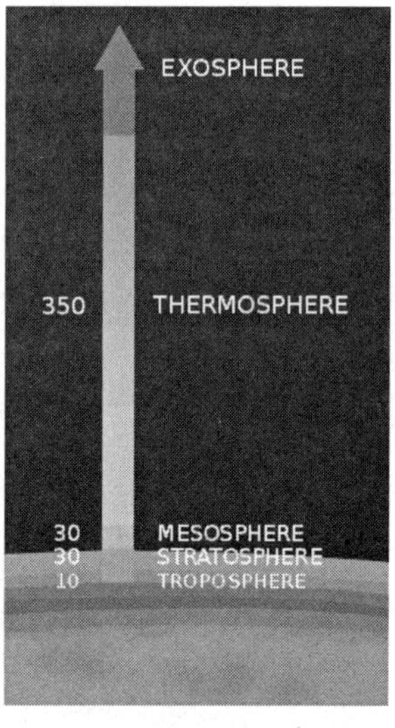

그림 20-1 지구의 대기; 지구 표면에서 대류권, 성층권, 중간권, 열권, 외기권

20.2 대기 속의 오존

오존(ozone)은 산소 원자 3개가 공유 결합을 이루어 결합되며 1기압 25 °C에서 푸른빛을 띠는 기체로서 확인할 수 있다. 오존은 -112 °C보다 온도가 더 내려가면 액체로 존재하다가 -195 °C 이상으로 내려가면 고체로 전환되는 성질이 있다. 오존은 산화력이 우수하여 우리의 생활에서는 살균제로 많이 사용하고 있다. 한편, 오존이 직접 호흡기로 들어오면 건강에 치명적이므로 대기오염 유발 물질로 규정된다.

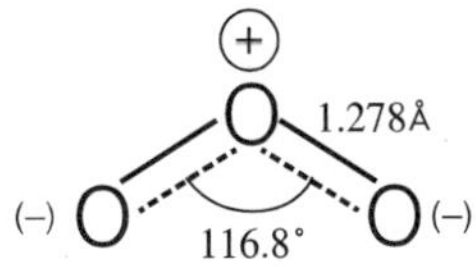

오존의 구조

오존 분자들은 지구의 지표면에서 10 ~ 50 km 상공에 존재하는 성층권 범위 영역에 약 90 % 정도 많은 양이 밀집되어 분포하고 있으므로 성층권을 오존층(ozone layer)이라고도 한다. 오존층의 두께는 대기압 조건의 압력으로 간주하였을 때 약 3 mm 정도의 얇은 막의 형태를 가지기는 하지만 이러한 오존 분자들이 태양으로부터 지구로 내려 쪼이는 전자파들 중 생명체에 매우 치명적인 유해 자외선(ultra violet-B)들을 95 % 정도 흡수하여 막아주는 훌륭한 방패 역할을 하면서 지구의 생명체들을 보호하는 역할을 한다. 나머지 5 ~ 10 % 정도의 유해한 자외선은 성층권의 밀집된 오존 분자 사이를 뚫고 지구 지표면 10 km 이내의 대류권으로 진입하여 들어올 수도 있다. 그러나 최근에는 구멍이 뚫려버린 오존층을 통해 유해 자외선들이 전혀 방해를 받지 않고 쉽게 지구를 공격하여 인간들의 호흡기 질환, 피부암과 백내장 등의 질병 발생 확률이 높아지고 식물은 엽록소가 파괴되는 등 생태계의 피해 역시 심각하다.

20.3 라디칼의 오존 파괴

성층권에 있는 오존의 농도는 지구 전체를 두고 볼 때 적도 부근보다는 남극이나 북극에 주로 많이 분포되어 있다. 지구를 유해 자외선으로부터 보호하는 오존층은 지구 표면에 있는 많은 물들이 증발하여 성층권 대기에 수증기 형태로 머물러 있으면서 성층권에서 자외선과 반응하여 수소 라디칼(H•)과 하이드록시 라디칼(•OH)와 같은 불안정한 형태의 홑전자로 분해되는데 이것이 오존을 산소 분자와 산소 라디칼로 분해시키는 개시제의 역할을 하고 있다.

H_2O + 자외선 영역의 광자 → H• + •OH (오존 파괴 라디칼)

날씨가 흐린 날 수증기들이 대기에 많아지면 물 분자들은 서로 마찰되어 전위차로 인한 정전기적인 현상을 보이면서 번개를 만들어 낸다. 이때 대기 중의 질소와 산소 분자들이 번개에서 나오는 높은 에너지를 받으면 일산화질소(NO)를 형성하게 되는데 NO 분자 역시 대기 중의 오존과 반응을 일으키거나 산소 라디칼 전자와 또 한번 반응하여 이산화질소(NO_2)로 전환된다.

N_2 + O_2 + 에너지 → 2NO• (오존 파괴 라디칼)

20.4 프레온가스의 오존 파괴

인간이 생활의 편리를 위하여 사용하는 물질들에 의해서도 오존층이 파괴되는 결과를 초래한다. 1930년대 미국의 듀폰(Dupont)사는 냉장고에 들어가는 냉매제 물질로서 염화플루오르화탄소(chlorofluorocarbon, CFC) 계열의 프레온가스 물질인 Freon 12(CF_2Cl_2 dichlorodifluoromethane, CFC-12)와 Freon 11($CFCl_3$, trichlorofluoromethane, CFC-11)을 합성하고 전 세계적으로 공급하여 인간의 생활을 풍요롭게 하는 데 도움을 주었다.

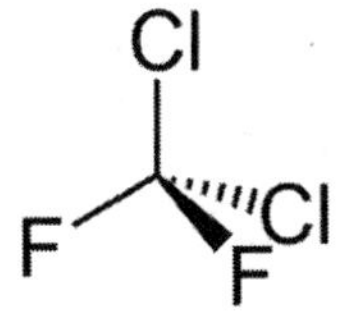

Freon 12(CF_2Cl_2)

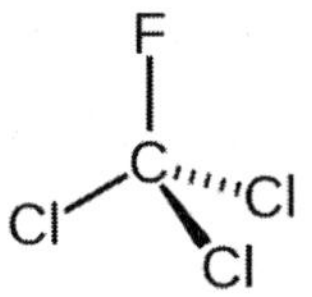

Freon 11($CFCl_3$)

또한 프레온가스를 변형시켜 탄소 원자를 중심으로 F, Cl, Br의 원자들을 다르게 배합하여 CF_3Br나 CF_2BrCl와 같은 형태의 화합물 분자들을 만들어서 불을 끌 때 사용되는 소화제의 물질로 사용하였다. 그러나 CFC 계열 프레온가스 화합물들은 대기 중에서 안정한 형태로 남아서 문제가 없는 듯 보였지만 성층권으로 유입되면 태양에서 나오는 지외선(220 nm 이하 파장)을 받아 즉시 파괴되면서 반응성이 매우 큰 염소 라디칼로 전환되고 이것이 오존과 반응하면서 오존층 파괴의 연쇄 반응으로 이어진다. 한 개의 염소 라디칼 원자가 촉매 역할을 하여 평균적으로 최대 100,000개의 오존 분자를 파괴하는 반응을 유발한다.

$$CCl_2F_2 + \text{광자} \rightarrow CClF_2 + \cdot Cl \ (\text{염소 라디칼}) \quad \lambda\ 220\ nm$$

$$\cdot Cl + O_3 \rightarrow \cdot ClO + O_2$$

$$\cdot ClO + O \rightarrow \cdot Cl + O_2$$

냉매제로 사용되는 프레온가스(CFC) 등이 대기에 일정량 쌓이면 염소 라디칼 반응으로 인하여 남극이나 북극의 오존층이 파괴되어 인류에 위협이 될 수 있다는 연구결과가 1974년 캘리포니아 대학교의 로우랜드(F. S. Rowland)와 몰리나(M. J. Molina)에 의하여 유명 과학 잡지인 "Nature"에 발표되었다. 그 후, 1985년 영국의 남극탐사팀의 대기과학자들에 의하여 남극 대륙의 오존층에 실제로 커다란 구멍이 뚫려 있는 것이 확인되어 몰리나, 크뤼천, 로우랜드는 1995년에 공동으로 노벨 화학상을 수상하였다.

미국 국립 해양기상청의 솔로만(S. Soloman, 1956~)은 구름 속에 있는 얼음 결정의 많은 표면들이 프레온 화합물 가스의 화학 반응이 일어날 수 있는 기반이 되어서 오존층 구멍이 생긴다는 메커니즘에 대하여 설명하였다. 지구 상에서 가장 온도가 떨어지는 남극은 우리나라와 계절이 다르다. 우리나라의 여름에 해당하는 6~9월경은 남극에서 가장 기온이 내려가는 겨울에 해당되는데 이때 남극의 성층권은 영하 90도 정도까지 떨어진다. 화산 등의 폭발로 인하여 배출된 황산염 입자, 질산 그리고 수분들이 성층권으로 유입되면 얼음 결정 위에서 태양의 자외선에 의하여 분해되어 HClO와 Cl_2로 전환된 후 촉매 개시제인 ·Cl 라디칼이 생성되면서 오존 파괴 반응이 일어나게 되는 메커니즘을 가진다.

20.5 몬트리얼 의정서

지구 상에서 오존층을 보호하고자 하는 노력의 일환으로 1987년에 캐나다의 몬트리얼에서 오존 파괴를 방지하고자 CFCs의 생산 제한하는 몬트리얼 의정서(Montreal protocol)가 체결되었다. 이후 지극히 제한된 경우를 제외하고 프레온가스의 사용을 전면 금지시키고 있다. 따라서 많은 화학자들은 CFC와 비슷한 효과를 내지만 염소 원자를 포함시키지 않아 오존층에 대하여 안전한 수화플루오르화탄소(hydrofluorocarbon, HFCs) 분자 형태들과 같은 새로운 구조를 디자인하여 화합물 합성에 성공하였다. 이러한 물질들은 염소가 포함된 CFCs보다 효율면에서 떨어지는 단점이 있지만 기존의 CFC를 대체할 수 있는 냉매제로 사용되고 있다. 냉매효율의 보완을 위한 대체 물질 연구개발은 지금도 계속 진행되고 있으며, 최근에는 대기권의 오존층이 점차 회복되고 있음이 관찰되고 있다.

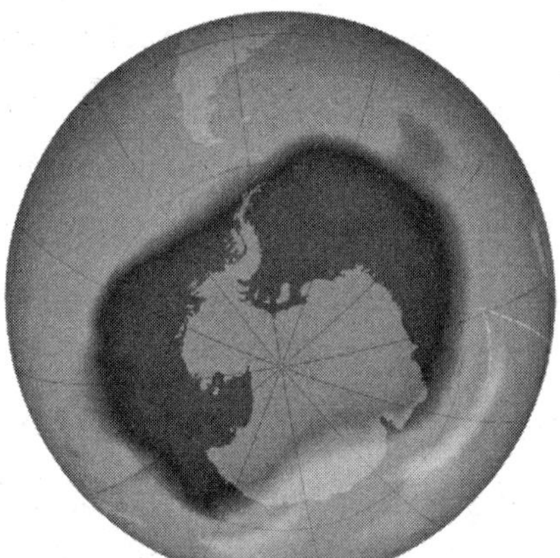

그림 20-2 2006년 9월에 기록된 현재까지 가장 컸던 것으로 기록된 오존층의 구멍

현대생활에서 빼놓을 수 없는 교통수단인 자동차에서 배출되는 배기가스인 일산화질소(NO)는 질소가 산화된 형태인데 대기 중에서 불안정하여 오존을 파괴하면

서 나오는 산소라디칼(O)과 결합하여 이산화질소(NO_2)로 변환된다. 이산화질소는 다시 햇빛을 받아 일산화질소와 산소 원자(O)로 광분해되고 생성된 산소 원자는 대기 중의 산소(O_2)와 결합하여 오존을 생성하기도 한다. 생성된 오존은 일산화질소와 결합하여 이산화질소를 다시 생성시켜 오존을 파괴하는 과정을 되풀이 한다. 따라서 프레온가스뿐만 아니라 자동차의 연료로 쓰이는 화석 연료를 대체할 수 있는 새로운 에너지의 개발도 인류에게는 매우 중요한 프로젝트로 남게 되었다.

21장

대체 에너지

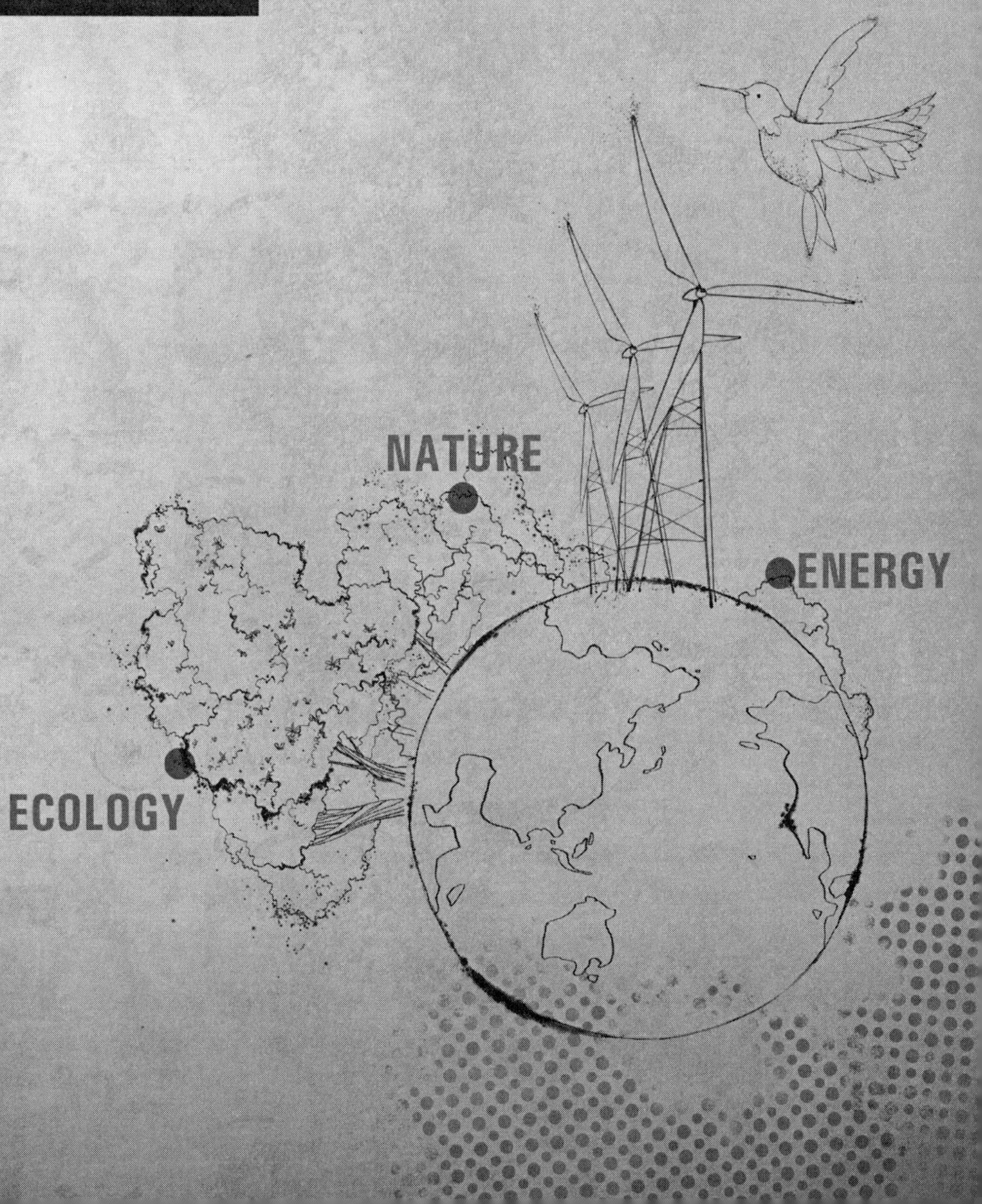

자연에서 쉽게 얻을 수 있는 화석 에너지는 석유가 60 %, 석탄이 20 %, 기타 천연가스 형태이며 지금도 약 87 % 이상의 에너지 자원으로 사용하고 있다. 그러나 지구의 환경 오염이 심각해짐에 따라 화석 에너지를 대신하여 환경오염을 최소화시킬 수 있는 대체 에너지에 대한 관심이 급증하고 있다. 지구에 매장되어 있는 화석 연료 매장량은 지구의 수많은 인구가 지속적으로 사용할 때 머지않아 매장량이 고갈될 것이라는 우려 속에서 과학자들은 대체 에너지 개발을 서두르고 있다. 대체 에너지의 종류로는 풍력과 수력 발전, 태양광 및 태양열 에너지, 바이오매스, 해양 에너지, 수소 에너지, 연료 전지 에너지, 지열 발전 등이 있다.

21.1 자연에서 얻는 에너지

태양열 에너지는 태양으로부터 나오는 에너지 형태이기 때문에 무한한 에너지라는 장점이 있다. 또 친환경적이고 처음의 설치 때는 투자비용이 크게 들어가지만 설치 후에는 유지비가 적게 들고 보수가 용이하여 수명이 길고 무엇보다 환경오염을 크게 줄일 수 있다.

풍력 에너지는 바람을 이용하여 동력전달 장치에 힘을 제공하여 발전기를 돌리는 방식이며 설치비용이 적어 경제적이며 친환경적이다. 그러나 바람이 많이 부는 특정한 위치에 설치해야 하고 심한 소음으로 제약이 따른다.

그림 21-1 미국의 한 공군 기지에 있는 태양광 발전소

그림 21-2 풍력 에너지로 터빈이 돌아가고 있는 모습

바이오 에너지는 생물 유기체에서 나오는 물질을 액체, 기체 혹은 고형 연료로 전환시키는 방식으로 에너지를 얻는 것이다. 예를 들면 농장의 가축분뇨를 미생물로 분해하여 유기성 폐기물로부터 메테인 가스와 같은 바이오 에너지로 전환하여 발전기를 돌려 전기를 생산할 수 있는 원료가 된다. 옥수수나 사탕수수 등에서 추출한 물질을 발효시켜 에탄올을 얻거나 해바라기 기름 등을 추출하여 디젤을 에너지원으로 생산하는 방법도 있다.

연료 전지란 산소를 이용하여 연소하면 산화에 의해 생기는 화학 에너지를 전기 에너지 형태로 전환하여 연료를 얻는 발전 장치와 같은 방식이다. 연료 전지의 연료로는 수소, 천연가스, 메탄올 등을 사용하는데 이러한 에너지원은 지구 상에서 매우 풍부하며 에너지 효율이 높은 것이 장점이다. 기체 연료인 경우 경제적인 효율성을 가지고 보관하는 기술이 항상 수반되므로 다양한 형태의 보관방식 기술이 발달한다면 우주에 무한하게 존재하며 공해를 유발하지 않는 자원인 수소를 사용할 수 있을 것이다. 이는 모든 분야에서 다양하게 응용되는 우수한 대체 에너지원으로 각광받고 있다.

또한 지구 내부의 열인 지열 에너지를 이용하여 전력을 얻을 수도 있다. 지열 발전소에서는 열에너지를 운동 에너지로 변화시킨 후 전기 에너지를 얻는 방식이다. 지열의 높은 온도로 물을 끓인 후 수증기를 만들어 팽창된 높은 압력의 수증기를 터빈에 연결하면 터빈의 코일이 회전하면서 전기가 만들어지는 방식이다. 화력이나 원자력 발전소는 공해를 유발하지만 지열은 자연에서 나오는 가장 안정한 에너지를 제공한다.

그림 21-3 아이슬란드 한 지열 발전소에서 증기가 뿜어져 나오고 있다.

21.2 수소 에너지

수소는 무색, 무취로서 대기 중에 약 0.01 %가 포함되어 있는 가연성 가스로, 연소하여 에너지로 전환할 때 공해가 없는 청정 에너지라고 할 수 있다. 수소는 자연계에서는 혼합물이나 화합물 형태로 주로 존재한다. 수소를 발생시키는 일반적인 화학실험 반응은 아연과 같은 금속에 황산 같은 진한 산을 가하여 주는 것이다. 반응식은 $Zn(s) + H_2SO_4(aq) \rightarrow ZnSO_4(aq) + H_2(g)$인데 수소를 발생시키기 위하여 사용되는 금속 물질들의 가격이 수소를 발생시켜 얻는 이윤보다 떨어지기 때문에 특별한 경우가 아니면 다량의 수소를 얻어야 하는 대규모 공업적 제법으로는 경제적 실효성이 매우 떨어진다. 그러므로 현재 상용화되는 수소는 천연가스를 원료로 하여 생산되거나 CH_4 혹은 C_2H_6, C_3H_8, C_4H_{10} 같은 탄화수소를 높은 온도에서 촉매로 사용하여 H_2O와 반응시키는 스팀재생법을 이용하여 공업적으로 생산하고 있다. 또한 주위의 풍부한 자원을 이용하여 물을 전기 분해하거나, 바이오매스를 탄화시키거나, 태양으로부터 오는 빛 에너지를 변환하여 대체 에너지를 얻는 다양한 기술들을 개발하고 있다.

수소 2분자와 산소 1분자가 만나면 2분자의 물을 만들어 내는 발열 반응이 일어나고 열이 발생하는데, 바로 이 화학 에너지를 직접 전기 에너지로 변환시켜 실생활에 활용시키는 연료 전지의 경우 발생한 수소를 산소와 반응시켜 열의 70 ~ 80 %

를 전기 에너지로 전환할 수 있으므로 에너지 효율이 상당히 높은 편이다. 전체 반응은 다음과 같다.

$$2H_2(g) + O_2(g) \rightarrow 2H_2O(l) + \text{전기 에너지}$$

수소와 산소가 결합하려면 수소 분자와 산소 분자가 원자 상태인 H, O로 되어 서로 반응해야 하는데 실온에서는 원자 상태로 되지 않기 때문에 반응이 일어나지 않지만 열을 가하여 주면 수소 분자와 산소 분자는 각각 수소 원자와 산소 원자로 되어 반응이 빠르게 일어나서 물과 전기가 생성된다. 혹은 백금과 같은 촉매를 넣어도 반응이 빨리 일어나기도 한다. 이때 연료극에서 넣어주는 수소(g)는 양극(anode)에서 전자 한 개를 방출하고 자신은 산화되고 이때 방출된 전자는 음극(cathode) 쪽으로 전해질을 타고 넘어가서 산소(g)에게 전달되면 산소 기체는 이 전자를 받아 환원된다. 즉 (−)극에서는 수소 기체가 산화되면서 전자를 방출하고 (+)극에서는 산소 기체가 환원되어 -OH가 된다. 수산화 이온(OH-)은 양극으로 다시 이동하면서 회로가 되어 전기 에너지를 얻을 수 있다.

21.3 전지와 축전지

전지(battery)란 일반적으로 화학적인 반응에 의해서 전기 에너지를 만들어 내는 장치를 말한다. 전지는 크게 분류하면 +극, −극, 전해질의 3가지 부분으로 구성된다. 우리가 건전지를 사용하다가 전기가 더 이상 들어오지 않으면 버리는 일반 건전지를 1차 전지라고 하며 충전하여 재사용하여 쓸 수 있는 건전지를 2차 전지라고 한다. 1차 전지는 원기둥이나 직사각형 형태의 망가니즈 혹은 알칼리 전지, 리튬 전지, 수은 전지와 같은 다양한 형태가 있다. 2차 전지로는 니켈-카드뮴, 니켈-수소 형태의 전지, 리튬 이온 2차 전지, 그 밖에 납축전지 형태가 있다.

리튬 전지(lithium battery)는 리튬 계통의 물질을 음극으로 사용하는 1차 전지인데 알칼리 전지보다 좋은 출력전압을 가지고 있으므로 전자장비 등에 많이 사용하고, 다 사용하면 재사용이 불가능하다. 반면에 비슷한 이름을 가지는 리튬 이온 전지는 재충전하여 쓸 수 있는 2차 전지에 속한다. 1차 전지에서는 금속이 금속 이온으로 산화되면 다시 금속으로 환원되지 않는 반면에 2차 전지에서는 다 쓴 전지에 전류를 반대 방향으로 흘려주면 전류가 생길 때의 산화-환원 반응의 역반응으로 전자 이동이 일어나서 금속 이온을 다시 금속으로 만드는 환원 반응이 일어나 새롭게 에너지가 충전되는 원리이다.

1800년경에 볼타(1745 ~ 1827, 이탈리아 교수)가 두 개의 다른 종류의 금속들이 접촉하면 전기가 발생하는 것을 처음 알아냈다. 전지에서 전류가 흐를 수 있도록 매개체 역할을 하는 것은 전해질(electrolyte)이라는 화학물질이다. 볼타는 당시 흔하게 구할 수 있었던 구리(Cu)와 아연(Zn) 판을 각각 동그란 형태로 자른 후 구리판과 아연판 사이에 소금물로 적신 종이나 천조각 등을 전해질로 채워놓고 전선을 연결하였더니 놀랍게도 전류가 흐른다는 것을 발견하였다. 또한 구리와 아연판 여러 쌍을 많이 겹쳐서 쌓았더니 전류가 더 강하게 흐른다는 사실도 알아냈는데 이것이 유명한 볼타 전지의 시조가 되었다.

금속들은 전자를 내놓으려는 정도가 각기 다르다. 볼타 전지의 작동 원리는 이와 같이 서로 다른 두 종류의 금속을 용액을 통하여 접촉할 수 있도록 하였을 때 전자가 이동하는 정도가 다르기 때문에 화학 반응이 일어나게 되고 동시에 두 금속 사이의 전자의 흐름을 형성시키는 힘이 작용하게 된다. 따라서 전선을 통해 주면 전자이동의 성질이 큰 금속에서 전자 이동의 성질이 작은 금속으로 전자가 이동하면서 이때 전류가 발생된다. 다음의 표에서 K, Na, Li과 같이 왼쪽에 있는 금속일수록 전자를 내어놓으려는 성질이 커서 반응성이 크며, Au, Pt와 같이 오른쪽에 위치할수록 안정되어 전자를 잘 내놓지 않는 반응성이 작은 금속에 속한다.

K - Na - Li - Sr - Ca

물과 반응(반응성이 큼)

Mg - Al - Zn- Cr - Fe - Cd - Ni - Sn - Pb

산과 반응

Cu - Hg - Ag- Pt -Au

반응성이 작음

초창기에는 소금물 등의 젖은 상태의 전해질을 사용한 습전지(wet cell) 형태의 전지를 사용하였으나 불편함을 개선하여 고체 형태로 전해질을 바꾸어 현재의 건전지(dry cell) 형태가 되었다. 전자가 이동한다는 것이 전류가 흐를 수 있다는 이야기이다. 전자가 이동하기 위해서는 전해질 안에 이온이 풍부해야 한다. 이온은 플러스 혹은 마이너스 형태의 전하를 띠고, 이때 전류가 흐르면 +, − 극의 형태로 전기적 인력이 생겨서 붙게 된다. 소금인 경우 고체일 때 NaCl이 육방면체의 결정 상태를 유지하면서 있다가 물에 녹으면 해리(dissociation)되어 양이온인 Na^{+}와 음이온인 Cl^{-} 형태로 수용에서 무질서하게 퍼져나가게 되는데 이러한 성질 때문에 전해질로 사용될 수 있다. 이때 전류가 전해질 쪽으로 들어가게 되면 양이온은 - 극쪽으로 인력이 생기고 음이온은 + 극 쪽으로 인력이 생겨서 서로 잡아당기게 된다.

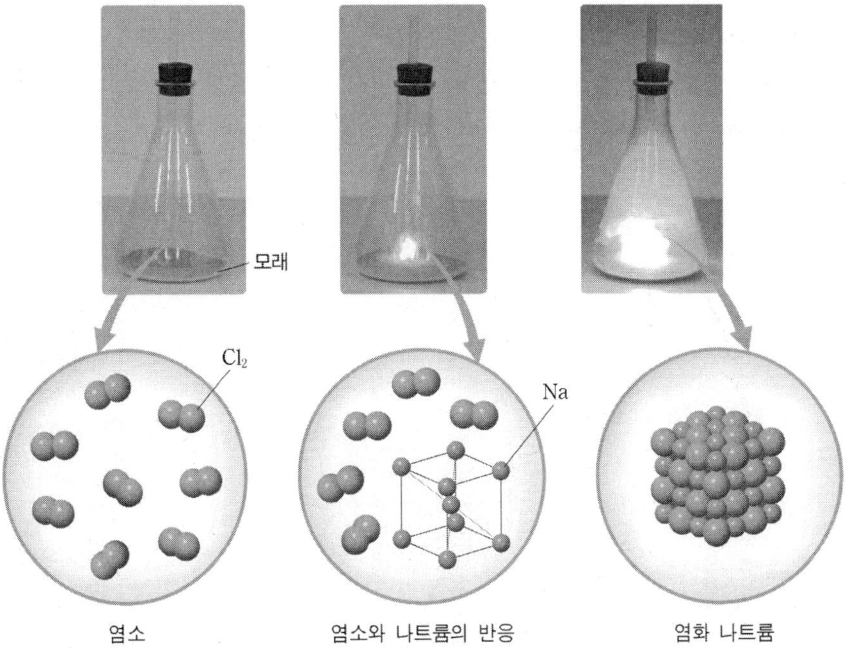

그림 21-4 소금(NaCl)의 결정 구조

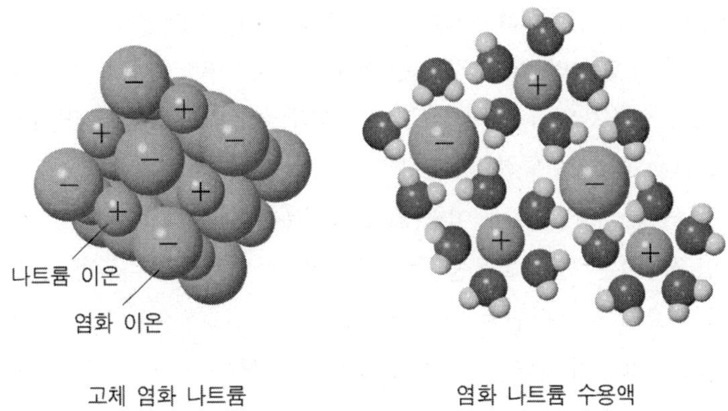

그림 21-5 소금(NaCl)의 해리

기본적인 전지의 내부를 보면 전해질로 황산(H_2SO_4)을 사용하고 아연(Zn)과 구리(Cu)판 사이에 전선을 연결한다. 두 개의 금속 중 아연은 전자를 잘 내주려는 성질이 있고 구리는 전자를 잘 내놓으려고 하지 않는 성질이 있다. 그래서 아연은 구리보다 전자 하나를 쉽게 내어주는데 이것을 산화라고 한다. 이때 아연은 전자(e-)를 내놓음과 동시에 아연 양이온(Zn^{2+})으로 바뀌게 되면서 아연 양이온은 아연 금속에서 분리되어 나오고 아연은 전자를 풍부하게 가지는 상태인 음극이 된다. 여기에 전선을 연결하게 되면, 전자는 전선을 따라 구리(Cu)판 쪽으로 흐르면서 전류가 흐르기 시작한다. 이때 구리판에 전자가 도착하면 황산 전해질에서 나온 수소(H^+)와 만나 분자 형태의 H_2로 즉시 반응하면서 수소 기체가 발생된다. 이것이 전지의 기본적인 원리이다. 전자는 아연 금속 안에 모이면서 음극이 되고 구리판은 양극이 된다.

그림 21-6 묽은 황산을 전해질로 사용한 볼타 전지

알칼리 전지에서는 음극(cathode)으로 탄소 막대를 사용하여 전자가 흐를 수 있도록 한다. 이때 비활성인 탄소 자신은 환원되지 않는다. 알칼리 전지에서의 전해질은 탄소를 둘러싸고 있다. 전해질로는 알칼리 성분인 수산화포타슘(KOH)을 쓰고 이산화망가니즈(MnO_2)를 함께 혼합한다. 그 안에는 이온들이 들어 있어 전류를 이동시킨다. 양극(anode)으로는 아연(Zn)을 사용하여 전지 최외각 부분을 둘러싸고 있는데 양극에서는 산화 반응을 통하여 전자가 생성되고 바깥에 연결된 전선을 통하여 음극 쪽으로 이동하면서 그곳에서 환원 반응이 일어나는 메커니즘을 가지고 있다. 이러한 알칼리 전지는 크기와 상관없이 모두 1.54볼트를 유지한다.

리튬 이온 2차 전지

리튬 이온 전지는 충전이 가능한 2차 전지이다. 충전을 하거나 방전을 하는 동안에 리튬 이온이 흐르면서 에너지를 얻게 된다. 양극(cathode)으로는 리튬코발트산화물(lithium cobalt oxide)이나 인산철리튬(lithium iron phosphate)을 사용한다. 음극(anode)으로는 주로 탄소흑연을 사용한다. 리튬 이온 전지가 충전되기 시작하면 리튬 이온(Li^+)이 양극에서 빠져나와서 음극으로 흐른다. 리튬 이온 전지가 방전될 때는 볼타 전지에서와 같이 음극에서 산화가 일어나면서 음극의 리튬 양이온(Li^+)이 떨어져 나와서 양극 쪽으로 간다. 이때 음극에는 전자가 축적되고 전류는 양극으로 흐르게 된다. 리튬 이온의 중요한 구성과 구성 물질은 다음과 같다.

그림 21-7 독일 알트루스하임의 자동차 박물관에 소장된 VARTA사의 리튬 이온 전지 © Claus Ableiter / wikipedia(GFDL)

2차 전지에서 양극과 음극이 분리되어 있는 상태에서 리튬 이온이 통과되어야 하므로 폴리머로 만든 분리막에는 미세한 구멍이 있다. 이 분리막은 리튬 이온만 통과시켜야 되고 양극과 음극의 화합물들이 구멍을 통하여 만나게 되면 반응이 일어나 폭발 사고가 일어나므로 제조 과정이나 배터리의 사용 방법에 주의가 필요하다. 전해질로는 리튬 염(lithium salt) 계열의 헥사플로오린화인산리튬($LiPF_6$, lithium hexafluorophosphate)이 주로 쓰인다. 전해질의 이온 화학식은 다음과 같다.

$$LiPF_6 + H_2O \rightarrow HF + PF_5 + LiOH$$

자동차는 납축전지(lead battery)를 사용하며 모두 6개의 전지로 구성된다. 한 개 이상의 전지가 연결된 형태의 전지를 배터리(battery)라고 한다. 납축전지의 내부의 전지는 2.0볼트의 전압이 생성되므로 6개의 집합된 전지는 총 12볼트의 전압이 만들어진다. 내부의 구조는 금속납이 양극에 있고 산화납(PbO_2)을 음극에 두고 그 사이의 전해질로는 진한 황산(H_2SO_4)을 이용한다. 양극의 납 원자는 전자 두 개가 떨어져 나가고 Pb^{2+}가 되고 이것이 황산 전해질의 SO_4^{2-}와 반응하면 $PbSO_4$ 고체가 된다.

이렇게 고체 $PbSO_4$가 시간이 경과되면서 양극의 납과 음극의 산화납을 소모시키고, 황산 전해질 속의 SO_4^{2-}도 역시 소모시키게 되면 배터리의 기능이 점차 약해져서 결국 기능을 잃게 된다. 전체 반응식은 다음과 같다.

$$Pb(s) + PbO_2(s) + H_2SO_4(aq) \rightarrow 2PbSO_4(s) + 2H_2O$$

이와 같이 자동차의 납축전지 메커니즘은 금속납과 산화납과 두 경우 모두 황산납으로 바뀌는 산화-환원 반응이 동시에 일어나면서 전류를 만들어 낸다.

자동차 배터리의 경우 자동차의 엔진을 점화시켜서 주행을 하게 되면 엔진에서 발전이 일어나 만들어진 직류 전류가 배터리 안으로 들어가 반대의 산화-환원 반응(역 산화-환원 반응)이 일어나기 때문에 황산납을 원래의 산화납과 금속 납으로 다시 바꾸는 반응이 일어나는데 이것이 battery의 재충전 과정이다. 이러한 2차 전지 중에서 납축전지는 기존의 자동차와 잠수함 등의 전원 장치에 사용되고 리튬재충전 형식의 전지들은 다양한 전자제품 등에 응용된다.

21.4 연료 전지

연료 전지의 기본 재료인 수소는 작은 불꽃만으로도 폭발 위험성이 매우 크기 때문에 조심하여야 하며 기체 상태로 존재하기 때문에 용기 안에 가두기 위해서는 안전하고 손쉽게 휴대할 수 있는 저장 방법이 가장 큰 문제가 된다. 이를 해결하기 위하여 기체인 수소를 활성탄소에 흡착시킨 후 필요에 따라 가열하여 수소 기체를 떼어내서 연료로 쓰던가, 혹은 다른 수소 화합물의 고체 형태로 전환시켜 보관하는 방법 등 새로운 기술들이 연구 개발 중에 있다. 연료 전지는 알카리(AFC)형, 인산형(PAFC), 용융탄산염형(MCFC), 고체산화물형(SOFC), 고분자전해질형(PEMFC), 직접매탄올형(DMFC) 등 다양하게 개발되고 있다. 그로브(W. R. Grove, 영국 물리학자)는 수소 연료 전지를 최초로 성공한 학자로, 그가 만든 수소 연료 전지는

1960년대 미국 우주선에 사용되어 전력을 제공하였다. 또한 자동차, 핸드폰 및 노트북 컴퓨터, 기타 가정에서 발전용으로 사용되는 다양한 연료 전지가 개발되면서 다른 다양한 첨단 에너지 기술과 맞서 설비단가와 유지비용, 재료들의 단가절감 등을 위한 경제적 경쟁력을 높이기 위하여 박차를 가하고 있다.

21.5 광전지

광전지는 에너지 자원의 부족과 환경문제 등을 해결하기 위한 대체 에너지들 중 하나로, 태양 에너지를 전기 에너지로 전환시켜 전기를 발생시키는 장치를 말한다.

태양 전지는 태양빛의 에너지를 받아서 자체적으로 전기 에너지로 변화시켜 전하를 보유하고 있는 것이다. 태양 전지는 P형 반도체와 N형 반도체의 두 종류의 반도체를 사용하여 전기를 만든다. 태양광 발전의 핵심이 되는 태양 전지의 주된 반도체 재료로 사용되는 중요한 원소는 실리콘(silcon, 규소)이다. 실리콘이 빛을 흡수하면 p-n 접합층의 반응으로 인하여 전기가 발생하는 원리이다. 단위별 발생 전기의 출력이 매우 작아 효율을 높이기 위해서는 태양 전지를 반복하여 여러 장 겹쳐서 설치하는 방법을 사용한다. 태양 전지는 무기 소재와 유기 소재를 사용하여 만드는데 무기 소재로 이루어진 형태인 실리콘을 무기물 태양 전지라고 하고 유기 화합 물질을 사용하는 형태는 유기물 태양 전지로 분류한다. 염료 감응형 태양 전지(dye-sensitized solar cell) 혹은 유기 폴리머(organic polymer) 태양 전지를 사용하는 전지가 유기물 태양 전지에 속한다.

무기 반도체 재료인 실리콘(Si, 규소)은 주기율표상에서 탄소의 바로 아래에 있어서 구조는 탄소와 흡사하지만 에너지면에서는 탄소보다 훨씬 불안정하다. 수많은 탄소로만 이루어져 있는 다이아몬드는 매우 안정한 구조를 하여 열에도 강하고 빛에도 매우 강하다. 그러나 같은 족에 있는 실리콘은 태양빛의 가시광선 영역의 에너지를 받으면 실리콘 주위의 전자가 불안정하게 되어 들뜨게 되면서 전기가 통하는 물질로 변한다. 이와 같이 보통 때에는 전기가 통하지 않다가 충분한 에너지를 쪼여 주기만 하면 전자가 들떠서 전기를 전도할 수 있는 물질을 반도체라고 한다.

반도체인 실리콘은 최외각 전자가 4개이다. 실리콘보다 1개 많은 5개의 최외각 전자를 가지고 있는 비소 원소가 첨가되면 실리콘 결정에는 전자(electron)들이 많아져 큰 전자 밀도(electron density)를 가지면서 전기 전도성이 증가한다. 이것을

n-형 반도체라고 한다. 반대로 갈륨은 최외각 전자가 실리콘보다 1개 적은 3개이다. 그래서 갈륨이 첨가된 실리콘 결정에는 전자가 조금 부족해지기 때문에 전자가 부족한 구멍인 정공(hole)이 생기게 된다. 큰 정공 밀도(hole density)를 가지면서 양으로 하전된 상태로 있으면 전자가 그쪽으로 이동할 수 있게 되므로 이때도 역시 전기 전도도가 증가하게 되는데 이것을 p-형 반도체라고 한다. 이때 비소와 갈륨을 함께 실리콘 결정에 넣어 광전지를 만들면 그 속에서 비소로부터 전자가 풍부한 영역과 갈륨으로부터 전자가 부족한 영역이 동시에 생겨나게 되어 n-형 반도체와 p-형 반도체가 접촉한 상태로 있게 된다. 대부분의 태양전지가 이와 같은 p-n 접합 다이오드(p-n junction diode) 형태로 되어 있다. 여기에서 p형 반도체와 n형 반도체의 접합으로 이루어진 전자는 열적 평형 상태에서 n-영역에서 p-영역으로 확산되며 양의 구멍은 p-영역에서 n-영역으로 이동하는 과정을 거치게 된다. 이렇게 p형 반도체와 n형 반도체의 2종류로 구성된 태양전지 장치 안에 태양빛을 비추면 내부에서 전자와 정공의 흐름이 발생한다. 이때 발생된 전하들이 p 혹은 n극으로 이동하는 과정에서 전위차가 발생하여 전류가 흐르게 되는 것이 태양 광전지의 원리이다. 태양 광전지는 태양을 잘 받을 수 있는 설치 장소에 대형 면적으로 설치하기 때문에 설치 비용이 높고 기상 여건에 따라 일사량이 고르지 않아 출력이 일정치 않을 수 있다. 그럼에도 불구하고 태양 광전지는 우주의 태양에서 나오는 에너지원이 거의 무제한 제공되며 유지관리가 쉽고 긴 수명과 청정 에너지라는 장점이 있어 계속 개발되어 공급되고 있다.

21.6 청정 에너지

지구의 71 %를 덮고 있는 물을 전기 분해하기만 해도 수소를 얻을 수 있으므로 인간이 사용하기 위하여 필요한 수소의 자원은 거의 무한할 정도로 풍부하다. 또한 공해를 전혀 유발하지 않으므로 청정 에너지(Green Energy)를 제공한다. 물에 전기 에너지를 공급하여 주면 그 에너지를 흡수하여 양극 쪽에서는 산소 기체가 발생하고 음극 쪽에서는 수소 기체가 발생하는 물의 전기 분해가 즉시 일어난다.

$$2H_2O(l) \rightarrow 2H_2(g) + O_2(g)$$

이와 같은 물의 전기 분해의 역반응은 2몰의 수소와 산소가 반응하는 것인데 이때 572 kJ에 해당하는 열을 방출하게 된다. 이는 수소 1몰(2그램)당 286 kJ의 에너지가 방출된다는 의미이므로 수소 1그램을 이용하면 143 kJ/g의 에너지를 얻을 수 있다는 계산이 나온다. 이 정도의 에너지는 현재 고갈되어 가는 석탄이나 석유가 30 ~ 40 kJ/g 정도의 에너지원이라는 것에 비교하면 매우 훌륭한 대체 에너지가 된다. 그러므로 경제적으로 저렴하게 물로부터 수소를 분해하여 수소 연료를 얻고 그것을 다시 효율적인 방법으로 보관하였다가 필요할 때 에너지원으로 사용하는 문제가 시급하다

$$H_2O(l) + 286\ kJ\ \ H_2(g) + 1/2\ O_2(g)$$
$$2H_2O(l) \rightarrow 2H_2(g) + O_2(g)$$

이 반응에 필요한 에너지는 전기이다. 그런데 이 전기 에너지를 얻기 위해서는 열에너지의 손실이 반드시 일어나게 된다. 따라서 수소를 발생시킬 때는 화석 연료를 연소시켜야 하는 에너지 양이 2배 이상 많아야 한다. 따라서 물을 전기 분해하여 수소를 얻는 실험 방법을 실생활에 응용하기에는 연구가 더 필요한 상황이다.

한편 식물의 광합성을 이용하면 청정 에너지를 얻을 수 있다. 지구에서 존재하는 일반적인 식물들은 자신의 엽록소로 태양의 빛을 받아들이면 뿌리에서 흡수하는 물과 잎에서 흡수한 이산화 탄소를 재료로 하여 당이나 녹말과 같은 탄수화물을 합성하는데, 이 과정을 광합성(photosynthesis)이라고 한다. 이때 녹말(당)은 저장하고 산소는 밖으로 배출한다. 일반적인 식물의 광합성 반응식은 다음과 같다.

$$6CO_2 + 6H_2O \xrightarrow{\text{빛}} C_6H_{12}O_6 + 6O_2$$

위와 같이 지구 상의 식물들은 빛을 이용하여 녹말(설탕 혹은 당)과 같은 유기 화합물 형태로 에너지를 저장하는 매우 중요한 화학 작용을 한다. 광합성을 하게 되면 제일 먼저 만들어지는 포도당은 엽록체에서 녹말로 바뀌어 저장된다. 이때 생성된 녹말(당, 혹은 탄소화물) 등의 형태는 저장이 가능하며 이렇게 저장된 당은 설탕으로 분해된 후 식물 체관을 타고 각 부분으로 전달된다. 생명에 필요한 셀룰로스(cellulose), 지질(lipid), 아미노산의 전구 물질 등의 다양한 유기 화합 물질 형태로 열매, 뿌리, 줄기 등을 형성하면서 저장되어 체내에 에너지원으로 다시 전환되는 과정을 통하여 식물들이 생명을 유지할 수 있는 근원이 된다. 광합성에서는

포도당뿐만 아니라 산소도 부산물로 만들어지는데 이는 지구 상의 생물체들이 살아나가는 데 중요한 역할을 하게 된다. 인간들은 TV, 전자레인지 등의 전기 기구를 사용할 때 전기 에너지를 이용하고 자동차들은 석유, 석탄 등의 화석 연료를 에너지로 사용하듯이 식물들도 광합성으로 생성되어 생체내 저장되어 있는 산물들을 생체내 연료로 사용하면서 생명을 유지하고 있다. 이러한 일련의 과정들은 생물의 가장 작은 단위인 세포에서 시작된다.

포도당 1분자를 합성하기 위해 진행되는 광합성 과정은 명반응과 암반응의 두 단계로 진행된다. 광합성에서 첫 번째로 일어나는 과정은 빛이 촉매가 되는 명반응 단계이고 이어서 일어나는 반응은 빛이 없이 이산화 탄소가 관여하여 광합성이 마무리되는 암반응 단계이다. 광합성에서 첫 단계인 명반응은 흡열 반응이며 암반응은 발열 반응으로 나타나는데 명반응의 에너지가 훨씬 많으므로 광합성 전체적으로 보면 흡열 반응에 속한다. 식물의 광합성에서는 태양의 빛에너지가 화학 에너지로 전환되고 결과적으로 포도당과 같은 유기물로 저장된다.

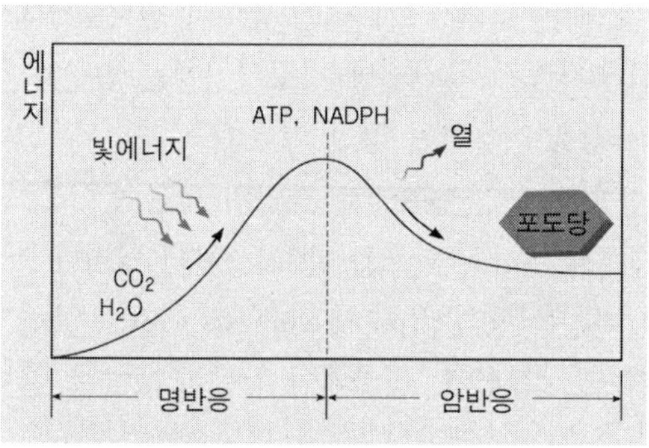

그림 21-8 광합성의 명반응과 암반응

엽록소는 클로로필(chlorophyll)이라고도 하며 이는 식물들이 광합성을 하기 위하여 태양의 빛에너지를 받아들이는 안테나 같은 역할을 하는 색소이다. 포피린(porphyrin) 고리 중앙에 마그네슘 2가 이온이 포함된 킬레이트 형태를 가지며 작용기 치환체에 따라 여러 가지 종류의 엽록소가 있다. 명반응에서 엽록소(클로로필)에 있는 분자들이 태양 에너지를 흡수하여 에너지를 얻으면 수소 양이온, 산소, 전자가 만들어지는 과정을 통하여 물의 분해가 일어난다.

$$H_2O \rightarrow 2H^+ + 1/2\ O_2 + 2e^-$$

이와 같은 식물들의 엽록소(클로로필)를 통한 광합성 메커니즘을 응용하기 위하여 과학자들은 엽록소와 유사한 분자 구조의 물질들을 합성하여 이를 통하여 태양 빛을 흡수하고 물을 수소와 산소로 분해하여 수소를 얻고자 노력한다. 그러나 현재 기술로는 효율이 매우 낮아 실생활에 응용할 단계는 아니며 관련된 추가 연구가 진행 중이다.

21.7 친환경 전기 자동차의 개발

1769년에 무기를 운반하는 자동차를 달리게 하기 위해서는 나무나 석탄을 태워서 만들어내는 증기를 이용하여야 했다. 그러던 시절부터 1885년에 최초의 가솔린 자동차인 벤츠(Benz) 회사의 페이턴트 모터바겐(Patent Motorwagen)이 등장하기까지 자동차의 변천 역사는 다양한 회사에서 매년 새로운 과학기술의 향상 그리고 소비자의 관심을 사로잡는 디자인 등으로 매우 빠르게 형태가 바뀌어 왔다. 그러나 화석 연료를 지금까지 사용하고 있는 상황에서 자동차는 에너지 자원의 고갈과 공해 문제에 대한 혁신적인 변화 없이는 살아남지 못하게 되었다. 이에 따라 가솔린, 디젤과 같은 화석 연료를 사용하지 않는 배터리를 통하여 전기 에너지를 생산시킬 수 있는 엔진을 동력원으로 사용하는 전기 자동차 개발은 세계적인 경쟁의 기폭제가 되었다.

하이브리드 자동차(hybrid electric vehicle = HEV)로는 도요타의 '프리우스(prius)'가 우리에게 친숙하게 알려져 있다. 하이브리드 자동차는 불필요한 가솔린 연료의 낭비를 줄이기 위하여 가솔린과 충전된 배터리를 탑재하여 시판한다. 일반 주행 시에는 가솔린 엔진이 작동하다가 첫 시동 혹은 고속운행에서 최고의 속도를 내면서 휘발유 소모가 많아지는 시점에서는 전기모터가 작동하여 연료를 최소화시키면서 동력을 제공하는 기술이다. 최근에는 플러그인 하이브리드 자동차(plug-in hybrid electric vehicle, PHEV)로 발전되어 점점 생산량이 늘어나는 추세이다. 이 기술은 배터리를 외부전원에 꽂아서(plug-in) 수시로 충전하는 형태로 진화한 전기 자동차이다. 그러나 여전히 화석 연료를 사용할 수밖에 없다. 따라서 지금은 100 % 전기로 가는 전기 자동차(electric vehicle = EV)를 개발하기 위하여 각 나라 자동차 회사에서 치열하게 경쟁을 벌이고 있다. 전기 자동차는 화석 연료를 전혀 사용하지 않으므로 이산화 탄소, 아황산가스 등과 같은 공해 유발이 전혀 없다. 또한 충전된 배터리를 통하여 구동되므로 베터리와 전기모터의 공간만 필요하여 자동차의 공간이 넓어지고, 기발한 디자인의 새로운 개념의 자동차가 탄생하는 것이기 때문에 점점 더 인기를 얻고 있다.

현재는 가솔린 자동차와 HEV 유형의 전기 자동차가 함께 거리를 누비다가 2020년 이후에는 순수 전기 자동차 EV가 가솔린 자동차를 대체할 것이라고 기대하고 있다. 전기 자동차가 늘어나면 거리의 주유소는 점차 사라지고 대신 전기 충전기가 그 자리를 대신하게 될 것이다. 이와 같이 화석 연료의 사용을 줄이고 점차 친환경적인 대체 에너지로서 미래의 생활을 만들어 낼 것이다.

그림 21-9 전기차 시트로앵 서볼트

그림 21-10 테슬라(tesla) 전기 자동차가 Delware의 전기 충전소에서 충전하는 모습.

찾아보기

[ㅁ]

[ㅂ]

[ㅅ]

[ㅇ]

[ㅈ]

[ㅎ]

[기타 및 영문]

| 저자 소개 |

권태우

연세대학교 화학과 이학사
미국 코네티컷 주립대학교 화학과 이학박사
미국 버지니아 주립대학교 화학과 박사후 연수
포항공과대학교 산업기술연구원
미국 텍사스 A & M 주립대학교 교육부파견 방문교수; 노벨화학수상자 D. H. R Barton 박사와 공동연구
미국 시애틀 워싱턴 주립대학교 화학과 방문학자 및 화학공학과 visiting professor 임용
현재 경성대학교 화학생명과학부 화학과 교수

자연과학 이야기

|저 자 권태우
|발 행 인 김지영
|발 행 처 자유아카데미
|주 소 경기도 파주시 회동길 37-42
파주출판도시
|전 화 031-955-1321
|팩 스 031-955-1322
|홈페이지 www.freeaca.com
|전자우편 main@freeaca.com(대표)
editor@freeaca.com(편집)
crm@freeaca.com(영업)
|등 록 제406-2003-017호, 1980. 7. 12
|제1판1쇄 2017년 2월 10일 발행
|제1판2쇄 2020년 2월 28일 발행
|정 가 20,000원

저자와의 협의하에 인지생략

ISBN 979-11-5808-114-0 93400